"十四五"时期国家重点出版物出版专项规划项目

中国能源革命与先进技术丛书

电气信息工程丛书

锂电池储能科学与技术

王顺利　黄　琦　刘冬雷　陈宗海　等著

机 械 工 业 出 版 社

本书针对储能锂电池应用的技术要求，以储能锂电池状态估计和电源管理方法为出发点，主要包括储能锂电池概述、储能锂电池控制策略、核心状态参量预估方法与储能电池电源管理设计实例等内容。

本书特色鲜明、内容系统、实例丰富，既可用于高等院校新能源科学与工程、自动化、电气工程及其自动化等相关专业教学与科学研究，又可作为储能科学与技术应用研究人员的技术参考书。

本书提供模型源代码、拓展资料等资源，读者可登录网址：https://orcid.org/0000-0003-0485-8082 查阅。

图书在版编目（CIP）数据

锂电池储能科学与技术/王顺利等著．—北京：机械工业出版社，2024.7
（电气信息工程丛书）
ISBN 978-7-111-75512-8

Ⅰ．①锂…　Ⅱ．①王…　Ⅲ．①锂离子电池-储能　Ⅳ．①TM912

中国国家版本馆 CIP 数据核字（2024）第 066723 号

机械工业出版社（北京市百万庄大街 22 号　邮政编码 100037）
策划编辑：汤　枫　　　　　　责任编辑：汤　枫　周海越
责任校对：李可意　陈　越　　责任印制：邓　博
北京盛通数码印刷有限公司印刷
2024 年 7 月第 1 版第 1 次印刷
184mm×260mm · 15 印张 · 381 千字
标准书号：ISBN 978-7-111-75512-8
定价：79.00 元

电话服务　　　　　　　　　　网络服务
客服电话：010-88361066　　机 工 官 网：www.cmpbook.com
　　　　　010-88379833　　机 工 官 博：weibo.com/cmp1952
　　　　　010-68326294　　金 书 网：www.golden-book.com
封底无防伪标均为盗版　机工教育服务网：www.cmpedu.com

前　　言

能源和环保问题越来越受到国内外各界人士的关注，新能源的可持续发展是国家重大战略布局，在"双碳"背景下，新能源与储能系统已成为新能源推广和能源革命的重要手段。近年来，电池技术飞速发展并逐步成熟，锂电池已经成为储能电池的重要组成部分。在锂电池储能应用中，由电池管理系统（Battery Management System，BMS）对其工作状态进行监测和安全管理。由于锂电池组储能安全要求较高、工况复杂，使得电池的控制策略亟待相应发展。在长期的科研工作过程中，逐步发现单体电池技术的进步并不代表成组应用的电池组整体寿命的提高，串联、并联后的电池组性能并非单体电池性能的线性叠加。一致性控制、成组技术、充电技术、电池监控和管理、热管理控制、状态估算、均衡技术和性能测试技术等逐步成为锂电池储能技术的关键和核心。

作者在总结多年动力锂电池管理系统开发所形成的电池成组应用理论、经验和设计方法的基础上，从新能源测控与电源管理的角度，结合电化学储能对锂电池的技术要求，以锂电池应用与电源管理为出发点编著本书，希望能够对储能锂电池管理系统的设计、匹配和应用提供一些技术方面的参考，对我国的新能源技术应用事业发展做些贡献。

全书共7章，其中，第1章主要介绍储能锂电池概述，使读者可以对锂电池以及锂电池电化学储能有一个全面的认识；第2章主要介绍储能锂电池 BMS 核心参数与控制策略，为后续锂电储能核心状态参数估算打下基础；第3章主要介绍锂离子电池电化学储能特性分析；第4章主要介绍储能锂电池 SOC 估算方法研究；第5章主要介绍储能锂电池 SOP 估算方法研究；第6章主要介绍储能锂电池 SOH 估算方法研究；第7章主要介绍电池组的均衡及能量安全管理，主要包括均衡管理分类，基于 MSP430、STM32、ISL78600、AD7280A、LTC6804 等方式的 BMS 实例设计，以及 BMS 性能测试与故障排除。

本书由西南科技大学新能源测控研究团队师生执笔完成。作者所在的团队聚焦新能源测控领域，在教学、科研方面具有丰富的经验和产学研密切结合的优良传统。王顺利构建了整体框架并执笔完成了第1章、第5章和第6章，黄琦编写了第2章和第3章，刘冬雷编写了第4章，陈宗海编写了第7章，其他参与编写的研究学者主要有于春梅、曹文、范永存、刘春梅、陈蕾、靳玉红、熊莉英、彭家伟、张丽、王军栋、蒋聪、熊鑫，另外，金思宇、李小霞、应全红、白德奎、王晓芳、李建超、彭正红、王嘉、王瑶、周长松、刘玲、袁会芳、张良、海南、刘珂、张梦芸、王健、周佳妮、周逸飞、李泽昊、李浩阳、朱滔、詹利欢、张瀚生、陈璐、曾佳卫、王志、阳俊杰、马青云、朱晨宇、冯仁钧、沈显凤、吴帆、邱劲松、熊然、时浩添、贾先屹、乔家璐、王阳滔、肖维佳、刘雨洋、邓丹、张楚研、李阳、李锦、曹杰、杨潇、郝雪祎、戚创事、周恒、龙涛、高海英、刘冬雷、谢滟馨、梁雅雯、王超、徐宏、杨晓勇等人参与了本书的资料搜集与整理工作，在此对他们辛勤的工作表示感谢。

本书得到了西南科技大学、中国科学技术大学、四川大学、中国仿真学会仿真技术应用专业委员会、中国自动化学会新能源与储能系统控制专业委员会、西南科大四川天府新区创新研究院、工信部创新成果产业化公共服务平台、西南科技大学院士工作站、四川省军民融合创新研究院、绵阳市产品质量监督检验所（国家电器安全质量监督检验中心）、德阳市产品质量监督检验所、深圳市亚科源科技有限公司、广东贝尔试验设备有限公司、深圳市新威新能源技术有限公司、绵阳高新区正旭光伏能源科技有限公司等单位科技人员的帮助和支持，在此也一并表示感谢。

　　储能科学与技术涉及面广，作者水平有限，在书稿的组织和编写过程中难免有不当之处，敬请各位读者批评指正。作者 E_mail：wangshunli@swust.edu.cn，相关资料网址：https：//orcid.org/0000-0003-0485-8082。希望以此书为交流平台，与各位读者建立联系，促进新能源与储能系统领域的技术进步。

作　者

目　　录

第1章　储能锂电池概述

随着我国碳达峰、碳中和目标逐步推进落实，光伏、风电等新能源在能源结构中的占比不断提高，电力系统对灵活性资源的需求愈发迫切，储能作为提升系统灵活性的重要选择，迎来了前所未有的发展机遇期。其中，电化学储能凭借其受自然环境影响小、建设周期较短、安装便捷、使用灵活等优势，受到市场普遍关注，成为未来主流的储能技术发展方向。电化学储能是利用化学电池将电能储存起来并在需要时释放的储能技术及措施。

从技术路线看，储能电池可分为锂电池、铅蓄电池、液流电池和钠硫电池等，以技术经济性较为突出的锂电池为主流。储能电池产业链可分为上游电池材料、中游储能系统及集成、下游电力系统储能应用。储能是电力生产过程"采—发—输—配—用—储"六大环节中一个重要组成部分。储能系统可以实现能量搬运，促进新能源的应用；可以建立微电网，为无电地区提供电力；可以调峰调频，提高电力系统运行稳定性。储能系统对智能电网的建设具有重大的战略意义。电能储存的方式有电池型储能、电感器型储能、电容器型储能及其他类型储能。电池储能系统（Battery Energy Storage System，BESS）是一个采用锂电池或铅蓄电池作为能量储存载体，一定时间内存储电能和一定时间内供应电能的系统，而且提供的电能具有平滑过渡、削峰填谷、调频调压等特点。

我国是全球电化学储能规模增长最快的国家。储能涉及领域非常广泛，大类别上可将储能技术分为物理储能和化学储能。物理储能是通过物理变化将能量储存起来，可分为机械类储能、电器类储能、热储能等。化学储能是通过化学变化将能量储存于物质中，包括电化学储能及其他类化学储能等。电化学储能是电池类储能的总称，目前电化学储能技术是发展的重点方向，而锂电池则是电化学储能技术发展的重心。随着锂电池的规模化生产，其生产工艺已不断完善，单位生产成本持续下降。

锂电池又被称为锂离子电池、二次电池，通过锂离子（Li^+）在正负极之间定向移动来实现充放电功能。锂电池可分为多种，按照正极材料的不同，可分为钴酸锂电池、锰酸锂电池、磷酸铁锂电池、镍钴锰酸锂电池和镍钴铝酸锂电池等；按照电解质的不同，可分为液态锂电池和聚合物电池。液态锂电池和聚合物电池工作原理基本相同，不同的是液态锂电池的电解质以液态存在，而聚合物电池以固态或胶态聚合物来充当电解质。一般而言，正负极电极材料是电子和离子的混合导体，隔膜是电子绝缘且离子通过的微孔膜，电解质须是离子导体。Li^+从化学电势较高的插层材料电极向电势较低的电极移动，电荷补偿电子只能通过外电路移动，从而形成电流以供输出使用。

伴随电子产品的不断升级更新、新能源汽车强势发展以及政府对于节能环保要求的提高，锂电池的市场空间有望进一步扩大。目前，锂电池在全球电化学储能市场中占据绝对主导地位，这主要得益于锂电池成本大幅降低，技术性能不断突破，推动着锂电池在全球范围内实现商业化、规模化应用。

1.1 储能锂电池的背景与意义

20世纪60年代以后，工业发展迅速，一方面促进了人类进步，另一方面也使人类面临着环境污染和能源危机等问题，当前世界所面临的能源安全问题呈现出与历次石油危机明显不同的新特点和新变化，它不仅仅是能源供应安全问题，更是包括能源供应、能源需求、能源价格、能源运输、能源使用等安全问题在内的综合性风险与威胁。石油、天然气等化石能源需求的增加直接导致大量的碳排放，给地球带来了非常严重的空气污染，同时造成传统化石能源枯竭。能源战略一直是各国的核心战略。能源危机会影响科技的迅速发展，最严重的状态莫过于工业大幅度萎缩，甚至因为抢占剩余的石油资源而引发战争，给人类生存带来严重影响。作为世界上最大的发展中国家，我国是一个能源生产和消费大国，化石能源的大量使用，造成空气污染而引发各种恶劣天气，使我国各个城市都受到了严重的影响。近年来能源安全问题也日益成为国家生活乃至全社会关注的焦点，日益成为中国战略安全的隐患和制约经济社会可持续发展的瓶颈。20世纪90年代以来，我国经济的持续高速发展带动了能源消费量的急剧上升。自1993年起，我国由能源净出口国变成净进口国，能源总消费已大于总供给，能源需求的对外依存度迅速增大。煤炭、电力、石油和天然气等能源在我国都存在缺口，其中，石油需求量的大增以及由其引起的结构性矛盾日益成为我国能源安全所面临的最大难题。2020年4月17日召开的中共中央政治局会议中把保粮食能源安全列入六保工作之一，对能源的改革主要在：全面推进能源消费方式变革，构建多元清洁的能源供应体系、实施创新驱动发展战略，不断深化能源体制改革，持续推进能源领域国际合作。

在全球新能源浪潮下，世界主要经济体都把疫情后的经济复苏突破口选在了"绿色复苏"上，作为能源需求端最重要的场景，储能系统和新能源汽车成为世界各国发展的重点。而作为储能设备的基础单元——锂离子电芯技术则为关键中的基础。储能锂电池在生产、使用和报废处理中都不含有、不产生铅、汞、镉等有毒、有害重金属元素和物质，同时具有能量高、使用寿命长、重量轻等突出优点，因而被应用到社会的各个领域，如汽车、手机、计算机等工业。但是在应用过程中依然存在安全问题，如手机爆炸、移动电池爆炸、电池着火等事故，进而使得储能锂电池的可靠性、安全性以及使用寿命的改善问题成为新能源领域重要的研究课题。

在储能锂电池的工作过程中，人们可以通过电池管理系统（Battery Management System, BMS）来检测电池的使用状态是否良好，以及储能锂电池的重要参数是否正常，如果储能锂电池在工作过程中发生了某种不正常的现象，BMS可以进行报警，还可以及时地切掉电源，避免造成二次事故。它可以使电池在使用过程中更加安全可靠，并且可以延长电池的使用寿命。近几年来，BMS的技术已经被国内外高校、科研机构和公司当作一个重要的发展方向和研究对象。BMS与电动汽车的储能锂电池紧密结合在一起，通过传感器对电池的电压、电流、温度进行实时检测，同时还进行漏电检测、热管理、电池均衡管理、报警提醒，计算荷电状态（State of Charge, SOC）、放电功率，报告电池健康状态（State of Health, SOH），还根据电池的电压、电流及温度用算法控制最大输出功率以获得最大续驶里程，以及用算法控制充电机进行最佳电流的充电，通过控制器局域网络（Controller Area Network, CAN）总线接口与车载总控制器、电机控制器、能量控制系统、车载显示系统等进行实时通信。

准确预估SOC是BMS的重要基础。SOC是电池中所存储能量的相对程度，定义为特定时间点可从电芯提取的电荷量与总容量之比，表示储能锂电池使用一段时间或长期搁置不用后的剩余容量与其完全充电状态的容量的比值，常用百分数表示。在现今社会当中，几乎所有可以循环使用的设备都需要进行维护，电池也不例外，电池的维护技术会影响电池在被使用时的性能，进而影响用户在使用过程中的体验。电池在工作过程中，BMS 会反映电池的状态，而电池的 SOC 就是其中最重要的数据之一。电池的状态预测是一个很有意义的技术，但是，要对储能锂电池进行有效等效建模和 SOC 准确估计是一个难题，因为用设备直接测量得到电池的 SOC 值是不可能的。SOC 是一个动态参数，要想预测电池的 SOC，就需要测量电池的电压、电流、温度和内阻等参数，并通过关系式来估计。而 SOC 的值并不能进行很准确的预测，因为在这个过程中会受到很多干扰，同时具有复杂性，体现在同一 SOC 下开路电压（Open Circuit Voltage，OCV）的差异上。不同电池的开路电压特性不同，要充分考虑具体的电池类型；同一类型电池动态情况下，测量到的电池电压实际是电池的端电压，而不是开路电压，在定温度和恒流状态下开路电压和 SOC 的关系还是相对稳定的，但是电池只要开始非恒流工作就会打乱对应关系；不同材料的电池都会受到温度的影响，特别是低温；电池的 SOC 估计不仅受开路电压影响，而且成组电池存在电芯欧姆内阻、极化内阻、自放电率、初始容量等差别，这就使 SOC 估计情况变得更加复杂。

锂电池 SOC 的准确估计，对其发展具有重大的理论价值和现实意义。首先，可以使锂电池组被使用时更加安全，其次可以提高电池的性能。科学地使用电池会增加使用时长。如果能够准确地估计电池的 SOC，BMS 就能够检测并显示电池的使用状态，通过数据可以指导人们对电池进行维护，这样不仅大大降低了维护费用和时间精力，而且能让电池在被使用的过程中保持高性能，提高用户的使用体验并且延长电池的使用寿命。

在各类动力电池中，锂电池相对于其他电池有着很多突出的优点而被人们广泛使应用于各个领域，逐渐被越来越多的人去研究。先进的技术是人们研究锂电池的前提，科学技术的进步也使人们在锂电池的研究方面发展迅速，取得了很好的成绩。在锂电池使用的最早期，它可以使植入人体中的起搏器能够长时间的运作而不用重新充电。而随着数码产品的快速发展和广泛应用，锂电池被应用于各种数码产品中。锂电池还可应用于各种储电系统。

如今世界各国都积极投入锂电池的研发当中，美国作为发达国家中的超级大国，更是在这方面进行了相当大的科技和经费投入。不仅如此，其政府还颁发了一系列的鼓励政策以及保护措施，推动了锂电池研究的飞速发展。

日本的索尼公司是相对于其他国家和地区而言对锂电池研究开发较早的公司。2010 年，日本政府决定加大对电动汽车研究的投入，直接组织相关专业成员实施国家的专项计划，研究开发先进的锂电池技术，并且把锂电池技术应用于新一代的电动汽车中。就目前而言，日本生产的锂电池已经达到了国际领先水平。能源危机是无法忽视的巨大危机，因此日本格外重视新能源的发展。作为最先研究电动汽车的国家，日本的电动汽车一直处于领先水平。

我国对锂电池的研究和生产随着社会发展也迅速增长，我国是锂电池最大的生产制造地。我国以深化供给侧结构性改革为主线，全面推进能源转型和产业结构调整，《储能技术专业学科发展计划（2020—2024 年）》中明确提出要加快储能技术专业人才培养与学科建设的计划；《中共中央关于制定国民经济和社会发展第十四个五年规划和二〇三五年远景，目标的建议》针对"碳排放达峰后稳中有降、生态环境根本好转"愿景，明确指出加快发展新能源等战略性新兴产业。

1.2 储能锂电池工作机理分析

1.2.1 储能锂电池简述

储能技术发展至今取得了瞩目的成就，不仅有效地满足电网运行各阶段的需求，而且能够实现削峰填谷、电力负荷平衡，提高了电网中大规模可再生能源的接受程度以及间歇式可再生能源入网的可能性。锂电池技术是电化学储能技术中最为成熟的一项技术。锂电池通常有两种外形：圆柱形和长方形。圆柱形电池内部采用螺旋绕制结构，用一种非常精细且渗透性很强的薄膜隔离材料在正、负极间间隔而成，主要有聚乙烯、聚丙烯、聚乙烯与聚丙烯复合等材料。而长方形锂电池则是通过叠片形式构成，正极上放置隔膜，然后放置负极，以此类推并逐次叠加而成。

1.2.2 储能锂电池的组成

锂电池主要组成部分有正极、负极、电解质和正负极间隔膜。正极包括由含锂材料（如钴酸锂、锰酸锂和镍钴锰酸锂的一种或几种材料混合使用等）组成的锂离子收集极，由铝薄膜组成的电流收集极。负极由层状碳材料组成的锂离子收集极、铜薄膜组成的电流收集极构成。电池内装有安全阀和正温度系数（Positive Temperature Coefficient，PTC）电阻器，具有热阻小、换热效率高、不燃烧和安全可靠等优点，并且能够有效防止电池在不正常状态或输出短路时受到伤害。隔膜是一种特殊的复合模，其在锂电池中的作用是阻止电子在正负极之间自由穿梭，但是电解液中的锂离子可以自由通过。电子不能脱离载体单独存在，隔膜本质为绝缘体，无法包容自由电子，所以不导电。在电池中，元素基本以离子形式存在，离子能够容易地通过隔膜，而电子脱离本身元素到新载体（正极材料或负极材料）上，在与隔膜接触时，隔膜无法吸取电极上的自由电子，从而阻止了电子的通过。常见的隔膜材料为单层 PP 膜、PE 膜以及 PP/PE/PP 三层复合膜。电解液一般由锂盐和有机溶剂组成，具有传导离子的作用。电解质实现锂离子在电池正负极之间传导，目前使用最广泛的电解质是 $LiPF_6$。图 1-1 对电池的内部结构进行了客观表现，电池内部有锂离子、金属离子、氧离子和碳层，锂电池的组成基本是一些化合物。电池的反应通过电池里的离子移动来完成。而电池的隔膜像一道屏障，使电池两极分开。

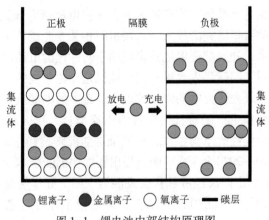

图 1-1 锂电池内部结构原理图

锂电池是目前不可缺少的可携带的电能储存元件，锂电池的性能表征外部参数有很多，如电压、电流和内阻等。锂电池的优点如下：

1) 燃烧热很高，即单位体积中放出的热量很高。

2) 较环保，符合绿色社会发展要求。

3) 使用寿命长。正常条件下，锂电池可以进行几百次重复充放电的过程，所以可以被使用的时间很长。

4) 无记忆效应。如果电池经常在充满且不放完电的条件下工作，容量会迅速低于额定容量值，这种现象叫作记忆效应。普通电池在工作过程中，有记忆效应，导致容量越来越少，而这个问题在锂电池中不存在。

当然锂电池还有很多其他优点，如安全性能好、自放电率低、充电快和工作温度范围宽等，因此得到广泛应用。

1.2.3　储能锂电池的工作原理

锂电池内部化学反应是一个基本的氧化还原反应，能量是守恒的，通过化学反应，能量得以在电池中进行储存和使用。从化学反应方程式可知，锂电池的充放电过程就是锂离子嵌入和脱嵌的过程，主要依靠两极的锂离子浓度差。锂电池在充电时，正极的锂原子会发生氧化反应，失去电子，从而变为锂离子；正极氧化反应产生的大量锂离子从正极脱嵌，经过电解液到达电池负极的碳层，在负极嵌入锂离子。此时，锂电池的负极实现富锂（富锂就是用少量锂掺杂正极活性物质如 $LiMn_2O_4$ 等制得的正极材料，富锂可以使晶胞收缩充放电过程中体积变化较小，提高材料的结构稳定性和循环性能）状态。电池容量的大小一方面和正极反应产生的锂离子数目有关，另一方面和通过电解液交换到负极的锂离子数目有关。放电是充电的逆过程，放电时负极发生氧化反应，嵌在负极碳层中的锂离子脱嵌，经过电解液运回正极，回到正极的锂离子越多，放电容量越高。同样充电时，电池正极有锂离子生成，生成的锂离子经过电解液运动到负极，到负极的锂离子嵌入碳层微孔中，嵌入锂离子越多，充电容量越高。锂电池的工作原理如图 1-2 所示。

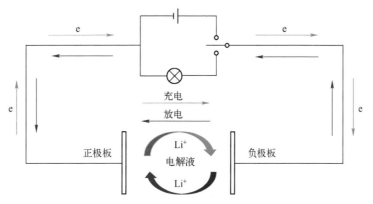

图 1-2　锂电池的工作原理

锂电池正负极反应和总反应方程式如下：

$$正极\quad LiM_xO_y = Li_{(1-x)}M_xO_y + xLi^+ + xe \tag{1-1}$$

$$负极 \quad n\mathrm{C}+x\mathrm{Li}^++xe=\mathrm{Li}_x\mathrm{C}_n \tag{1-2}$$

$$电池总反应 \quad \mathrm{LiM}_x\mathrm{O}_y+n\mathrm{C}=\mathrm{Li}_{(1-x)}\mathrm{M}_x\mathrm{O}_y+\mathrm{Li}_x\mathrm{C}_n \tag{1-3}$$

3个表达式中，M可以为Co、Mn、Fe、Ni。锂电池的正极材料由一种嵌锂式化合物组成，如果有外界电场，正极材料中的 Li^+ 可以在电场的作用下从晶格中实现脱出和嵌入。

以 LiCoO_2 为例，其正极反应方程式为

$$\mathrm{LiCoO}_2 \rightarrow \mathrm{Li}_{1-x}\mathrm{CoO}_2+x\mathrm{Li}^++xe \tag{1-4}$$

负极反应方程式为

$$6\mathrm{C}+x\mathrm{Li}^++xe \rightarrow \mathrm{Li}_x\mathrm{C}_6 \tag{1-5}$$

电池反应总方程式为

$$\mathrm{LiCoO}_2+6\mathrm{C}\Leftrightarrow\mathrm{Li}_{1-x}\mathrm{CoO}_2+\mathrm{Li}_x\mathrm{C}_6 \tag{1-6}$$

1.2.4 储能锂电池的分段充电

锂电池在使用中随着电能的释放，电压下降，电池的化学活性也会降低。为了更好地保护锂电池的功能，采取分段充电策略，保证电池快速充满又不过充电，对长期充不满电、放不完电的电池起到一定修复作用。

目前储能锂电池主要的充电方式有两种，主要为恒流充电模式和恒压充电模式，无论是恒流的充电模式还是恒压的充电模式，其充电方式都可以分为4个阶段来实现：涓流充电（低压预充）、恒流充电、恒压充电以及充电终止。储能锂电池的充电大多数是由集成电路（Integrated Circuit，IC）芯片控制的，其中典型的充电方式是：先检测待充电储能锂电池的实际电压，如果电压低于3V，就需要先进行预充电，这时充电的电流一般为设定电流的1/10，直到电压稳步上升到3V以后，再进入标准的充电过程。标准的充电过程为：先以设定电流进行恒流充电；待电池电压上升到4.2V时改为恒压充电，一直使充电电压持续为4.2V进行充电；充电一段时间后，充电电流逐渐下降，当下降至设定电流的1/10时，充电过程结束。

第一阶段：涓流充电。涓流充电主要针对完全放电的电池单元进行预充电（恢复性充电）。即在电池电压低于3V时采用涓流充电。涓流充电电流是恒流充电方式下电流的1/10即0.1C（C是以电池标称容量对照电流的一种表示方法，例如此时的电池容量为1000mA·h，则这时1C就代表充电电流为1000mA）。

第二阶段：恒流充电。当电池的电压值上升为涓流充电阈值以上时，提高此时的充电电流进行恒流充电。一般情况下恒流充电的电流值在0.2~1.0C之间。此时储能锂电池的电压也会随着恒流充电过程逐渐上升，一般情况下单节电池设定的电压为3.0~4.2V。

第三阶段：恒压充电。当储能锂电池的电压上升到4.2V时，恒流充电阶段结束，此时开始恒压充电阶段。这时电流的变化会根据此时电芯饱和程度而决定，随着充电过程的进行，充电电流从最大值慢慢减小，当减小到0.05C时，则认为充电终止。

第四阶段：充电终止。判别充电终止的典型方法主要有两种：最小充电电流法和计时法（或者两者相互结合）。第一种方法用最小的充电电流来监视恒压充电阶段的充电电流，并当充电电流减小到0.05C（或者取0.02~0.07C范围内的值）时就终止充电。第二种方法设从恒压充电阶段开始的时间为初始时间，连续充电2h后终止充电过程。

1.3　储能锂电池的分类与特点

锂电池正极材料历来是科学家们研究的重点，随着越来越多性能优良的正极材料被不断发现，锂电池性能日益提升。目前锂电池常用的正极材料包括磷酸铁锂（$LiFePO_4$）、钴酸锂（$LiCoO_2$）、锰酸锂（$LiMn_2O_4$）以及三元材料，大多数商业化电池采用石墨负极材料，极少数采用钛酸锂（$Li_4Ti_5O_{12}$）材料，不同材料的锂离子电池特性有着较大差距。

1.3.1　磷酸铁锂电池

1. 磷酸铁锂电池的构造

正极：以磷酸铁锂（$LiFePO_4$）为主要原料。

负极：负极活性物质是由碳材料与黏合剂的混合物再加上有机溶剂调和制成糊状，并涂覆在铜基体上，呈薄层状分布。

隔膜板：称为隔板或隔离膜片，一般使用聚乙烯或聚丙烯材料的微多孔膜，其功能为关闭或阻断通道。关闭或阻断通道是指电池出现温度异常上升时阻塞或阻断作为离子通道的细孔，使蓄电池停止充放电反应。隔膜板可以有效防止因内外部短路等引起的过大电流而使电池产生异常发热的现象。

PTC 元件：在磷酸铁锂电池盖帽内部，当内部温度上升到一定温度或电流增大到一定控制值时，PTC 元件就起到温度熔丝和过电流熔断的作用，会自动拉断或断开，形成内部断路，使电池内部停止工作反应，温度下降，保证电池的安全使用（双重保险）。

安全阀：为了确保磷酸铁锂电池的使用安全性，一般通过对外部电路进行控制或者在磷酸铁锂电池内部设有异常电流切断的安全装置。即使这样，在使用过程中也有可能存在其他原因引起磷酸铁锂电池内压异常上升，这时安全阀释放气体，以防止蓄电池破裂或爆开。安全阀实际上是一次性非修复式的破裂膜，一旦进入工作状态，就会保护蓄电池使其停止工作，它是蓄电池最后的保护手段。

2. 磷酸铁锂电池的特点与优势

（1）安全性能的改善　磷酸铁锂晶体中的 P—O 键稳固，难以分解，即使在高温或过充电时，也不会结构崩塌发热或是形成强氧化性物质，因此它拥有良好的安全性。有报告指出，磷酸铁锂电池在实际操作针刺或短路实验中，少部分样品发生燃烧现象，但未出现一例爆炸事件，而过充电实验中使用超出自身放电电压数倍的高电压充电，依然会有爆炸现象产生。尽管如此，其过充电安全性相比其他电池，已大有改善。

（2）寿命的改善　铅酸电池的循环寿命在 300 次左右，最高为 500 次，而磷酸铁锂电池的循环寿命达 2000 次以上，标准充电（5 h 率）使用，可达到 2000 次。同质量的铅酸电池是"新半年、旧半年、维护维护又半年"，寿命最多为 1~1.5 年，而磷酸铁锂电池在同样条件下使用，理论寿命将达到 7~8 年。综合考虑，其性能价格比理论上为铅酸电池的 4 倍。大电流放电可达电流 2C 快速充放电，使用专用充电器时，以 1.5C 充电 40 min 内即可将电池充满，起动电流可达 2C，为电池标称容量的 2 倍，而铅酸电池无此性能。经测试，磷酸铁锂电池经过 500 次循环充放电，其放电容量仍大于 95%。

（3）高温性能好　磷酸铁锂电池热峰值可达 350~500℃，而锰酸锂电池和钴酸锂电池的热峰值只有 200℃左右。磷酸铁锂电池工作温度范围宽（-20~75℃），有耐高温特性，这使其使用地点、场合较广。外部温度为65℃时，其内部温度高达95℃，电池放电结束时温度可达160℃，但电池的结构安全、完好。

（4）大容量　磷酸铁锂电池具有比普通电池（铅酸电池等）更大的容量，为5~1000A·h（单体）。

（5）高效率输出　标准放电为2~5C，连续高电流放电可达10C，瞬间脉冲放电（10 s）可达20C。

（6）无记忆效应　镍氢电池、镍镉电池存在记忆效应，而磷酸铁锂电池无此现象，电池无论处于什么状态，可随充随用，无须先放完电再充电。

（7）体积小、重量轻　同等规格容量的磷酸铁锂电池的体积是铅酸电池体积的2/3，重量是铅酸电池重量的1/3。

（8）绿色环保　该电池一般被认为不含任何重金属和稀有金属（镍氢电池需稀有金属），无毒（SGS认证通过）、无污染，符合欧洲RoHS规定的绝对绿色环保电池。而铅酸电池中存在大量的铅，其废弃后若处理不当，将对环境造成二次污染，而磷酸铁锂材料在生产及使用中均无污染，因此该电池被列入"十五"期间的"国家高技术研究发展计划"（简称863计划），成为国家重点支持和鼓励发展的项目。

由于磷酸铁锂电池具有上述特点，并且生产出各种不同容量的电池，很快得到广泛的应用。

它主要应用领域有大型电动车辆（公交车、电动汽车、景点游览车及混合动力车等）、轻型电动车（电动自行车、高尔夫球车、小型电动平板车、铲车、清洁车、电动轮椅等）、电动工具（电钻、电锯、割草机等）、玩具（遥控汽车、船、飞机等），太阳能及风力发电的储能设备，不间断电源（Uninterrupted Power Supply，UPS）及应急灯、警示灯及矿灯（安全性最好），替代照相机中3 V的一次性储能锂电池及9 V的镍镉或镍氢可充电电池（尺寸完全相同），小型医疗仪器设备及便携式仪器等。这里介绍一个用磷酸铁锂电池替代铅酸电池的应用实例。采用36 V/10 A·h（360 W·h）的铅酸电池，其重量为12 kg，充一次电电动汽车可行驶约50 km，充电次数约100次，使用时间约1年。若采用磷酸铁锂电池，采用同样的360 W·h能量（12个10 A·h电池串联组成），其重量约4 kg，充电一次电动汽车可行驶约80 km，充电次数可达1000次，使用寿命可达3~5年。虽然磷酸铁锂电池的价格较铅酸电池高得多，但磷酸铁锂电池总的经济效果更好，并且使用上更轻便。

一种材料是否具有应用发展潜力，除了关注其优点外，更为关键的是其是否具有根本性的缺陷。

国内现在普遍选择磷酸铁锂作为动力型锂电池的正极材料，政府、科研机构、企业甚至证券公司的市场分析员看好这一材料，将其作为动力型锂电池的发展方向。分析其原因，主要有两点：首先，受到美国研发方向的影响，美国Valence公司与A123公司最早采用磷酸铁锂做锂电池的正极材料；其次，国内一直没有制备出可供动力型锂电池使用的具有良好高温循环与储存性能的锰酸锂材料。但磷酸铁锂也存在不容忽视的根本性缺陷，归结起来主要有以下几点：

1）在磷酸铁锂制备时的烧结过程中，氧化铁在高温还原性环境下存在被还原成单质铁的可能性。单质铁会引起电池的微短路，它是电池中最忌讳的物质。这也是日本一直不将该材料作为动力型锂电池正极材料的主要原因。

2）磷酸铁锂存在一些性能上的缺陷，如振实密度与压实密度很低，导致锂电池的能量密度较低。其低温性能较差，即使将其纳米化和碳包覆也没有解决这一问题。美国阿贡国家实验室储能系统中心主任 Don Hillebrand 博士谈到磷酸锂铁电池低温性能时用 Terrible 来形容，他们对磷酸铁锂电池测试结果也表明其在低温（0℃以下）下无法使电动汽车行驶。尽管有厂家宣称磷酸锂铁电池在低温下容量保持率还不错，但那是在放电电流较小和放电截止电压很低的情况下。而且在这种状况下，设备无法起动工作。

3）材料的制备成本与电池的制造成本较高，电池成品率低。磷酸铁锂的纳米化和碳包覆尽管提高了材料的电化学性能，但是也带来了其他问题，如能量密度的降低、合成成本的提高、电极加工性能不良以及对环境要求苛刻等。尽管磷酸铁锂中的化学元素 Li、Fe 与 P 很丰富，成本也较低，但是制备出的磷酸铁锂产品成本并不低，即使去掉前期的研发成本，该材料的工艺成本加上较高的制备电池的成本，也会使得最终单位储能电量的成本较高。

4）产品一致性差。目前国内还没有一家磷酸铁锂材料厂能够解决这一问题。从材料制备角度来说，磷酸铁锂的合成反应是一个复杂的多相反应，有固相磷酸盐、铁的氧化物以及锂盐，外加碳的前驱体以及还原性气相。在这一复杂的反应过程中，很难保证反应的一致性。

5）知识产权问题。最早的有关磷酸铁锂的专利申请在 1993 年 6 月 25 日由 FX MITTER-MAIER & SOEHNE OHG（DE）获得，并于同年 8 月 19 日公布申请结果。磷酸铁锂的基础专利为美国德州大学所有，而碳包覆专利被加拿大人申请。这两个基础性专利是无法绕过去的，如果成本计算加上专利使用费，那产品成本将会进一步提高。

鉴于磷酸铁锂存在的上述问题，很难将其作为动力型锂电池的正极材料在新能源汽车等领域获得广泛应用。如果能够解决锰酸锂存在的高温循环与储存性能差的难题，其凭借低成本与高倍率性能的优势，将在动力型锂电池中的应用领域有巨大的潜力。

1.3.2　钴酸锂电池

钴酸锂电池是以合成的钴酸锂（$LiCoO_2$）化合物作为正极材料活性物质的锂电池，在所有充电锂电池中，钴酸锂是最早应用的正极材料，钴酸锂电池也是循环性能最好的。钴酸锂电池结构稳定、比容量高、综合性能突出，但是其安全性差、成本非常高，主要用于中小型号电芯，标称电压为 3.7 V。

1. 钴酸锂电池的特点

1）电化学性能优越：①每循环一周期容量平均衰减小于 0.05%；②首次放电比容量大于 135 mW·h/g；③3.6 V 初次放电平台比率大于 85%。

2）加工性能优异。

3）振实密度大，有助于提高电池体积比容量。

4）产品性能稳定，一致性好。型号为 R747 的电池振实密度为 2.4~3.0 g/cm³，典型值为 2.5 g/cm³，粒度 D50 为 6.0~8.5 μm；型号为 R757 的电池振实密度为 2.4~3.2 g/cm³，典型值为 2.6 g/cm³，粒度 D50 为 6.5~9.0 μm；型号为 R767 的电池振实密度为 2.3~3.0 g/cm³，典型值为 2.5 g/cm³，粒度 D50 为 8~12 μm。

2. 钴酸锂的用途

钴酸锂电池主要用于制造手机和笔记本计算机及其他便携式电子设备的锂电池的正极材料。

3. 钴酸锂的技术标准

1) 名称：钴酸锂；分子式：$LiCoO_2$；分子量：97.88。

2) 主要用途：锂电池。

3) 外观要求：灰黑色粉末，无结块。

4) X射线衍射：对照JCDS标准（16-427），无杂相存在。

5) 包装：铁桶内塑料袋包装。

钴酸锂电池的应用较少，小电池如手机中用钴酸锂的技术很成熟，但钴是比较稀缺的战略性金属，导致钴酸锂的成本太高，很多公司用锰酸锂来代替。另外，钴酸锂应用于动力电池方面也有一定的难度。

1.3.3 锰酸锂电池

锰酸锂是成本低、安全性和低温性能好的正极材料，因而被广泛使用，但是其材料本身并不稳定，容易分解而产生气体，因此多用于和其他材料混合使用，以提高其性能并降低电芯成本。混合强M—O键、较强八面体稳定性且离子半径与锰离子相近的金属离子，能显著改善其循环性能。其循环寿命衰减较快，容易发生鼓胀，高温性能较差，主要用于大中型号电芯。锰酸锂电池的标称电压为2.5~4.2V。动力电池方面，其标称电压为3.7V。

锰酸锂与钴酸锂、三元材料等其他正极材料相比最大的优点是价格便宜，最大的缺点是容量低（实际比容量只能发挥到100~110mA·h/g，河南思维公司生产的锰酸锂电池典型值为105mA·h/g），它是钴酸锂和三元材料的过渡产品。锰酸锂比表面积研究是非常重要的，只有采用BET法检测出来的锰酸锂的比表面积结果才是真实可靠的，国内很多仪器只能做直接对比法的检测，且这些仪器已被淘汰。

目前国内外比表面积测试统一采用多点BET法，国内外制定出来的比表面积测定标准都是以BET法为基础的，具体可参看我国国家标准GB/T 19587—2017《气体吸附BET法测定固态物质比表面积》。比表面积检测是比较耗费时间的工作，由于样品吸附能力不同，有些样品的测试可能需要耗费一整天，如果测试过程没有实现完全自动化，测试人员时刻都不能离开，并且要精神高度集中，观察仪表盘、操控旋钮，稍不留神就会导致测试过程失败，这会浪费测试人员很多的宝贵时间。真正完全自动化、智能化的比表面积测试仪产品，符合测试仪器行业的国际标准，同类国际产品已全部完全自动化，人工操作的仪器国外早已经淘汰。真正完全自动化、智能化的比表面积分析仪产品，将测试人员从重复的机械式操作中解放出来，大大降低了他们的工作强度，培训简单，提高了工作效率，还大大降低了人为操作导致的误差，提高了测试精度。例如F-Sorb2400比表面积测试仪，它是迄今为止国内唯一完全自动化、智能化的比表面积检测设备，其测试结果与国际一致性很高，稳定性很好，同时减少了人为误差，提高了测试精度。

1.3.4 三元聚合物储能锂电池

三元聚合物储能锂电池是指正极使用锂镍钴锰或者镍钴铝酸锂的三元正极材料的储能锂电池。多元材料因具有综合性能和成本的双重优势日益被行业所关注和认同，逐步超越磷酸铁锂和锰酸锂成为主流的技术路线。目前三元材料的电芯代替了之前广泛使用的钴酸锂电芯，在笔记本计算机电池领域应用广泛。

在容量与安全性方面比较均衡的三元正极材料,循环性能好于正常钴酸锂,前期由于技术原因其标称电压只有 3.5~3.6 V,在使用范围方面有所限制,但随着配方的不断改进和结构完善,电池的标称电压已达到 3.7 V,更容易达到使用电压,在容量上已经达到甚至超过钴酸锂电池水平。全球 5 大电芯品牌 SANYO、PANASONIC、SONY、LG、SAMSUNG 已推出三元材料的电芯,替换钴酸锂电芯,SANYO、SAMSUNG 针对柱式电池方面更是全面停产钴酸锂电芯,转向制造三元电芯,目前国内外小型高倍率动力电池大部分使用三元正极材料,三元聚合物储能锂电池已逐步走向主流。

1.3.5 钛酸锂电池

负极性能的好坏直接关系到电池的稳定性和容量。石墨负极在实际应用中有低放电电位、低锂离子扩散速率、容易析出锂枝晶等缺点。为了解决这一问题,研究人员研制出了许多新的负极材料,根据嵌锂/脱锂机制,将负极材料分为合金、转化和嵌入 3 类。其中,合金类负极材料主要以锡和硅为主,在嵌锂过程中与锂离子进行合金化而生成相应的锂化合物;转化类负极材料则主要以过渡金属氧化物为主,它们的储存机理是由过渡金属氧化物和锂离子形成的。无论是合金类还是转化类负极材料,其理论比容量均较高,放电平台的理论比容量也都高于石墨类负极材料。

然而,由于合金类负极材料和转化类负极材料在嵌锂/脱锂时的体积变化比较大,且存在较大的应力,会使材料发生粉化和脱落,从而使电极的容量急剧降低。相比之下,以钛酸锂($Li_4Ti_5O_{12}$)为代表的嵌入类负极材料,在反应过程中没有明显的体积变化,不会引起电极容量的下降。所以在锂电池的研究发展中,钛酸锂因其较好的安全性和再生性,日益受到人们关注,也是锂电池发展的重要选择。

钛酸锂因其特殊的结构特点,作为锂电池负极材料拥有诸多优点。首先,钛酸锂属于"零应变"材料,晶体在反应循环中的体积保持在一个稳定的范围,变化不大,这样可以有效解决因体积变化产生的电极材料脱落现象。当前众多锂电池负极材料中,钛酸锂的循环特性是相对较好的。其次,钛酸锂电极的工作电压稳定,即使工作很长一段时间也可以保持在 1.55 V 左右。累积的锂枝晶可穿透隔板,使电池发生短路现象,而钛酸锂电极锂离子不会在电极上析出锂枝晶。因此在众多可选择的负极材料中,钛酸锂是较为安全的。最后,由于电极电压平台可保持稳定的状态,可以很容易预测出电池的充放电终止。但是,钛酸锂也存在一些缺点,它的电导率和锂离子扩散系数都很低。因此在高电流密度的情况下,钛酸锂电极的工作极化现象非常严重,使得电极的电容量急剧降低。另外,由于固体电解质界面(Solid Electrolyte Interface,SEI)膜的形成,使电极与电解质长时间接触,易产生不良反应,导致电池性能下降。

1.3.6 不同类型储能锂电池性能对比分析

在电池特性方面,锂电池单体标称电压高,组成电池包达到同一电压等级所需单体数目少,有助于减轻整车重量,降低电池故障率;锂电池能量密度较高,储能多将有助于延长纯电动汽车续驶里程;锂电池自放电率低,循环寿命一般大于 800 次,有的甚至可达 1 万次以上;除以上几个方面特性外,锂电池还具有无记忆效应、不污染环境、工作温度范围相对较宽等优点。

不同材料的锂电池特性有较大差距,常见锂电池特性见表 1-1。

表1-1　常见锂电池特性

电池类型	磷酸铁锂	锰酸锂	钴酸锂	三元材料
标称电压/V	3.2	3.7	3.6	3.6
比容量/(mA·h/g)	100~130	130~160	80~100	170~200
循环寿命/次	2000	600~1000	10000	1500
能量密度	低	低	高	高
成本	较高	中等	低	中等

　　锰酸锂电池能量密度低、高温性能差、循环性不佳;钴酸锂电池大量使用了极其稀有的金属钴,制造成本太高;钛酸锂电池能量密度太低,导致成本过高。目前电动车辆(Electric Vehicle, EV)动力电池应用领域主要采用磷酸铁锂和三元材料电池两类。两者相比,磷酸铁锂在正极材料稳定性、循环寿命、充电倍率方面优势突出,然而其缺点也很明显:能量密度低,单体电池一致性差,拉低了电池组的整体性能水平以及电池组寿命。反观三元材料电池,我国主打的镍钴锰电池能量密度为200~280 W·h/kg,出众的能量密度不仅可以大幅提高消费者最为关心的续航能力,也能为汽车节省较多空间。具体优缺点对比见表1-2。

表1-2　不同类型储能锂电池的优缺点对比

电池类型	磷酸铁锂	锰酸锂	钴酸锂	三元材料
优点	循环寿命极好,安全性好,热稳定性好	锰资源丰富,价格低,安全性能好	能量密度高,循环性能较好,手机等电子产品电池都采用钛酸锂	能量密度高,循环寿命与钴酸锂接近,热稳定性比钴酸锂好
缺点	能量密度低,低温性能极差	能量密度低,电解质相容性差,热稳定性差	钴金属价格贵,热稳定性不好,容易起火	安全性差、耐高温性差、寿命差、大功率放电差、生产技术门槛高

　　当前储能锂电池的正极材料体系主要分为磷酸铁锂、钴酸锂、锰酸锂和三元材料等多种技术路线,作为对比,成本、能量密度、安全性为核心指标。磷酸铁锂价格较低、对环境友好、安全性和高温性能较好,但能量密度较低、低温性能较差;三元材料综合了钴酸锂、镍酸锂和锰酸锂三类材料的优点,存在明显的三元协同效应。

1.4　储能锂电池的工作特性

1.4.1　储能锂电池的充电特性

　　一般而言,随着储能锂电池充电的进行,电池的电压和电量都会随之上升,如图1-3所示。储能锂电池在最开始的充电过程中,电量和电压都上升得比较快,电压上升的最大值为4.3 V左右,然后电压不再上升,因为此时电池内部电阻发生变化。从图1-3中可以看出,充电过程中电量始终在增加,并且在前期随着电压增加也越快,电量增加也越快。相反的是,随着时间的延长,充电电流规律性下降,如图1-4所示。

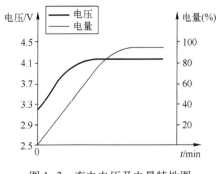

图 1-3 充电电压及电量特性图

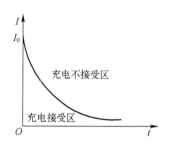

图 1-4 充电电流特性图

科学家 Joshph A. Mass 创造了马斯曲线并给出充电电流表达式，即

$$i(t) = I_0 e^{-at} \tag{1-7}$$

式中，$i(t)$ 为任意时刻的瞬时充电电流；I_0 为 $t=0$ 时刻能承受的最大充电电流；a 为充电的接受效率。由式（1-7）和图 1-4 可以明显地看出，随着时间的变化，$i(t)$ 呈指数规律下降。根据 Joshph A. Mass 的研究理论，当实际的充电规划策略图越是接近图 1-4 所示的曲线时，充电的速度就越能达到最快，并且能获得最高的充电效率，当实际曲线超过图 1-4 所示曲线时，容易对电池造成损害。

1.4.2 储能锂电池的放电特性

放电深度（Depth of Discharge，DOD）、工作环境温度、电池内部温度和放电时间等能够影响储能锂电池的放电特性，从而造成其变化。储能锂电池所表现出的放电特性会随着放电倍率的变化而变化。电池在规定的时间内放出一定电量，此时需要的电流值定义为放电倍率，用公式表示为

$$放电倍率 = \frac{放电电流}{额定容量} \tag{1-8}$$

储能锂电池在放电时不宜放电过多，因为电池充放电能力的倍率越大，电池越容易发热，发热严重将损坏电池，对电池造成永久且无法恢复的损害。相对剩余容量下的电池电压与放电倍率成反比，在使用额定容量的 20% 倍率放电时，储能锂电池电压下降到 2.75 V 时，它依然可以继续释放能量，但是如果采用 1 倍倍率放电时，最多的放电量也只有 98% 的额定容量。储能锂电池分别在不同充放电倍率下，电压随电池储存能力变化的特性曲线如图 1-5 所示。

图 1-5 中各曲线分别在 0.2C、0.5C 和 3.0C 的放电倍率下绘制。由图可以看出，放电倍率不同，储能锂电池的电压相对容量的变化则不同，放电倍率越大曲线下降得越快；采用倍率越高的放电方式，最后能放出的能量就越少；不管是以何种倍率放电，最终电压都会停止在 2.8 V 左右，无法继续下降，如果再继续放电，电池则会损坏。

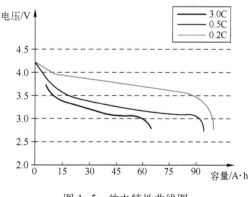

图 1-5 放电特性曲线图

1.4.3 储能锂电池的温度特性

储能锂电池的工作性能受温度影响特别大，温度变化对电池的充放电都会产生比较大的影响。一般来说，储能锂电池正常工作的最低温为-30℃，最高温度为60℃，所以在使用储能锂电池对设备进行供能时，应该注意使用的温度。要获得最有效和最有效率的充电方式，应该选择合理的温度，因为一旦温度过高，电池就会释放很多热量，如果热量急剧升高，非常容易损坏电池，不仅使电池无法工作，严重时还容易发生起火。温度除了会影响电池的正常工作，还会影响电池内的关键参数如内阻。储能锂电池工作的环境温度越低，电池的内阻越大，由于电池的内阻增大，电池电量的消耗非常快，就会导致电池的容量消耗快。储能锂电池的热量产生情况与流过电池的电流以及内阻的关系表达式为

$$Q = I^2 R_{in} \tag{1-9}$$

式中，Q 为储能锂电池的热产生率；I 为流经储能锂电池的电流；R_{in} 为储能锂电池内阻。在正常的室温工作条件下，容量的大小是随着温度的升高成正比变化的。

1.5 储能锂电池的基本概念

在理解储能锂电池的结构原理后，接下来对本书中会出现的储能锂电池的参数及其常用概念进行逐一介绍。储能锂电池的基本参数有端电压、电动势、容量、内阻、荷电状态（SOC）、放电深度（DOD）、循环使用寿命和自放电率等。在此基础上，进行其基本电路特性分析和描述。

1.5.1 电压特性

电压是衡量电池性能的重要参数，单位为 V 或 mV。常见的电池电压包括电动势、开路电压和工作电压。

开路电压是指电池处于开路状态即没有电流通过时电池两极间的电势差。但由于电池极化效应的存在，在电池充放电之后无法立刻获得准确的开路电压，必须将电池搁置一段时间，待电池消除极化并重新达到平衡后方可测得，此时的开路电压近似等于电动势。

工作电压通常指连接负载后从电池两端测得的电压，也称为负载电压或是放电电压，此时的工作电压低于开路电压。当电池处于充电状态时，电池充电电压高于开路电压。工作电压的计算式为

$$U = E + IR \tag{1-10}$$

式中，U 为电池工作电压；E 为电池电动势；I 为通过电池的电流（I 为正时电池充电，I 为负时电池放电）；R 为电池总内阻。

1. 储能锂电池开路电压特性

储能锂电池的开路电压（OCV）是储能锂电池在充分静置后电池两端的电压。电池有电流通过，使电位偏离了平衡电位的现象，称为电极极化。电极极化可分为浓差极化和化学极化。受欧姆效应和极化效应影响，电池在使用过程中电压波动不定，因此 OCV 的获得通常需要将电池搁置足够长的时间。因为 OCV 与 SOC 有一一对应关系，所以若知道电池当前的 OCV 值，便可知其对应 SOC 值，这便是开路电压法。为研究电池开路电压特性，即获得 OCV 与 SOC 关系曲线，在室温（23℃）下对电池进行循环放电搁置实验，具体实验步骤

如下：

1）对电池进行恒流、恒压充电。以 1C 倍率恒流充电至上限终止电压 4.2 V，然后进行恒压充电，充电截止电流为 0.1C。充电完成后对电池进行搁置，稳定电池电压。由于所选的储能锂电池容量较小，所以选定搁置时间为 30 min。

2）选取 SOC 采样点为 100%、90%、80%、70%、60%、50%、40%、30%、20%、10%。由于储能锂电池放电初期和末期电压变化明显，所以 SOC 采样点间隔越小，越能获得更为准确的 OCV-SOC 关系特性曲线。

3）以 1C 倍率对储能锂电池进行恒流放电，放电截止电压为 2.75 V。每次放电达到 SOC 采样点时停止放电，将电池搁置 30 min，认为此时的电池端电压即为开路电压，而后继续放电直至电池 SOC 为 0，结束实验。

实验数据通过 Origin 拟合得到 OCV-SOC 的关系特性曲线如图 1-6 所示。

由图 1-6 可知，随着电池 SOC 的增加，电池的 OCV 也随之增加。在电池放电中期，电压变化趋于平缓，称为电池的放电平台效应。电池放电初期和末期，电池 OCV 变化明显。此时，电池 OCV 的微小变化都会引起电池 SOC 的剧烈变化。因此，使用 OCV 来获取 SOC 的方法不适用于在线估计储能锂电池的 SOC 值。采用 MATLAB/cftool 工具对实验数据进行处理，可拟合得到 OCV-SOC 的 7 阶多项式为

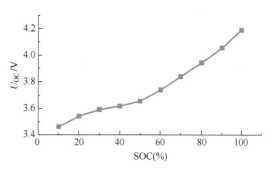

图 1-6　OCV-SOC 的关系特性曲线

$$U_{\mathrm{OC},k} = f(\mathrm{SOC}_k) = 75.232 \times \mathrm{SOC}_k^7 - 270.75 \times \mathrm{SOC}_k^6 + 389.23 \times \mathrm{SOC}_k^5 -$$
$$287.21 \times \mathrm{SOC}_k^4 + 117.89 \times \mathrm{SOC}_k^3 - 27.427 \times \mathrm{SOC}_k^2 + 3.9258 \times \mathrm{SOC}_k + 3.2377 \qquad (1\text{-}11)$$

式中，SOC_k 为 k 时刻电池的 SOC；$U_{\mathrm{OC},k}$ 为其对应的开路电压。

2. 不同放电倍率对电池电压的影响

为充分研究钴酸锂电池在充放电实验过程中的开路电压特性，在室温为 25℃ 条件下运用 EBC-A10H 电池容量测试仪对储能锂电池进行循环放电实验。储能锂电池额定电压为 3.7 V，但考虑到在实际工作情况中储能锂电池工作电压略超过额定电压，因此首先以 1C 倍率恒电压将电池进行充电，至截止电压 4.15 V。设置 1.0C、1.5C 和 2.0C 倍率放电，对电池进行连续的放电搁置实验。将放电时间设置为 4 min。考虑到所选取的储能锂电池为小容量电池，且基于实验时间的考虑，设置放电过程中搁置时长为 12 min，再在每个采样点进行 OCV 采集。获取实验数据后采用 Origin 拟合，得到放电过程中开路电压随时间的变化曲线。具体实验过程如下：

1）以 1.0C 倍率放电，放电 4 min，循环 15 次。

2）以 1.5C 倍率放电，放电 4 min，循环 13 次。

3）以 2.0C 倍率放电，放电 4 min，循环 10 次。

为防止电池过放电，将截止电压设置为 3 V，中间搁置时间均为 12 min。现将 3 种倍率放电过程都绘制于同一图中进行比较，如图 1-7 所示。

分析图 1-7 可知，在不同放电倍率情况下，随着放电时间的加长，开路电压都呈现下降趋势，且放电倍率越高，下降趋势越明显。同一时刻，放电倍率越高，开路电压越低。再

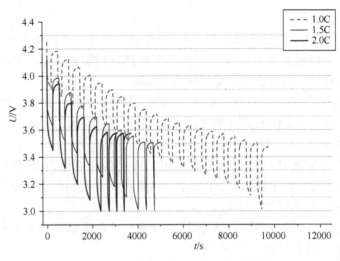

图 1-7　不同放电倍率下电压变化曲线

将电池搁置时的开路电压采样，得到静止开路电压随时间的变化图，将 3 种倍率绘制比较如图 1-8 所示。

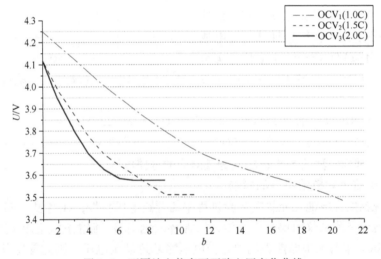

图 1-8　不同放电倍率下开路电压变化曲线

图 1-8 中，OCV_1、OCV_2 和 OCV_3 表示在 1.0C、1.5C 和 2.0C 放电倍率下开路电压的变化曲线，b 表示放电过程中电池搁置次数即电压采集次数。由图中可以清晰地看到，在放电末期，不同放电倍率的开路电压变化都趋于平缓。2.0C 倍率放电末期开路电压高于 1.5C 倍率，而 1.5C 倍率的开路电压又要高于 1.0C。这是因为高倍率放电时间快，相比较低倍率开路电压变化也快，那么放电末期电压反弹得也就越高。

3. 不同搁置时间对开路电压的影响

为研究在不同搁置时间下，储能锂电池的开路电压变化特性，选取 1.5C 放电倍率下的储能锂电池放电搁置实验进行分析，搁置时间设置为 5 min、8 min 和 12 min，得到 3 种不同的电压变化曲线，如图 1-9 所示。

图 1-9 中，3 条曲线分别代表不同搁置时间下电压变化曲线，横坐标代表放电时间。从图中可以看出，放电初期电压变化趋势大，后期较为平缓。为进一步了解开路电压在不同搁

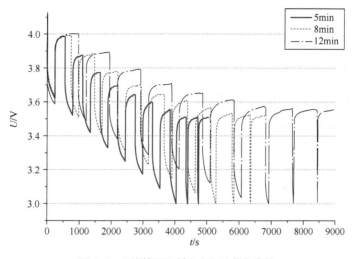

图 1-9　不同搁置时间下电压变化曲线

置时间下的变化情况，取电池搁置时的开路电压，并将 3 种搁置时间下的开路电压进行曲线绘制与比较，如图 1-10 所示。

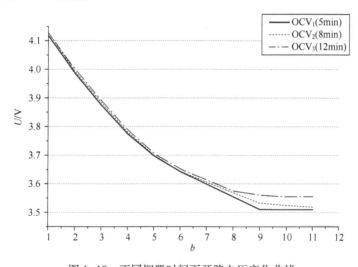

图 1-10　不同搁置时间下开路电压变化曲线

在图 1-10 中，OCV_1、OCV_2 和 OCV_3 分别表示在 5 min、8 min 和 12 min 搁置时间下储能锂电池的开路电压变化特性曲线。b 表示在放电过程中电池搁置次数。从图中可以看出在放电初期，3 种搁置时间下储能锂电池开路电压变化区别不太明显，但是随着放电次数的增加，到达放电后期时，搁置时间越长开路电压回升越高。

1.5.2　电流特性

世界上没有理想的电源，不管是电流源还是电压源都存在一定的内阻，储能锂电池作为汽车动力电源也不例外。当电池长时间流过较大的电流时，电流流经电阻产生大量热能，计算式为

$$W = PT = I^2 RT \tag{1-12}$$

这将导致电池温度持续升高，同时温度升高还会导致电阻增大，形成恶性循环，电池管理系

统监测温度异常后就会采取措施进行散热处理。此外，电池长时间大电流充放电还会导致安全隐患的产生，因此需要时刻监测储能锂电池充放电过程中电流的大小。

1.5.3 温度特性

储能锂电池实时温度是实际使用过程中不可忽视的影响因素。电池活性和温度是正比关系，温度升高，锂离子在电解液间的交换速度增加，储能锂电池整体活性增加，体现为电池能量输出更彻底、储能锂电池可用容量增大和电池使用效率提高。经过研究发现，在长时间处于高温条件下，电池正极材料晶格结构的稳定性逐渐减弱，电池使用安全性和循环充放电寿命会严重下降，产品质量就达不到标准。相反，长时间处于低温条件下，储能锂电池正负极材料活性降低，实际容量明显小于额定容量，电池充放电效率下降和使用效率降低，而且因为材料活性降低，电池内部 Li^+ 的交换能力下降，电解质运输 Li^+ 的能力也下降，Li^+ 会沉积在正负极两端和电解液里面造成安全隐患。所以，低温环境通过减小电池的充放电电流可以减小 Li^+ 的沉积而降低安全隐患的发生。综上所述，长时间高温或低温工作都会对电池产生不良影响，降低电池的使用寿命。

1.5.4 容量特性

电池容量是指储能锂电池在充满电的状态下能放出的总电量，一般用符号 Q 来表示，单位为 $mA \cdot h$ 或 $A \cdot h$。电池容量是衡量电池质量的一个重要标准，与电池的使用时长关系密切。在实验室中一般采用恒流放电或恒压放电方法对储能锂电池进行放电，测量整个放电过程中电池释放出电能的多少或计算放电电流和时间的乘积，这就是储能锂电池的存储容量。电池容量可分为理论容量、额定容量和实际容量。

理论容量是根据储能锂电池内部的电化学反应情况，在内部锂离子完全参加反应的条件下，运用法拉第定律计算得出的储能锂电池总电荷量大小的理论值。因为理论容量相当于理想值，所以其值大于电池额定容量和实际容量，实际容量因为电池使用损耗等原因通常小于额定容量。

额定容量是电池生产厂商测定的，直接标定在电池外表面。额定容量是用来表达电池储存电荷量多少的重要指标，也是衡量电池使用时长的指标。额定容量也称为标定容量，按照国家有关部门相关规定，其为在一定放电条件（温度、放电倍率等）下保证电池所能放出的最低限度的电量。额定容量是执照厂商标明的容量，是储能锂电池的重要参数之一。

实际容量是储能锂电池购入后，在特定的放电条件下，电池实际能放出的最大容量。电池实际容量通常用放电电流与放电时间的乘积来计算，实际容量不一定是新电池的容量，也可以是使用过的储能锂电池的容量，此时的实际容量肯定小于新电池的实际容量。实际容量是电池在实际环境下工作运行所能放出的电量。影响实际容量的因素十分复杂，外环境温度、储能锂电池制造材料、使用时长等都会影响储能锂电池的实际容量。充满电的电池在一定条件下放出的电量为放电电流与放电时间的积分，其计算过程分为恒流与交流两种情况。

恒流时的放电容量为

$$Q = IT \tag{1-13}$$

交流时的放电容量为

$$Q = \int_0^T I(t)\,dt \tag{1-14}$$

由于循环使用电池材料会导致其老化，电池容量与出厂时的标定容量会产生较大的偏差。电池的真实放电容量对于储能锂电池 SOC 估计有着重要的意义。因此首先对储能锂电池进行容量标定。选取 3 节钴酸锂电池（1.4 A·h/3.7 V），在室内温度 23℃ 时对其进行循环充放电实验。具体步骤如下：

1）以 1C 倍率对电池进行恒流充电，设置充电截止电压为 4.2 V。然后转换为恒压充电，充电截止电流为 0.02C，以此保证电池为满电状态。

2）由于所选取的储能锂电池容量较小，所以选定搁置时间为 30 min。

3）以 1C 倍率对储能锂电池进行恒流放电实验，放电截止电压为 2.75 V。

4）放电后搁置 30 min。

5）循环步骤 1）~4）3 次，结束实验。

实验结果见表 1-3。

表 1-3 容量标定实验数据　　　　　　　　　（单位：A·h）

单体 1			单体 2			单体 3		
序号	充电容量	放电容量	序号	充电容量	放电容量	序号	充电容量	放电容量
1	1.472	1.388	1	1.624	1.395	1	1.535	1.402
2	1.406	1.294	2	1.532	1.396	2	1.486	1.401
3	1.387	1.380	3	1.508	1.395	3	1.460	1.404

分析表中数据可以发现电池单体放电容量总是小于同次循环中的充电容量，这是由于受到电池内阻的影响，在放电过程中，电池本身耗散掉了一部分能量，这使得电池在工作过程中能够释放出的能量总是小于充入的能量。

1.5.5　充放电倍率

储能锂电池充放电倍率用来表示充放电电流的大小，用 C 表示。充放电倍率是指电池在充放电过程或者工作过程中，充放电电流与电池额定容量之间比值，即充放电倍率=充放电电流/额定容量。例如，额定容量为 100 mA·h 的电池以 20 mA 放电时，其放电倍率为 0.2C。可以通过不同的充放电电流来估计储能锂电池的额定容量。充放电倍率和充放电效率有关，不同 C 值下的充放电效率不同。

1.5.6　充放电次数

储能锂电池在循环充放电的过程中，无论是电解液、电池正负极材料还是外部结构都会有耗损，从电池刚开始使用到报废这一段时间就是储能锂电池的循环使用寿命，该时间是由生产厂商按照规定的标准测试环境对储能锂电池进行充放电测试得到的数据，即一个完整的充放电周期，所以循环次数是充放电周期的一个计算方式，当电池达到了一次完整的充放电周期，电池循环次数就会增加 1，一般情况下为循环到实际容量放电降至额定容量值的 80%。充放电次数就是储能锂电池在这种条件下进行持续充放电循环统计出的总次数。

1.5.7　储能锂电池功率

储能锂电池功率的实际物理意义是单位时间内储能锂电池内部化学反应产生能量输出所做的功的多少，即这段时间内化学反应释放的能量的多少，单位为 W。根据工程使用的不

同，功率可细分为实际功率和瞬时功率等，储能锂电池功率表达式为

$$P = UI = I(E - IR) = IE - I^2R \qquad (1-15)$$

式中，E 为电池电动势；R 为电池总内阻；I 为单位时间内的平均电流。

1.5.8 内阻特性

储能锂电池内部，锂离子从一极运动到另一极，过程中阻碍离子运动的因素共同组成了储能锂电池的内阻。由于电池内阻的作用，在放电状态下，电池的端电压低于电动势和开路电压；在充电状态下，电池的端电压高于电动势和开路电压。电流的本质是电荷的定向移动，电子在移动过程中会受到材料本身和磁场的阻力；内阻就是电池在工作时，电流流过电池内部所受到的阻力大小。内阻是储能锂电池的重要参数之一，内阻的大小直接影响电池的工作电压、工作电流和电池容量等。储能锂电池的内阻不是一成不变的，在电池充放电过程中，温度、充放电倍率、充放电时间和电解液浓度以及活性物质质量的变化都会引起电池内阻的变化。

电池内阻包括欧姆内阻 R_o 和极化内阻 R_p，欧姆内阻来自电解液、隔膜等电阻和各部件接触电阻。电池内部氧化还原反应过程中会产生电场，在这个电场作用下电介质会因为极化效应产生极化电荷，极化电阻就是极化电荷对电流的阻力。储能锂电池在充放电过程中，由于极化效应产生内阻，此时极化效应主要是电化学极化和浓差极化。活性物质的本性、电极的结构、电池的制造工艺、电池的工作条件不同都会导致极化内阻的不同，主要影响因素为电池的工作条件。电池总内阻 R 等于欧姆电阻 R_o 加上极化内阻 R_p 即

$$R = R_o + R_p \qquad (1-16)$$

如图 1-11 所示，电池的欧姆内阻曲线呈现以下的特点：SOC = [10%,100%] 的区间内，电池的欧姆内阻变化很小，而在较低的 SOC 区间内，随 SOC 的降低欧姆内阻出现较大幅度的增长，这是因为电池放电末期，电池内部化学物质活性降低；在整个 SOC 范围内，充电欧姆内阻总体大于放电欧姆内阻，这是因为锂电池放电属于自发反应，较容易，充电是由外部电源作用使锂离子嵌入负极，较困难。需要说明的是，电池的内阻变化非常复杂，受温度、放电深度、充放电倍率、循环次数等因素影响。同一类型的不同电池单体内阻，还与电池出厂一致性和工作环境的不同相关。

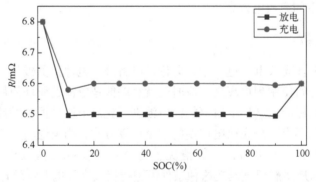

图 1-11 电池内阻变化曲线

电池的内阻特性是指电池在使用过程中电池自身对电流表现出的阻性，不同种类的储能锂电池对外表现出的内阻特性不同，甚至同一种类的储能锂电池，由于内部材料构成、使用环境和老化程度的不同，也会表现出不同大小的内阻。电池内阻单位一般为 μΩ 或 mΩ。内

阻是衡量电池性能的一个重要指标，内阻特性对估计建模、等效模型构建以及 SOC 估计都有重要意义。

电池循环放电搁置实验过程中，局部电压变化曲线如图 1-12 所示。电池连接负载后放电和结束放电一瞬间（即图中 dU_R 和 dU_{R1}），电池端电压发生骤降和骤升现象，这是由于储能锂电池自身存在的欧姆内阻使得电池在放电初期和结束放电初期有电压的剧烈变化，称其为内阻效应。端电压迅速下降后缓慢降低和结束放电时电压迅速上升后缓慢回升（即图中 dU_1 和 dU_1'），这是由于储能锂电池极化效应引起的。当电池得到充分搁置后，电池内部达到平衡，极化效应消失。

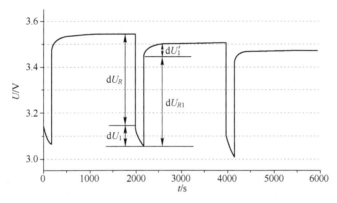

图 1-12　循环放电搁置实验局部电压变化曲线

内阻对温度最为敏感，不同温度下内阻可以发生很大变化。低温下电池性能下降，其重要原因就是低温下电池内阻过大。通常情况下，储能锂电池作为电源从外部分析，内阻通常越小越好，尤其在大功率动力应用情形下，小内阻是必要的条件。

1.5.9　荷电状态

荷电状态（SOC）反映电池的剩余电量。储能锂电池的荷电状态即 SOC，其意义在于反应储能锂电池工作过程中当前时刻的剩余容量。电池的 SOC 无法直接测量，只能通过电池其他外部参数间接测量，它在电池健康状态评估中占有重要的地位。SOC 定义为储能锂电池某一时刻在充分搁置的情况下，当前剩余容量同其完全充电状态的容量的比值，即

$$\text{SOC}_t = \frac{Q_t}{Q_0} \times 100\% \tag{1-17}$$

式中，Q_t 为 t 时刻电池的剩余容量；Q_0 为额定容量。SOC 是一个相对量，用百分比的方式来表示，SOC 的取值范围是 0~100%。当 SOC 为 100% 时表示电池为满电状态，当 SOC 等于 0 时则表示电池电量完全放空。其中，放电容量可表示为电流对时间的积分，考虑到实际工作中电池可放出的电量受到内阻影响通常低于其标称值，因此加入库伦效率 η（也叫放电效率，是指电池放电容量与同循环过程中充电容量的比，即放电容量与充电容量的百分比）后，可修正为

$$\text{SOC}_t = \text{SOC}_{t_0} - \frac{\int_{t_0}^{t} I(t)\eta\,dt}{Q_0} \tag{1-18}$$

式中，SOC_{t_0} 为 t_0 时刻储能锂电池的剩余容量；从 t_0 到 t 时刻电池以电流 $I(t)$ 进行放电，以

放电方向作为正方向，$I(t)$ 为电池的工作电流。

1.5.10 放电深度

放电深度（DOD）是放电容量与额定容量的百分比，DOD = 100% 时表示电池电量为 0，DOD = 0% 时表示电池充满。其与 SOC 的数学关系为

$$DOD = 100\% - SOC \tag{1-19}$$

1.5.11 自放电率

自放电率是指电池在没有负荷的条件下，自身的放电量与额定电量的比值，用来表示电池容量的消耗速率。它主要受电池制造工艺、材料、储存条件等因素影响，一般用单位时间（月或年）内电池容量下降的百分数来表示。因此，自放电率就是漏电率，通常是测试开路环境下的漏电流。因为漏电流很小，所以储能锂电池的自放电率一般指月自放电率，自放电率还可以看作电池电荷保持率。

1.5.12 库伦效率

容量标定实验中曾表明在电池放电过程中，由于自身的消耗作用，使得电池能够释放出的容量总是小于其充电容量。由此提出储能锂电池库伦效率概念。就电池正极材料来讲，库伦效率是嵌锂容量与脱锂容量的比值；就电池负极材料来讲，库伦效率是脱锂容量与嵌锂容量的比值。其通常用于描述电池释放容量的能力，是指满电状态下的放电容量与同循环过程中的充电容量之比。一般为一个小于 1 的真分数。

电池自身的电解质分解、材料老化以及在使用过程中环境温度、不同充放电倍率等因素都会对电池的放电效率产生影响。在后期的仿真模型中须加入充放电效率对充放电容量进行补偿和修正，结合容量标定实验，不同充放电过程中的库伦效率计算结果见表 1-4。

表 1-4　库伦效率

单体 1		单体 2		单体 3	
序号	库伦效率	序号	库伦效率	序号	库伦效率
1	0.942	1	0.859	1	0.913
2	0.920	2	0.911	2	0.943
3	1.002	3	0.925	3	0.962

由表 1-4 可知，库伦效率一般情况下总为一个小于 1 的真分数。这是由于在放电过程中，电池自身存在的内阻会消耗掉一部分电能，这使得电池能够放出的总电能总是小于其充入的总电能。且实验验证当放电电流越大时，库伦效率越小，I^2R 越大，所以自身消耗也变大，放电量减小，库伦效率减小。这是因为放电电流越大，电池内部的电化学反应就越剧烈，由此产生的内阻也越大，电池自身的耗能随之增加。

1.6　储能锂电池的应用领域和发展趋势

储能锂电池作为当今世界不可或缺的能源，是未来动力电池的发展方向，广泛应用于水力、火力、风力和太阳能电站等储能电源系统，以及电动工具、电动自行车、电动摩托车、

电动汽车、军事装备、航空航天等多个领域。同时，作为我国的重要储能设备，储能锂电池的应用技术成熟，具有较大的发展空间，并且锂电池一直是绿色环保电池的首选，同时锂电池生产技术不断提升，成本不断压缩。随着储能锂电池汽车逐步走向市场，世界锂资源的使用和消耗将大幅增长，由此衍生的产业链的发展潜力巨大、前景广阔。

当前，国内研究储能锂电池主要从三个技术方面开展，即钛酸型锂电池、三元体型锂电池和磷酸铁型锂电池三个研究路线。全球新能源动力电池产业如火如荼，我国首当其冲，据工信部 2023 年 8 月 2 日发布的统计报告显示，2023 年上半年，全国锂电池产量超过 400 GW·h，同比增长超过 43%，上半年锂电池全行业营收达到 6000 亿元。高增长态势下，我国动力电池企业功不可没，据 SNE Research 提供的 2023 上半年各家企业市占率统计表显示，我国动力电池企业"有质有量"，宁德时代、比亚迪占据前二，随后还有中创新航、亿纬锂能、国轩高科、欣旺达四家企业跻身前十，合计市场份额达 62.6%，而韩国三大电池制造商 LG 新能源、SK on、三星 SDI 的电池装车量全线增长，但市占率总和为 23.9%，同比下滑 2.2%。而作为特斯拉在北美市场的主要供应商之一，松下是唯一上榜前十名的日本企业，装机量为 22.8 GW·h，同比增长 39.2%，特斯拉 Model Y 的热销成为松下装车量大幅上涨的主要原因。另外，由于我国对锂电能量密度等要求提高，动力电池新材料研究和技术突破迫在眉睫。而从动力电池制备来看，目前动力电池设备发展空间巨大，设备国产化率有望提升。

1.6.1　主要应用领域

在 20 世纪 90 年代，储能锂电池主要应用于各种便携式电子产品，随着电池与材料性能和设计技术的进步，储能锂电池的应用范围不断扩大。目前，储能锂电池主要应用在以下领域。

1. 动力电池

为了解决能源和环境污染问题，全球开发热潮再次上升，新能源汽车已成为一个新的绿色产业，政府也在积极推动。推动电动汽车的发展，能减少温室气体排放，符合科学发展观，是汽车工业的战略机遇。我国储能锂电池电动汽车的技术和发达国家相当，且具有资源优势和市场优势。因此，电动汽车关键技术是研究的重点，迅速推动电动汽车的产业化是我国国情的战略选择，也是确保能源安全的重要途径。

在各类动力电池中，锂电池被广泛应用于电动汽车，其相对于其他动力电池有着很多突出的优点：内阻小；充放电速率快，一般能达到 3~5C；相较于铅酸电池有更高的循环使用寿命；相较于镍氢蓄电池拥有更高的电压，以及更好的整体性能，而镍氢蓄电池的耐高温性差；相较于镍镉蓄电池，拥有更好的环保性。

钴酸锂电池作为储能锂电池的早期类型，最先用在特斯拉 Roadster 上，但由于其循环寿命和安全性并不理想，后期被广泛应用于 3C（计算机、通信、消费电子产品）领域。而磷酸铁锂电池正是作为大规模使用的动力电池，为比亚迪汽车的主打动力电池，稳定性好、寿命长且具有成本优势，特别适用于需要经常充放电的插电式混合动力汽车。三元锂电池能量密度最高，但安全性相对较差，对于续驶里程有要求的纯电动汽车，其前景更广，是目前动力电池主流方向，也是现阶段特斯拉汽车主要使用的动力电池。

在 2008 北京奥运会期间，中国自主研发的 50 辆纯电动公交车奇迹般地创造了零锚、零故障记录，展示了绿色奥运的魅力和风格；2010 年上海世博会上，首次使用超过 1000 辆新能源汽车（包括燃料电池汽车、混合电动汽车、超级电容车和纯电动汽车4种类型），节省传统燃料约1万t，减少有害气体排放118t，减少温室气体排放28400t。此外，电动汽车充电站和其他相关设施已建成并投入使用，电动汽车产业发展日趋成熟。2004年储能锂电池已用于火星着陆器和火星车，未来的探索任务也将使用储能锂电池。此外，美国宇航局的太空探索机构和其他航天机构也考虑储能锂电池在空间任务中的应用。目前，在航空领域的储能锂电池的主要功能是提供用于发射、飞行校正的支持和地面操作，同时提高电池的效率和支持夜间操作。

2. 储能领域

近年来储能锂电池与储能技术紧密相连，这也体现了储能锂电池在储能行业的广泛应用，推动了储能行业的发展，带来了经济效益。

现阶段储能锂电池主要应用于电动汽车的储能，在光伏储能、便携式设备和不间断应急储能电源中也有部分应用。2023年前三个季度我国储能锂电池出货量为605 GW·h，同比增长34%，已接近2022年全年水平。从整体来看，前三个季度我国锂电池产业链各环节仍维持较快的增长势头。储能锂电池的出货量超过1 GW·h。

储能锂电池应用于储能领域，具备安全、可靠、寿命长和能量转换效率高的优点，同时为了市场的经济性效应，高寿命低成本的储能锂电池正是市场发展和技术突破的方向。

锂电池储能能够有效解决光伏储能和风电储能的间歇式，能够为电动汽车的续航提供有力保证。储能锂电池在发电侧的储能应用在光储电站和风储电站等场合，在用户侧的储能应用体现在光储充电站、家庭储能和备用电源等场合，在变电站的储能应用主要体现在变电站储能和虚拟发电厂等场合。

储电厂存储用电低峰期时发电厂发出来的电（谷电），此时电价便宜；将存储的电能在用电高峰期时出售，此时储电场的电价相较于电厂梯度电价（峰电）具有一定的优势。采用峰谷电力监管是一个困难的问题，通常为了确保高峰用电，需要建设更多的电厂，但这种方式增加了投资成本，在低峰用电时发电厂需要照常运行，造成了能量的浪费。因此，一些企业提出了投资兴建储电厂的想法，改变了大中型能源存储设备的采购，在用电高峰期低收费，在用电低峰期时储存电能，分时收费，形成双赢的局面。储能锂电池作为一种绿色电池，由于能量密度高，循环性能好，具有高电荷保持性能，是公认的高容量、高功率电池的理想选择。

3. 电子产品中的应用

由于具有高体积比能量特点，储能锂电池可以做得更小、更轻，因此在便携式电子产品中得到了广泛的应用，随着手机、数码相机、摄像机、笔记本计算机和掌上游戏机的普及，储能锂电池市场一直保持快速增长，并占据了大部分的市场份额。随着大电流充放电性能的提高，储能锂电池也将扩大其在无线电话和电动工具领域的应用。

1.6.2 行业发展趋势

自"十四五"时期以来，储能技术由商业化初步发展迈向规模化生产，储能锂电池储能迈入了新的发展阶段。在新的时代背景下，储能锂电池储能将会向着智能化、标准化和市场化的方向发展。

储能锂电池作为目前一种比较成熟和先进的电池，由于质量轻，储电量大，得到了人们的广泛欢迎。尤其是手机、智能穿戴设备以及新能源汽车的发展，使储能锂电池供不应求。

整个行业处于一个火爆的状态中，许多上市企业在资本市场的估值也是处于一个高估的状态。

锂电池的产业链主要由上游参与者（原材料供应商）、中游参与者（锂电池生产商）和下游的终端客户三部分组成。锂电池的上游企业包括正极材料、负极材料、电解液材料和隔膜等供应商；上游产业主要包括锂原材料、正极材料、负极材料、电解液、隔膜以及生产设备等。中游企业为锂电池生产商，通过对上游原材料的加工，生产出不同规格的锂电池电芯，根据终端用户的不同需求，提供不同的锂电池电芯、模组和电池包方案；下游则为使用用户，根据使用目的的不同可分为三大类，应用主要有动力电池、3C 电池和储能电池。储能领域、动力领域和消费领域对锂电池的研究和制造还处于增长当中，在全球锂电池排行中，所占地位依旧在持续扩大。在这个力呼环保的世界，新能源问题和环境保护问题是研究的重要课题，而锂电池在使用当中是比较环保的，在目前锂电池已经逐渐取代了那些对环境污染影响比较大的电池，成为社会发展中不可缺少的储能元件。储能锂电池产业链示意图如图 1-13 所示。

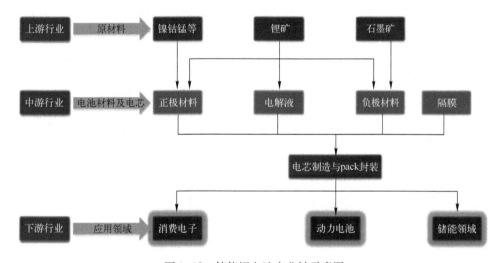

图 1-13　储能锂电池产业链示意图

储能锂电池的无模组设计、刀片电池、弹夹电池等系统结构创新技术实现规模化应用，高镍无钴电池、固态/半固态电池等前沿技术取得突破。同时随着技术的进步，动力电池能量水平不断攀升。三元方形电池能量密度接近 300 W·h/kg，软包电池能量密度已达到 330 W·h/kg；半固态电池能量密度也已突破 360 W·h/kg，预计到 2025 年将实现 400 W·h/kg；未来锂硫电池能量密度有望达到 600 W·h/kg。

因液态电解质锂电池存在着热失控的风险，氧化物电解质有望成为高性能电池的重要选择。未来的电池将朝着更高的比能量发展，整个电芯从液体向着更安全的混合固液和全固态电池发展。同时，更高比能量的高镍和富锂锰基正极将成为大发展方向，以满足续驶里程达到 1000 km 的乘用车和电动飞机要求。

与此同时，为了实现"双碳"目标加快推动电池回收。电池具有高回收价值，退役电池仍然可以经过回收、提升后再投入使用。即使电池报废，还可以回收其中的锂钴镍资源。正极材料里面金属的循环利用以及电池中铝和铜的回收利用，不仅对供应链安全十分关键，对碳排放的目标达成也具有非常重要的意义。

轻薄化、高能量密度、高安全性和快速充电是未来行业重要的发展方向。近年来，消费类电子产品向时尚轻薄化、人体工学外形设计及移动互联性不断增强的方向发展，且在消费类电子产品射频频段扩张、像素密度提升、处理器性能增强的背景下，消费类电子产品的能耗和发热问题日益凸显，其对重量轻、体积小、容量大、能量密度高、尺寸可定制、安全性能好、可快充的锂电池需求不断增加。同时，面对电动汽车和储能市场的快速发展，动力电池在高安全、高比能量、长寿命和快速充电等方面的表现受到消费者关注。

技术的进步进一步推动行业发展。电动自行车以及低速电动车将越来越多地使用锂电池替代传统的铅酸蓄电池；在消费电池应用领域，5G技术的成熟及大规模商业化应用将催生智能移动设备的更新换代需求。此外，可穿戴设备、无人机、无线蓝牙音箱等新兴电子产品的兴起也将为消费电池带来新的市场；在储能电池应用领域，电网储能、基站备用电源、家庭光储系统、电动汽车光储式充电站等都有着较大的成长空间。可以预见，锂电池行业发展空间广阔。

因此，储能锂电池行业在今后的发展中还会不断地处于加速阶段。因为就目前的各大市场来看，储能锂电池的需求量非常大。如果燃料电池技术成熟以后被广泛应用，有可能会影响储能锂电池的地位。随着储能锂电池需求量的不断加大，许多的企业会看到机会，纷纷开展储能锂电池项目。当然，随着各大企业涌入行业，市场的竞争力必会越来越激烈。但无论是在自然界还是市场中，都要遵循优胜劣汰的规律，优胜劣汰本来就是社会发展的趋势。三元锂电池能量密度高、价格便宜，将会成为厂家的首选。另外，《节能与新能源汽车产业发展规划（2012—2020年）》明确提出"到2020年，电池模块比能量达到300瓦时/公斤以上"，磷酸铁锂电池不能与之抗衡。

但是三元锂电池在200℃左右时会发生分解，电解液会迅速燃烧。为电池降温成为重点研究方向。如果温度过高、环境密闭，会增加自燃和自爆的危险。另外，如果回收不当，储能锂电池中的正极材料会造成重金属污染，这成为发展过程中必须解决的环保问题。但就中国市场来看，储能锂电池依旧是主流。无论是一次性储能锂电池还是二次锂电池，均含有多种金属以及电解液等有机溶剂，电解质具有很强的腐蚀性和化学毒性，电池如果爆炸燃烧，还会产生有毒的化学气体，对环境造成污染。相信随着储能锂电池行业竞争的不断激烈，一些实力比较强的企业将在竞争中生存下来，而一些新兴的小企业可能会处于破产的边缘，或者出现被并购的情况。因此，这对储能锂电池的一些企业来说，既是一场考验，也是一次机会。

1.6.3　国内发展现状和前景

我国是储能锂电池主要的生产国之一，据前瞻产业研究院发布的《锂电池行业市场需求预测与投资战略规划分析报告》数据显示：2014年，我国储能锂电池产量达52.87亿只，占全球总产量比重达到71.2%，已连续10年位居全球首位。2016年，我国储能锂电池年产量达到78.42亿只，相比2010年的26.87亿只增长约3倍，年复合增长率为19.54%。2010—2022年我国储能锂电池产量情况如图1-14所示。

消费电池为储能锂电池最大应用领域，2012年占比88.4%，到2016年下降到49.84%，但仍然是我国最大应用领域；动力电池异军突起，2012年占比6.94%，到2016年上升到45.08%，发展潜力巨大；储能电池尚待发力，2012年占比4.62%，到2016年占比5.08%，增长有待提升。2019年，我国锂电池产量达157.22亿只，同比增长12.40%。2022年1~12月我

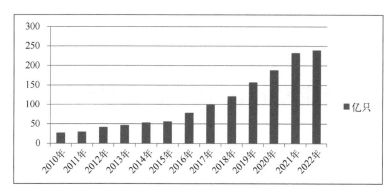

图 1-14　2010—2022 年我国储能锂电池产量情况

国锂电池累计产量达到 239.28 亿只。储能锂电池梯次利用潜力巨大，在工业储能电池占比进一步提高。

锂电池作为便携式电化学储能的首选来源，提高其成本和性能可以极大地扩展其应用范围，并使得依靠储能的新技术成为可能。迄今为止，锂电池的大量研究一直处于电极材料中。具有较高倍率容量、较高充电容量和（对于阴极）足够高电压的电极可以提高储能锂电池的能量和功率密度，并使其更小和更便宜。

人们越来越重视储能锂电池的同时，对电池管理系统（BMS）的需求也随之提高。随着技术的发展，在 BMS 中逐渐增加了许多功能，例如在新能源汽车行业中，通过 BMS 对电池组充放电的有效控制，可以达到增加续驶里程、延长使用寿命、降低运行成本的目的，并保证动力电池组应用的安全性和可靠性。随着锂电池在各领域的应用日趋广泛，尤其是在电动汽车、新能源、军事等领域逐步推广，各国以及各大公司纷纷加大研发支持力度。与此同时，石墨烯、纳米材料等先进材料制备技术不断完善，与锂电池研发加速融合，未来包括硅碳复合材料、固态电解质等在内的新型材料有望在锂电池上面广泛应用，在可穿戴设备、特殊环境等特定应用领域将有可能出现新的颠覆性锂电池产品。

在我国，废电池的回收一直处于空缺状态。这与国内的政策和个人习惯有着极大的关系，废电池的乱扔乱放成了一种习惯。储能锂电池虽然相比一些含有汞的干电池来说，对于环境的影响较小，但是随着储能锂电池行业的高速发展，淘汰下来的数量也是不可小视的。从需求角度来看，动力储能锂电池退役回收后带来的梯次利用端储能供应可以被市场完全消化。

根据前瞻产业研究院预测，2025 年我国年度新增的梯次利用潜在规模将会达到33.6G W·h。国家电网对削峰填谷经济性的需求、分布式光伏装机量的爆发式增长、电动汽车储能充电站布局的速度加快等应用场景，助推梯次利用的需求不断攀升。未来消费电子需求增长将稳定在较低水平，储能领域的装机增量较小，而动力电池需求将是推动储能锂电池行业高增速长的主要动力。

第 2 章 储能锂电池 BMS 核心参数与控制策略

2.1 储能电池关键参数的测量

锂离子电池作为新型清洁、可再生的二次能源，需精确监测其电流、电压及温度等参数，并做好相应的保护电路。对于使用锂离子电池的手持设备而言，更需要追求高精度、低功耗，从而降低对锂离子电池的"过度"使用，延长使用寿命。对锂离子电池组电压、电流的准确测量，是 BMS 中的关键技术问题。电池是新能源汽车的能量之源，其性能和使用寿命是用户关注的焦点，电池性能和电池的电压及温度密切相关。在提倡节能减排的时代背景下，新能源的研究正成为公众关注的焦点，以电为动力的新能源汽车是研究的热点之一。电池是新能源汽车的核心部件，测量并显示关键电池参数不仅可以在早期发现电池中的故障，必要时还可以在系统短时间断电的情况下，完成电池的更换。为确保电池组性能良好并延长其使用寿命，需要对电池组进行管理和控制，其前提是必须准确而又可靠地获得电池现存的容量参数。电池的电压和温度是与电池容量密切相关的两个参数，因此精确采集单体电池电压及温度是十分重要的，需要测量电池组、电池或独立单体电池温度。

1）锂离子单体电池在外界处于某个特定的温度范围时不能放电，也会在另一个更窄的温度范围内不能充电，这使得在移动式应用等某些温度不可控的应用场景下，需要监测温度。

2）当由于内部问题（单体已坏或正被滥用）或外部问题（电源连接不佳，本地热源）导致单体电池变热时，应该对系统发出警告信号，而不是任其发生严重故障。

3）在分布式 BMS 内，在单机板处添加传感器比较简单，不仅可以测量单体电池温度，还可以检测均衡负载是否在工作。

4）数字 BMS 对温度可以监测或不监测，而模拟 BMS 却不能如此，即使测量也是在电池级。分布式 BMS 可以测量每个单体电池的温度；非分布式 BMS 只是测量电池或电池模块温度。

如果 BMS 只有一只或少量传感探头，这些探头应该布置于电池或电池模块的特定位置，如最易升温或最易降温的位置。

2.1.1 电压

串联电池组单体电池电压的测量方法有很多，比较常见的有机械继电器法隔离检测、差分放大器法隔离检测、电压分压法隔离检测、光电继电器法等。机械继电器法可直接测量每个单体的电压，但是机械继电器使用寿命有限、动作速度慢，不宜使用在长期快速巡检过程中。差分放大器法的测量误差基本上由隔离放大器的误差决定，但是由于每路的测量成本比较高，因此在经济性上略显不足。电压分压法的响应速度快、测量成本低，但是其缺点是不能很好地调节分压比例，测量精度也不能令人满意。光电继电器法的响应速度快、工作寿命长，测量的成本相对较低，开关无触点，能够起到电压隔离的作用，若选用的光电继电器采取 PhotoMOS 技术，则能达到较高的测量精度。因此，光电继电器隔离法是比较理想的单体电池电压测量方法。

光电继电器的通断控制策略是光电继电器法要解决的重要问题。常用的光电继电器的通断控制方法有：I/O 直接控制、译码器控制、模拟开关控制等。I/O 直接控制方法简单，容易实现，但需要占用大量的 I/O 资源。译码器控制和模拟开关控制思想类似，即用数量少的 I/O 去控制数量多的光电继电器，这两种方法减少了 I/O 口的占用。采用 I/O 直接控制、译码器控制和模拟开关控制都需要将通断控制电路、A/D 转换电路及处理器设计在同一个模块即采样模块上，则单体电池的两个电极需引线到采样模块上，整个电池组就会有大量的导线连到采样模块，造成安装的烦琐和电气走线的复杂性。对单体电池电压的测量，应着重解决 3 个问题：使用现场与测量系统的电气隔离、降低成本和简化设计方案、提高系统精度。这 3 种光电继电器的通断控制方法在设计的简洁性方面就显得不足。

基于光电继电器法设计 BMS，单体电池电压的测量可采用分时测量的方法。串联电池组中各个电池的两端通过光电继电器隔离，然后统一连接到检测总线上。按照一定的时间策略控制光电继电器的通断，可控制单体电池在不同的时间段单独将电压施加在检测总线上，从而实现单体电池电压的分时检测。该方法的巡检周期短、测量精度高。但是控制光电继电器的通断需要占用大量的 I/O 资源，这就限制了 BMS 可管理电池的数量。同时在 BMS 的实际安装时，由于电池两端需要引线到采集模块，所以会有较多的走线，导致 BMS 安装不方便及新能源汽车电气走线的复杂性。为了改善以上不足，可以使用新型的光电继电器控制策略。

2.1.2　温度

电池温度对电池的容量、电压、内阻、充放电效率、使用寿命、安全性和电池一致性等方面都有较大的影响，所以电池在使用中必须进行温度监测。

目前单体电池温度的测量，一般采用热敏电阻作为温度传感器，利用分压法由 A/D 采样读取热敏电阻的端电压，根据电阻和温度之间的关系可计算出温度值。将热敏电阻安装在每个电池上，分时接到 A/D 采样电路上进行温度采样，实现单体电池温度的巡检。采用热敏电阻测量温度，其测量精度为 ±1.0℃，误差较大；同时由于制造工艺原因，热敏电阻个体的温度特性存在差异，由此造成温度测量校准的困难。进行多点温度巡检时同样要解决分时通道选通问题，需要考虑设计的简洁性。

基于移位寄存阵的控制通道选通思想，可采用数字温度传感器进行同时启动分时读取数据的多点温度采样方法。采用该方法采样精度较高、采样速度快，安装简洁方便。传感器可以采用 DALLAS 公司的 DS18B20 温度传感器，该温度传感器具有线路简单、体积小的特点。用它来组成一个测温系统，在一根通信线可以挂很多这样的数字温度计，十分方便，测量温度范围为 -55~125℃，在 -10~85℃ 范围时，精度为 ±0.5℃。该传感器采用单总线技术，全数字温度转换及输出，支持多点方式组网，进而实现多点温度采样。其主要特点为：只要求一个端口即可实现通信；在每个器件上都有独一无二的序列号；实际应用中不需要外部任何元器件即可实现测温；内部有温度上、下限报警设置等。DS18B20 虽然具有测温系统简单、测温精度高、连接方便、占用口线少等优点，但在使用时还应该注意软件补偿、单总线上的使用数量以及总线电缆的长度限制等问题。

2.1.3 电流

通过在锂离子电池供电环路引入灵敏电阻对电流进行采样，并控制差分运算放大器和高速比较器的通断，实现从模拟信号到数字信号的转换。在处理器中进行精确电流量的运算，能对过电流、短路电流进行保护，也能用于精确计算电池阻抗、电量等相关参数。电路基于0.18 mCMOS工艺，电源电压为2.5 V，能够在−40~125℃应用环境温度范围内能够实现对电流的采样和编码功能，并且能对充放电动作进行判断。在锂离子电池供电环路中引入灵敏电阻对电流进行监测，给系统提供充放电提示，同时可用于电量计算以及保护控制。锂离子电池电流监测系统框图如图2-1所示。

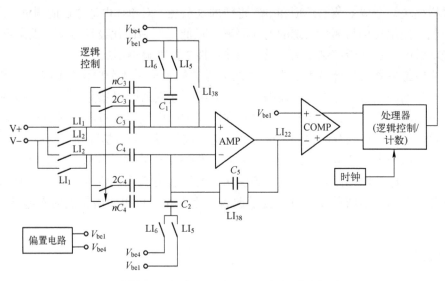

图2-1　锂离子电池电流监测系统框图

注：$C_1 = C_2 = 1C$，$C_3 = C_4 = nC$，$C_5 = 8C$，C表示单位电容值，n表示2的倍数。

图2-1中，电容和放大器AMP组成开关电容采样电路，高速比较器COMP对数据进行量化，处理器对电路进行数字逻辑控制及编码。偏置电路提供AMP自启动支路并产生基准电压V_{be1}和V_{be4}。时钟模块控制系统开关包括LI_1、LI_2、LI_5、LI_6、LI_{38}。处理器输出数字信号逻辑控制改变量化电容。

2.2　锂离子电池储能安全保护

随着锂离子电池的大范围应用，其安全性问题也逐渐被社会所担忧。由于锂离子电池的化学特性，在正常使用过程中，其内部进行电能与化学能相互转化的化学正反应，在某些条件下，如对其过充电、过放电或过电流，将会导致电池内部发生化学副反应，该副反应加剧后，严重影响电池的性能与使用寿命，并可能产生大量气体，使电池内部压力迅速增大后爆炸而导致安全问题。因此，所有锂离子电池都需要一个保护电路，用于对电池的充放电状态进行有效监测，并在某些条件下关断充放电回路以防对电池发生损害。

2.2.1　基础安全保护措施

1）过度充电保护：当外部充电器对锂离子电池充电时，为防止因温度上升所导致的内压上升，需终止充电状态。

2）过度放电保护：在过度放电的情况下，电解液因分解而导致电池特性劣化，并造成充电次数的降低。采用锂离子电池保护 IC 可以防止过度放电现象出现，实现电池保护功能。

3）避免高温：温度过高有缩短寿命、引发爆炸的风险，因此要远离高温热源。

4）避免冻结：多数锂离子电池电解质溶液的冰点为-40℃，低温使得电池性能降低，甚至损害电池。

基于阻抗跟踪技术的电池管理单元（Battery Management Unit，BMU）会在整个电池使用周期内监控单元阻抗和电压失衡，并有可能检测电池的微小短路（Micro-short），防止电池单元造成火灾甚至爆炸。对于锂离子电池包制造商来说，针对电池供电系统构建安全且可靠的产品是至关重要的。电池包中的电池管理电路可以监控锂离子电池的运行状态，包括电池阻抗、温度、单元电压、充电和放电电流以及充电状态等，以为系统提供详细的剩余运转时间和电池健康状况信息，确保系统做出正确的决策。此外，为了改进电池的安全性能，即使只有一种故障发生，例如过电流、短路、单元和电池包的电压过高、温度过高等，系统也会关闭两个和锂离子电池串联的背靠背（Back to Back）保护金属-氧化物-半导体场效应晶体管（Metal-Oxide-Semiconductor Field Effect Transistor，MOSFET），将电池单元断开。

2.2.2　锂离子电池储能安全

在锂离子电池使用过程中，温度条件是影响电池安全性的重要因素，一旦温度过高，会导致锂离子电池的使用寿命缩短，甚至会引发安全事故。对于锂离子电池高度活性化的含能材料来说，这一点是备受关注的。大电流的过充电及短路都有可能造成电池温度的快速上升。锂离子电池在过充电期间，活跃的金属锂沉积在电池的正极，极大地增加了爆炸的可能性。锂离子将有可能与多种材料发生反应而爆炸。例如，锂/碳插层混合物与水发生反应，并释放出氢气，氢气有可能被反应放热所引燃；负极材料（如 $LiCoO_2$），在温度超过 175℃的热失控温度限值（4.3 V 单元电压）时，也会和电解液发生反应。

由于微孔膜材料具有极好的力学性能、化学稳定性以及很高的性价比，锂离子电池会使用这种材料用于电池正负极的电子隔离（例如聚烯烃）。聚烯烃适合作为热保险材料，因为聚烯烃的熔点范围较低，为 135~165℃。当温度升高到聚合体的熔点时，材料的多孔性将失效，其目的是使锂离子无法在电极之间流动，从而关断电池。同时，热敏陶瓷设备以及安全排出口为锂离子电池提供了额外的保护。电池的外壳一般作为负极接线端，通常为典型的镀镍金属板。在壳体密封的情况下，金属微粒很有可能污染电池的内部。随着时间的推移，微粒有可能转移到隔离器，进而使得电池正负极之间的绝缘层老化。而正极与负极之间的微小短路将允许电子肆意流动，并最终让电池失效。在绝大多数情况下，此类失效相当于电池无法供电且功能完全终止。在少数情况下电池有可能过热、熔断、着火甚至爆炸。

2.2.3　储能电池管理单元

一方面，电池材料开发的不断进行提高了热失控的上限温度。另一方面，虽然电池必须通过严格的安全测试，但提供正确的充电状态并很好地应对多种有可能出现的电子元器件故障，仍然是系统设计人员的职责所在。过电压、过电流、短路、过热状态以及外部分立元件的故障都有可能引起电池发生突变进而失效。这就意味着需要在同一电池包内具有至少两个独立的保护电路或机制，实现多重保护。另外，最好具备用于检测电池内部微小短路的电子电路，以避免电池发生故障。

电池包内电池管理单元框图如图 2-2 所示，其组成包括电量计 IC、模拟前端电路（Analog Front end Circuit，AFE）和独立的 2 级安全保护电路。

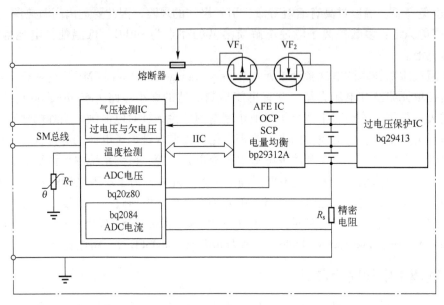

图 2-2　电池管理单元框图

注：OCP（Over Current Protect）为过电流保护，SCP（Short Circuit Protect）为短路保护。

电量计 IC 设计用于精确地指示可用的锂离子电池电量。该电路独特的算法允许实时地追踪电池包的温度、电压、电流、蓄电量变化、电池阻抗等电路信息。电量计自动地计算充电及放电的速率、自放电以及电池单元老化，在电池使用寿命期限内实现了高精度的电量测量。例如，一系列专利的阻抗追踪电量计包括 bq20z70、bq20z80 和 bq20z90，都可以在电池寿命期限内提供高达 1% 精度的计量。单个热敏电阻用于监测锂离子电池的温度，以实现电池单元的过热保护，并用于充电及放电限定。例如，电池单元一般不允许在低于 0℃ 或高于 45℃ 的温度范围内充电，而且不允许在电池单元温度高于 65℃ 时放电。如检测到过电压、过电流或过热状态，电量计 IC 将指令控制 AFE 关闭充电和放电 MOSFET VF$_1$ 和 VF$_2$。当检测到电池欠电压状态时，则将指令控制 AFE 关闭放电 MOSFET VF$_2$，且同时保持充电 MOSFET VF$_1$ 开启，以允许电池充电。

AFE 的主要作用是对过载、短路进行检测，并保护充电及放电 MOSFET、电池单元以及其他线路上的元件，避免过电流状态。过载检测用于检测电池放电流向上的过电流。同时，短路检测用于检测充电及放电流向上的过电流。AFE 的过载和短路限定以及延迟时间，均可通过电量计的数据闪存编程设定。当检测到过载或短路状态，且达到了程序设定的延迟时间时，VF$_1$ 和 VF$_2$ 将被关闭，详细的状态信息将存储于 AFE 的状态寄存器中，从而电量计可读取并调查导致故障的原因。

对于计量 2 个、3 个或 4 个锂离子电池包的电量计芯片集解决方案来说，AFE 起了很重要的作用。AFE 提供了所需的所有高压接口以及硬件电流保护特性。所提供的 IIC 兼容接口允许电量计访问 AFE 寄存器并配置 AFE 的保护特性。AFE 还集成了电池单元平衡控制。在大多数情况下，在多单元电池包中，每个独立电池单元的荷电状态（SOC）彼此不同，从而导致了不平衡单元间的电压差别。AFE 针对每一个电池单元整合了旁通通路，可用于降低每一个电池单元的充电电流，从而为电池单元充电期间的 SOC 平衡提供了条件。基于阻抗追踪电量计对每一电池单元化学 SOC 的确定，可在需要单元平衡时做出正确决策。

具有不同激活时间的多级过电流保护，使得电池保护更为强健。电量计具有两层充电/放电过电流保护设定，而 AFE 则提供了第 3 层放电过电流保护。在短路状态下，MOSFET 及电池可能在数秒内毁坏，电量计芯片集完全依靠 AFE 来自动关断 MOSFET，以免发生毁坏。多级电池过电流保护如图 2-3 所示。

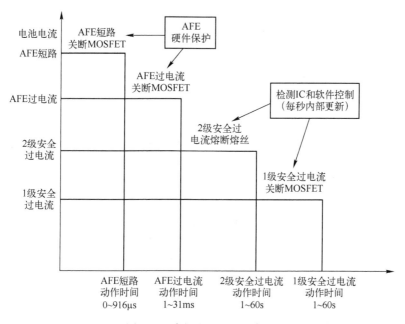

图 2-3　多级电池过电流保护

当电量计 IC 及其所关联的 AFE 提供过电压保护时，电压监测的采样特性限制了此类保护系统的响应时间。绝大多数应用要求能快速响应且实时、独立的过电压监测器，并与电量计、AFE 协同运作。该监测器独立于电量计及 AFE，监测每一电池单元的电压，并针对每一达到硬件编码过电压限的电池单元提供逻辑电平输出。过电压保护的响应时间取决于外部延迟电容的大小。在典型的应用中，秒量级保护器的输出将触发熔丝或其他失效保护设备，进而永久性地将锂离子电池与系统分离。

2.2.4　永久性失效保护

对于 BMU 来说，很重要的一点是要为非正常状态下的电池包提供趋于保守的关断。永久性失效保护包括过电流的放电及充电故障状态下的安全，过热的放电及充电状态下的安全，过电压的故障状态（峰值电压）和电池平衡故障、短接放电 MOSFET 故障、充电时 MOSFET 故障状态下的安全。制造商可选择任意组合上述的永久性失效保护。当检测到此类故障时，保护设备将熔断熔丝以使电池包永久性失效。作为电子元器件故障的外部失效验证，BMU 设计用于检测充电及放电 MOSFET 的失效与否。如果任意充电或放电 MOSFET 短路，那么熔丝也将熔断。

电池内部的微小短路也会导致电池出现问题。外壳封闭处理过程中，金属微粒及其他杂质有可能污染电池内部，从而引起电池内部的微小短路。内部的微小短路将极大地增大电池的自放电速率，使得开路电压较正常状态下的电池单元有所降低。阻抗追踪电量计监测开路电压，从而检测电池单元的非均衡性，避免不同电池单元的开路电压差异超过预先设置的限定值。当出现此类失效的情况时，将产生永久性失效的告警并断开 MOSFET，熔丝也可配置为熔断。上述行为将使电池包无法作为供电源，并因此屏蔽了电池包的内部微小短路电池单元，从而防止了危害的发生。

对锂离子电池的保护，至少要包含充电电压上限、放电电压下限、电流下限和电流上限，因为锂电芯爆炸的原因可能是由外部短路、内部短路及过充电，包含电池组内部绝缘设计不良等所引起的短路。所以一般在锂离子电池组内，除了锂电芯外，都会有保护电路板或者功能丰富的 BMS。内部短路的主要原因是因为分切不良的铜箔与铝箔的毛刺刺穿隔膜，或由于过充电的原因形成的锂枝状结晶刺穿隔膜。细小极片毛刺也会造成微短路，但由于毛刺细小，有时会直接被烧断，使得电池又恢复正常。因此，因毛刺微短路引发爆炸的可能性并不大。

电池内部短路进而引发的爆炸，主要原因是过充电。极片上会富集结晶体，可能导致刺穿点出现并引发微短路。因此，电池温度会逐渐升高，最后高温将电解液汽化。在这种情形下，无论是温度过高使材料燃烧，还是外壳先被撑破，使空气进入电池内部与锂金属发生激烈氧化反应，都会爆炸。

综合以上爆炸的类型，可以将防爆重点放在防止过充电、防止外部短路及提升电芯安全性三方面。其中，防止过充电和防止外部短路属于电子防护，这与电池组系统设计及电池组装有较大关系；提升电芯安全性的重点是化学与结构设计防护，与电池芯的设计与制造过程品质控制有较大关系。

2.2.5 BMS 设计规范

BMS 可以监测到电池可能存在的过充电、过放电、温度过高等隐患，它对电池当前及未来运行状态进行合理评估的功能，一定程度上可以避免电池故障及安全事故发生。储能系统对安全性、可靠性的要求极高，因而 BMS 也要求有较高的可靠性、系统容错和保护能力。

规范的 BMS 硬件设计，可预防因电子元器件失效而引起的整个保护系统失效。为了提高 BMS 的可靠性，电池的 BMS 产品须经过高温老化处理，并提供静电放电、热控制、防潮防尘及故障诊断并报警等基本功能。

BMS 不仅要智能化管理及维护各个电池单元，防止电池过充电、过放电、过电流，延长电池的使用寿命，还要对电池系统的运行状态进行实时监控和管理。可针对电池的不同表现将 BMS 的故障诊断功能分为不同的故障等级并采取警告，例如限功率或直接切断高压等措施。为了提高车辆电池的安全性，BMS 也具备碰撞监控、落水监控、远程报警以及自动灭火等安全功能。与此同时，BMS 的均衡功能可以消除在电池使用过程中产生的电池单体不一致性并减少电池浪费，实现节约能源的目标。

2.2.6　储能锂电芯的品质保障

锂电芯在生产制造时会严格控制各种所需原材料的品质，从电芯结构设计的确定到生产制造的整个过程都需要经过严格的检测监控程序，以保证储能锂电池的高品质。由于锂电芯具有优良的性能，其使用范围越来越广，有时还会应用于一些特殊场合，因而需要具备一些特殊要求，如耐冲击、耐高低温、耐低压等。在锂电芯的制作过程中对其关键特性参数进行统计过程控制（Statistical Process Control，SPC）实时监控，对异常点进行剖析，找出导致不稳定的原因并采取有效的纠正措施和预防措施，可提高锂电芯的品质。电池系统设计时，还必须分别对其过充电、过放电和过电流提供两道防护。其中，BMS 或电池保护板是第二道防护。

如果没有外部保护，电池发生爆炸则表示设计不良。如果外部保护失败，则需要对锂电芯的品质提出更高的要求。若储能锂电池出现过充电，会造成电解液分解，电池内部发生剧烈反应，最终发生爆炸。所以，锂电芯抗过充电能力相较于抗外部短路的能力而言更为重要，合理提高锂电芯的抗过充电能力可以更好地保障锂电芯的品质。

2.2.7　提高电池安全性

当储能锂电池正负极在电阻极小的非正常通路连接即短路时，其内部的物质会发生化学、电化学反应从而产生非常大的电流和热量，而对于密闭封装而成的储能锂电池来说，会导致电池内部压力骤增，最终导致储能锂电池爆炸。其主要原因分析如下：

（1）正极活性物质的热稳定性　储能锂电池存在一些滥用情况，如碰撞、挤压、穿刺、振动、过充电等，在此外力作用下，可能导致电极材料与电解液之间剧烈反应，电池内部热量迅速聚集，温度急剧升高。若热量不能及时散发到周围环境中，将会导致电池内部热失控，其内压迅速上升并发生燃烧、爆炸。因此，电池中活性物质的热稳定性是制约储能锂电池安全性的主要因素。

（2）制造工艺　制造工艺也是影响锂电池安全性的重要因素。将其分为 3 个方面，分别是正负极容量配比、浆料均匀度控制、涂布质量控制。其中，正负极容量配比关系到电池的使用寿命以及安全性能。为了保证电池的安全性能，在制造时需要充分考虑电池充电时的正负极循环特性以及负极接受锂的能力。浆料均匀度将直接影响电池活性物质在电极上分布的均匀性，浆料不均匀，电池充放电时会出现负极材料膨胀与收缩变化较大的现象。而涂布质量控制不好很容易造成部分活性物质脱落，从而导致电池内部短路。另外，涂布的厚度及均匀性也会影响活性物质的嵌入和脱出。

从提高锂电池安全性的角度，可以开展以下工作：

（1）提高电池材料的热稳定性　可以通过优化合成条件、改进合成方法来提高正极材料的热稳定性。负极材料的热稳定性与负极材料的种类、材料颗粒的大小以及负极所形成的 SEI 膜的稳定性有关。如将大、小颗粒按一定配比制成负极即可达到扩大颗粒之间接触面积、降低电极阻抗、增大电极容量、减小活性金属锂析出可能性的目的。石墨是目前锂电池应用最多的负极材料，其导电性好，结晶度较高，具有良好的层状结构，层间距为 0.335 nm，适合锂离子的嵌入-脱嵌。具有尖晶石结构的 $Li_4Ti_5O_{12}$ 相对于层状石墨的结构稳定性更好，其充放电平台也高得多，热稳定性更好，安全性更高。因此，目前对安全性要求更高的动力电池通常使用 $Li_4Ti_5O_{12}$ 代替普通石墨作为负极。对于同种材料，特别是对石墨来说，负极与电解液界面的 SEI 膜的热稳定性更受关注，而这也通常被认为是热失控发生的第一步。

SEI 膜形成的质量直接影响锂电池的充放电性能与安全性。提高 SEI 膜热稳定性的途径主要有两种：一种是负极材料的表面包覆，如在石墨表面包覆无定形碳或金属层；另一种是在电解液中添加成膜添加剂，在电池活化过程中，将碳材料表面弱氧化，或掺杂表面改性的碳材料以及使用球形或纤维状的碳材料有助于 SEI 膜质量的提高。

（2）使用安全型锂电池电解液 电解液主要由溶剂、锂盐和添加剂组成。溶剂主要作为运输锂离子的载体，对电解质盐进行溶剂化作用，保证锂离子的传输；锂盐是锂离子的提供者，影响电池的倍率及循环性能；添加剂主要有改善 SEI 膜及增加阻燃、防过充电等功能性。因此，可以使用改进锂盐、使用阻燃添加剂等方式优化电池的安全性能。

目前，引起人们重视的锂盐有双氟磺酰亚胺锂（LiFSI）和硼基锂盐。其中，双草酸硼酸锂（LiBOB）的热稳定性较高，分解温度为 302℃，可在负极形成稳定的 SEI 膜。

LiPF$_6$ 的热稳定性是影响电解液热稳定的主要因素。由于电解液本身分解的反应热十分小，所以对电池安全性影响更大的是其易燃性。降低电解液易燃性的途径主要是采用阻燃添加剂。电解液中的溶剂之所以会发生燃烧，是因其本身发生了链式反应，如能在电解液中添加高沸点、高闪点的阻燃添加剂，可改善锂离子电池的安全性。已报道的阻燃添加剂主要包括三类：有机磷系、复合阻燃添加剂和氟代碳酸酯。尽管有机磷系阻燃添加剂具有较好的阻燃特性和良好的氧化稳定性，但其还原电位较高，与石墨负极不兼容，黏度也较高，导致电解液电导率降低和低温性能变差。加入碳酸乙烯酯（Ethylene Carbonate，EC）等共溶剂或成膜添加剂可以有效提高其与石墨的兼容性，但也会降低电解液的阻燃特性。复合阻燃添加剂通过卤化或引入多官能团能提高其综合性能。另外，氟代碳酸酯由于闪点高的特性有利于其在储能锂电池负极形成 SEI 膜，其结构紧密但又不增加阻抗，能阻止电解液进一步分解，提高电解液的低温性能和储能锂电池的循环寿命，具有较好的应用前景。

2.3 锂离子电池组储能的热管理

2.3.1 热管理的必要性

动力电池的大型化、成组化应用使得锂离子电池组的散热能力远远低于产热能力。锂离子电池组在高倍率充放电的过程中会产生大量的热量，若散热不及时，会造成热量堆积，使电池温度过高、模块间温度分布不均衡，引起热电耦合等问题。在低温环境下，容易出现放电容量衰减、充电缓慢和功率降低等现象。锂离子电池充放电的本质是正负极材料与电解液之间产生的复杂电化学反应。众所周知，温度对化学反应的进行有很大的影响，因此电池性能在很大程度上受到温度因素的影响。电池内部化学反应主要集中在电极和电解液的接触界面上，如果温度较低，例如锂离子电池温度低于 0℃ 时，其内部的有机电解液会变得更加黏稠甚至凝结，这会阻碍电解液内导电介质的活动，致使参与反应的介质数量减少，造成外电路电子迁移速度不匹配，导致电池出现严重极化。低温环境下电池负极会形成金属锂枝晶，容易刺穿电池内部隔膜，影响电池的使用寿命并造成安全问题。同时，低温会引起电池内部化学反应速率的下降，电池充电缓慢，使得放电电压平台效应、放电电流和输出功率显著下降，导致电池的性能恶化。

低温还会降低电池内部化学反应的深度,当温度低到一定程度时电池容量衰减无须长期工作循环就可以立即观察到。但是随着温度的逐渐升高,上述不良情况将有所改善,电池内部的化学反应速率随之加快,电解液传递能力增强,化学反应更加彻底,使得输出功率和电池容量会上升,并提高电池的最高输出电流和放电平台电压。然而若温度过高,如锂离子电池温度远远高于45℃,则会造成电池内部电解液的分解变质,破坏化学平衡,导致电池容量衰减、加速老化等一系列不良副反应的发生,缩短电池的使用寿命并存在很大的安全隐患。

锂离子电池存在的热安全性问题,轻则导致电池性能下降,重则引发安全事故,造成人员伤亡和重大经济损失。因此,使电池始终处于一个适宜的温度区间,对电池的性能和安全使用有着至关重要的影响。由于新能源汽车的车载电机在行驶过程中所需的电压需要达到300 V 以上,而锂离子电池的单体电压一般都在3.3~3.6 V 之间,因此为了满足新能源汽车的使用要求,电池使用时往往需要串并联成为电池组,所需的电池单体数目巨大,甚至可能会达到上百块。但电池单体之间活性物质活化程度、极板厚度、材质的均匀程度等都无法做到完全一致,这些差别将导致电池容量、内阻、开路电压、剩余电量等参数的不一致,上述参数的不一致在电池串联成组使用时制约电池组整体性能的发挥。其中,剩余电量的不一致还会引发电池自身生热和温度的不一致,长期处于这种环境会造成电池组老化不同步,影响电池组性能,造成新能源汽车整体性能的下降。在运行工况较复杂时,由于电池单体温度的不一致,部分电池会出现温度超出合理范围从而导致电池着火、甚至发生爆炸等一系列危险事故。

由于车辆空间有限,电池模块排列紧密,尤其对于以高倍率放电为特征的混合动力汽车(Hybrid Electric Vehicle,HEV)、插电式混合动力汽车(Plug-in Hybrid Electric Vehicle,PHEV),内部电池模块排列异常紧密,很容易引起电池组内热量的堆积,造成其温度超出最佳工作温度区间,严重影响电池的性能甚至会直接导致电池的报废。此外,处于不同位置的电池单体对散热条件的要求不尽相同,若不能采取合理的散热结构对其进行热管理,则会导致电池组不同单体之间的温度有所差异。温度不均匀会引起热电耦合,即温度高的电池内阻较小,会分担更多的电流,致使高温处的电池相比低温处电池更容易老化,长时间运行会导致电池组内部各单体性能差异逐步加大,一致性受到较大破坏,最终会因高温区域电池寿命的缩短而导致电池组整体性能的下降以及使用寿命的缩短。因此,为了保证电池组的使用寿命和满足安全性要求,必须将电池组内各个电池单体的温度和各单体间的温度差异控制在一个合理的温度范围之内,而这一目的实现离不开设计良好、行之有效的热管理系统。

锂离子电池的最佳工作温度范围相对较窄(通常为10~35℃),而新能源汽车实际应用场景的温度范围则更加广泛(通常为-20~45℃),所以随着新能源汽车的大范围普及,对动力电池的高低温环境适应性的要求也更加严苛。为解决电池温度特性与应用场景需求间的矛盾,电池热管理系统需要完成散热管理和加热管理两个方面。当散热条件恶劣时,热量积累会使电池的温度急剧上升,大幅增加热失控风险。散热管理主要是为了抑制电池的温升,避免电池高温运行。在低温环境下,锂离子电池的容量、充放电功率等性能大打折扣,加热管理主要通过对电池进行加热升高温度来避免低温对电池造成的负面影响。通过对大量电池工况数据进行分析,发现电池组在放电过程中常常会因散热不及时而造成高温的情况。锂离子电池的温度区间如图2-4所示。

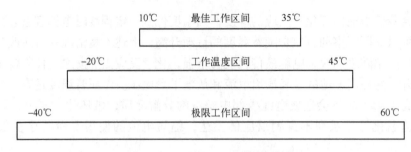

图 2-4　锂离子电池的温度区间

为了解决电池组散热问题，国内外众多学者根据研究电池种类和形状的不同提出各种设计方案，根据原理主要分为风冷、液冷、相变冷却和热管冷却 4 种方式。其中，风冷方式经济成本最低，目前动力电池组使用的冷却方式主要为空气冷却，液体冷却除了需要盛放冷却介质的空间，还需额外的循环系统，相变冷却和热管冷却方式则较为昂贵。

2.3.2　风冷

风冷指风流过电池组时与电池表面对流换热，带走热量从而冷却电池组。风冷是一种"物美价廉"的冷却方式，是目前应用最广泛的电动汽车电池组冷却方式。按照空气流动的自发程度，风冷可以分为自然通风和强制通风两类。自然通风包括自然对流和随车辆行驶产生的空气流动。强制通风主要是通过风扇驱动。该方法对电池的封装设计要求有所降低，可用于较为复杂的系统，电池在车上的位置也不再受限制，不影响新能源汽车的通过性。Nissan 公司的铝合金薄膜电池就是采用该方法，进行圆筒形设计并使用风扇冷却。锂离子电池的风冷方法如图 2-5 所示。

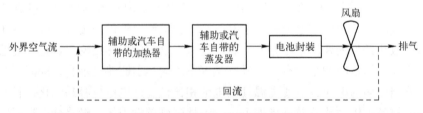

图 2-5　锂离子电池的风冷方法

2.3.3　液冷

采用液体作为传热介质的热管理系统主要分为接触式和非接触式。接触式采用高度绝缘的液体（如矿物油），可将电池组直接浸泡在传热液体中，油的传热系数比空气高得多，且液体边界层更薄，有更高的热导率。但由于油的黏度较高，需要较高的油泵功率以维持所需的流速，所以通常使用时流速都不高，因此综合分析结果，矿物油的热导率通常只比空气高1.5~3 倍。而非接触式采用水、乙二醇或冷却液等导电液体，黏度比大多数油低，热导率比油高，因此有较高的传热系数。采用非接触式时，电池组不能与导电液体直接接触，此时需要在电池组内部布置分布式的密闭管道，液体从管道中流过并带走热量，管道的材质与其密闭性保证了导电液体与电池组的电绝缘。

液体比空气具有更高的热容量与传热系数，在相同的体积与流速下，液冷的效果比风冷明显更好。但是液冷方式也有其缺点与不足。采用液冷时电池组的结构相对更加复杂，总体质量增大，系统中的液体流动主要依靠泵进行驱动，车体质量增大和泵持续高功率工作二者均增加了电池耗能。液冷系统使用过程中存在漏液的可能，必须考虑对锂离子电池及相关通电线路的保护，才能避免在行驶过程中出现漏电、漏液等危险情况，降低电子电路故障的概率，这使得整体装置的维修和保养程序复杂困难。而新能源汽车的锂离子电池组模块具有成本高、个数多、质量大、体积较大等特点，这就要求附加的冷却系统在不损耗电池本身能量的基础上，尽可能地降低冷却装置的质量，减少冷却装置的额外耗能，实现汽车结构简洁化的要求。锂离子电池的被动式和主动式液冷分别如图 2-6 和图 2-7 所示。

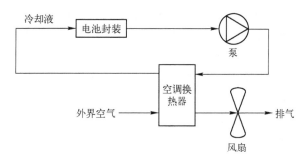

图 2-6　锂离子电池的被动式液冷

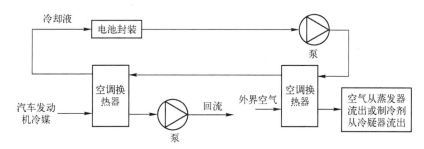

图 2-7　锂离子电池的主动式液冷

2.3.4　相变冷却

相变材料（Phase Change Material，PCM）是一类特殊的功能材料，能在特定温度下发生相变并吸收或释放能量。可以通过调节相变材料及添加剂的种类与比例将其相变温度调整为电池适宜工作范围的上限附近。使用相变材料包裹电池组，当电池组温度上升到相变温度时，相变材料将吸收大量潜热，使得电池组温度维持在适宜工作范围内，有效防止电池组过热。以相变材料作为传热介质的热管理系统具有整体结构简单、系统可靠性好及安全性较高的优点，已被广泛应用于电子设备的冷却系统。

石蜡的毒性低、价格便宜，单位质量的相变潜热较高，相变温度位于电池安全运行温度范围内，适合用作锂离子电池组热管理的相变材料。目前，主要采用石蜡与多孔物质相结合、添加高导热系数添加剂的方式，提高石蜡的导热性能。泡沫铜吸附石蜡可用于新能源汽车电池组的热管理，在运行工况发生变化时，电池组的最高温度和最大温差可得到很好的控制。石蜡与石墨片制成的复合材料，具有较高的导热性能和机械强度，应用于电池组热管理，不仅可降低电池组的最高温度和模块间的温差，降低电池组容量衰减率，在寒冷条件下还可对电池组进行持久保温。

向石蜡中添加碳纤维也可提高导热性能，当碳纤维的长度为 2 mm、质量分数为 0.46%

时，电池组的最高温升下降了45%。基于相变材料的电池热管理系统结构简单、节省空间、相变潜热大、温度均匀波动较小。但是，相变材料冷却技术属于被动冷却，如果不能及时将热量移除，电池组在经历长时间连续充电时易引起安全问题，除此之外，在使用相变材料时，必须考虑相变材料占用电池组空间使得能量密度下降问题，这些问题对新能源汽车而言是很大的问题。

2.3.5　热管冷却

热管是一种高效的换热元件，具有较高的传热能力，热管进行热传输的核心是利用其管内制冷介质的吸热汽化及放热凝结。与单纯的导热相比，热管传输的热量要大得多，并且热管的结构设计灵活多变，适用于很多行业。自1964年美国的GMGrover发明热管后，热管已在众多换热领域发挥了重要的作用。比如在航空业，使用热管束来降低飞行器与空气高速摩擦产生的局部高温；在电子工业，使用热管为CPU散热；在能源动力行业，大多数情况下利用热管进行余热回收。热管是一种利用相变进行高效传热的热传导器，封闭空心管内的制冷介质在蒸发段吸收电池热量，然后在冷凝端将热量传递到环境空气中，使电池温度迅速降低。

热管的种类主要分为重力热管、脉动热管及烧结热管等。受限于形状，热管不适合直接与电池接触换热，常焊接在电池间的金属板上。受制冷介质特性的影响，不同的脉动热管适用于不同场合，其中，以水和正戊烷的混合物为制冷介质、填充量为60%的脉动热管，适用于低负荷的热管理；当空气侧温度高于40℃时，以水或甲醇为制冷介质的冷却效果较好。热管形式多样，有助于开发冷却/加热电池热管理系统，保证电池组在高温和0℃以下的环境中，工作在最佳温度范围，确保正常运行。热管安装位置灵活多变，可在热管下方设置空气通道，利用烟囱吸附效应辅助散热，或在蒸发段处增加翅片，扩大散热面积，热负荷高的时候结合强制风冷散热。

2.4　常规充电管理

锂离子电池的充电技术不同于铅酸、镍氢、镍镉电池。电池在充电的后期没有副反应产生，所以要控制充电的电压，否则会一直往上升高。当充电结束时，充电器必须完全关闭或断开。锂离子电池要求的充电方式是恒流恒压方式。为有效利用电池容量，需将锂离子电池充电至最大电压。但是，过电压充电会使电池里面的电解物质加快反应而造成电池的使用寿命缩短。作为高能量密度电池，锂离子电池过充电还有可能导致膨胀、漏液、安全阀破裂引发火灾、爆炸等情形。可见，锂离子电池安全性能差。因此，充电电压的精度控制是锂离子电池充电器的一个关键技术，也是影响锂离子电池使用寿命的重要因素。

在多节锂离子电池串联的情况下，为保证电池组可获得最大的容量和最长的使用寿命，有时甚至要求充电电压的精度达到0.5%以内。另外，对于电压过低的电池需要进行预充电。充电器最好带有热保护和时间保护，为电池提供附加保护。充电策略不仅能明显减少电池组的充电时间，提高电池组的充电效率，而且能较好地保证动力锂离子电池组的一致性。均衡充电作为电池组充电技术的有效补充，是维护电池组性能的重要手段。合适的充电解决方案不但可以提高锂离子电池的安全性，而且会延长电池的使用寿命，同时也会降低充电器的成本。多数电池是在充电过程中损坏的，不正确的充电条件或方法将更容易损害电池、降低电池的寿命。

2.4.1 恒流充电法

恒流充电法是在充电过程中保持充电电流大小不变的充电方法，充电曲线如图 2-8 所示。为了保证充电电流的不变，需随时调整充电器的输出电压或与蓄电池串联的电阻大小。此法结构简单，便于操作，易于控制，但在整个充电过程中，如果选择的充电电流较大，则容易出现过充电现象，对电池的极板冲击非常大，会导致电池的损坏，缩短电池的寿命；如果选择的充电电流较小，则会延长电池的充电时间。

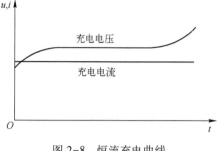

图 2-8 恒流充电曲线

恒流充电法充电效率较低，一般不会超过65%，因此除了根据需要对蓄电池进行小电流激活充电外，已很少使用此方法。

2.4.2 恒压充电法

恒压充电法采用恒定不变的电压值给蓄电池充电，其充电曲线如图 2-9 所示。在充电初期，电池的电压较低，充电电流较大，容易对电池的极板造成冲击，使极板弯曲变形、活性物质大量脱落及蓄电池温度迅速升高而影响电池寿命。随着充电的持续进行，在充电中后期，电池的电压升高，充电电流会逐渐减小，导致充电时间增加。

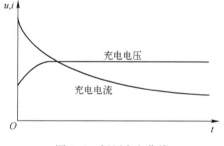

图 2-9 恒压充电曲线

恒压充电法在充电过程中无须调整电流大小，电池析气少，充电效率可高达 80%。缺点是如果选择的充电电压过高，则会使充电初期的充电电流过大，容易损坏电池；如果选择的充电电压过低，则会使蓄电池充电不足，降低蓄电池的容量，减少使用寿命。

2.4.3 阶段式充电法

阶段式充电法一般分为二阶段充电法和三阶段充电法。二阶段充电法在充电初期先采用恒流充电，当电池电压达到预定值时，再改为恒压充电，直至电池充满，其充电曲线如图 2-10所示。三阶段充电法则是在充电初期和充电后期采用恒流充电，中间采用恒压充电。

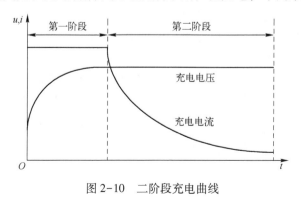

图 2-10 二阶段充电曲线

阶段式充电法结构简单，便于操作，基本能满足电池的充电要求，且在充电时间和充电效率上都有所提高，但是它不能避免恒流充电法和恒压充电法各自的缺陷，不能达到真正高速、高效率的快充要求。

2.4.4 充电器设计

恒流恒压充电器是用于对电池进行充电的规范、标准的充电装置。它通常工作于以下两种模式，因此也对应于两种充电状态。

1）恒流模式（CC）：当开始对电池组充电时，充电装置将会输出一个固定的充电电流，在整个充电过程中电池的电压逐渐增加。

2）恒压模式（CV）：当电池组接近满充、电池电压接近恒定时，充电器维持该恒定充电电压，在接下来的充电过程中，充电器的充电电流将以指数形式进行衰减直至电池满充。

充电器 CC-CV 特性如图 2-11 所示。

某些用于电池组的恒流恒压充电器共有 BMS 的功能，采用不会对锂离子电池组过充电的充电曲线进行设计。期望仅依靠恒流恒压充电器为锂离子电池组提供保护是存在风险的，需要同时监测和管理锂离子电池组中每个单体电池的电压，否则电池组单体电池的电压将会到达较为危险的状态。

虽然充电器中集成了一些 BMS 的功能，但通过检测锂离子电池单体电压，可实现防止电池过充电。可以使用一个不具有 BMS 功能的充电器和一个 BMS 保护电路来实现全面的保护，从而实现对锂离子电池充电过程的保护。恒流恒压充电器可以具备 BMS 的部分功能，BMS 控制充电器如图 2-12 所示。

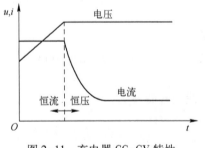

图 2-11 充电器 CC-CV 特性

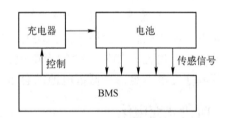

图 2-12 BMS 控制充电器

BMS 将会在充电最多的单体电池满充后关掉充电器，而不考虑整个电池组的电压。若 BMS 中包含均衡功能，在充电最多的那个单体电池释放出一部分电能后，充电过程可以被重启，从而保证其余单体电池可以获得更多的电量。一旦整个电池组达到均衡状态，所有单体电池将会同时到达其最大电压，电池组总电压接近充电器的恒压值。

最终，充电器就能够根据设定，以恒压和指数形式下降的电流完成充电过程，直到所有单体电池电压相等且满充。允许 BMS 控制充电器会无视充电器的内部充电设定，因此具有特定算例的充电器不是必需的，甚至可能是有害的。这是因为 BMS 与智能充电器将会对控制权进行争夺。事实上，无论是使用智能充电器，还是使用非控制类充电器，只要所用的 BMS 具有开通关断充电器的权限，以上现象就会发生。

2.5　快速充电管理

新能源汽车与传统燃油汽车最大的不同之处在于它的动力来源于车载电池,所以在能源补充方面,新能源汽车无法像燃油汽车一样便捷,而快速充电成了各类动力电池追求的共同目标。动力电池充电的速度取决于充电电流的倍率大小,但是快速充电并非仅增大充电电流的倍率,还要考虑电池的承受能力。传统动力电池在大倍率充电时会阻碍锂离子的液相传输与固相嵌入和扩散,无法及时嵌入的锂离子在电极表面迅速堆积生长,形成不规则锂枝晶,引发热失控等灾难性的事故。在一般情况下,通常希望在尽量不影响储能锂电池寿命和安全的情况下提高充电效率,当采用常规充电方法时,储能锂电池最大可接受充电电流无法大幅度提高,因此需要采用快速充电方法。

目前,储能锂电池的快速充电方法主要有脉冲式充电、变电流间歇充电法、变电压间歇充电法。

2.5.1　脉冲式充电法

脉冲式充电法是在充电过程中通过间歇的电流脉冲对电池充电,充电脉冲使电池充满电量,而间歇期使电池经化学反应产生的氧气有时间重新化合而被吸收,消除了浓差极化和欧姆极化,从而减轻了电池的内压,使下轮的恒流充电能够更加顺利地进行,使电池可以吸收更多的电量。间歇脉冲使电池有较充分的反应时间,减少了析气量,提高了电池的充电电流接受率。脉冲式充电曲线如图 2-13 所示。

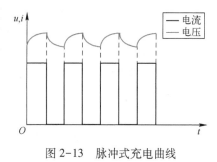

图 2-13　脉冲式充电曲线

2.5.2　变电流间歇充电法

通过科学家的不断研究发现,由于在充电过程中储能锂电池会发生极化反应,因此储能锂电池最大可接受充电电流随着充电的进行,呈指数形下降。变电流间歇充电法建立在恒流充电和脉冲充电的基础上,其特点是将恒流充电段改为限电压且变电流间歇充电段。充电前期的各段采用变电流间歇充电的方法,保证加大充电电流,获得绝大部分充电量。充电后期采用定电压充电段,获得过充电量,将电池恢复至完全充电状态。变电流间歇充电曲线如图 2-14 所示。

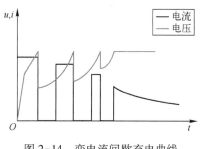

图 2-14　变电流间歇充电曲线

2.5.3　变电压间歇充电法

在变电流间歇充电法的基础上又有人提出了变电压间歇充电法,变电压间歇充电法与变电流间歇充电法不同之处在于第一阶段的不是间歇恒流,而是间歇恒压。变电压间歇充电曲线如图 2-15 所示。

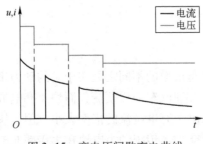

图 2-15 变电压间歇充电曲线

变电压方法更加符合最佳充电的充电曲线，在每个恒电压充电阶段，充电电流自然按照指数规律下降，符合电池电流可接受率随充电过程逐渐下降的特点。

2.5.4 充电过程保护

充电过程中需要加入各种保护措施，主要包括：

（1）过电流保护 当充电器内部或外部发生故障时，充电器进入保护状态，故障排除，充电器可自行恢复。

（2）短路保护 当充电器输出正、负极短接后，充电器进入保护状态。此时，充电器无输出，故障排除，充电器可自行恢复正常工作。

（3）防倒灌 当充电饱和、电源线拔掉、充电器仍然和电池连接时，电池里的电能不会倒灌充电器。

（4）温度保护 当环境温度过高（在室温达到 25℃ 以上）时，为防止充电器工作时充电器内部温度过高，充电器会自动稍微降低充电电流。

2.6 储能锂电池核心参数估算现状

2.6.1 荷电状态（SOC）估算研究现状

SOC 作为衡量电池当前剩余电量的参数，准确的 SOC 估计值是保障电池安全、优化电池续驶水平的关键，也为用户实时提供设备当前状态，可以提升用户使用体验。锂离子电池作为典型的二次电池，其充放电的本质是锂离子在正负极板间的脱嵌运动，除此之外，正负极板与电解液间还会有一系列的副反应发生，因此在电池内部包含多种相互耦合的电化学反应。在锂离子电池的使用过程中，电池材料、电池老化程度、环境温度、过充电、过放电等因素都会影响锂离子电池的内部反应过程，从而极大地增加了电池 SOC 的估算难度。目前常用的 SOC 估计方法包含以下几种。

（1）开路电压法 在锂离子电池的整个生命周期内，电池 SOC 与 OCV 之间的映射关系是近似恒定的，开路电压法通过测量电池的 OCV 来估算 SOC，这种方法原理简单，计算量较低，但电池在工作时由于浓度差极化和电化学极化效应的存在，需要在内部状态完全平衡时才能测得正确的 OCV，因此这种方法不适用于有实时估算需要的场合。此外，随着锂离子电池的老化，电池容量、内阻等参数会发生改变，电池 OCV 与 SOC 的映射关系也会随之变化，在应用中，需要时常对多项式系数进行校正。

（2）安时积分法 安时积分法通过对电流进行积分来获得电量变化值，方法简单、实时性强，但安时积分法需要确定一个 t_0 时刻的 SOC 初值，初值的精确度会直接影响估算的精度。并且这种方法中的积分计算会造成误差累积效应，如果传感器精度不足，最终会导致估算结果与真实值偏差越来越大。

（3）数据驱动法　数据驱动法将锂离子电池视为一个黑箱模型，这种方法通过大量的实验数据，建立起关于待求状态量与输入激励、输出响应间的映射关系。在利用数据驱动法进行 SOC 估算时，一般包含以下 3 个步骤：①对收集好的数据进行预处理，将数据分为训练集、验证集和测试集，清洗掉无用的数据段并将其规范化；②确定模型结构，采用训练集数据对模型进行训练，并用验证集数据进行验证；③模型试验利用测试集确定精确度是否满足要求。数据驱动法需要收集大量的实验数据，时间成本较高且模型可移植性不强。

（4）基于模型的估算方法　基于模型的估算方法通过建立电池等效模型，建立待估算状态量的状态空间方程，通过应用滤波器或观测器算法来构建基于模型的 SOC 估计框架。常用的滤波器和观测器算法包括基于高斯分布的卡尔曼滤波器及其改进算法、贝叶斯滤波器、粒子滤波器、H_∞ 观测器等。值得注意的是，一些滤波器需要假定噪声为白噪声，与实际不符，因此这种假设会造成一定的估算误差。

2.6.2　功率状态（SOP）评估研究现状

功率状态（State of Power，SOP）作为动力锂离子电池的重要状态参数，关系着电池进行安全有效管理。目前针对动力锂离子电池的功率状态测试的主要测试规范有 3 种：美国先进电池联盟（United States Advanced Battery Consortium，USABC）测试方法、日本电动汽车协会（Japan Electric Vehicle Association，JEVA）的功率测量标准及我国"863"项目中的动力电池功率测试规范。但这 3 种动力锂离子电池峰值功率测试方法均为离线测试方法，不能用于实时的峰值功率估算。

基于特征图的估算方法是目前较为简单的一种峰值功率估算方法，它通过动力锂离子电池已知的状态参数与峰值功率构建函数关系来实现峰值功率估算。如通过混合脉冲功率特性（Hybrid Pulse Power Characteristic，HPPC）测试方法对不同状态参数下的充放电峰值功率进行测试，通过得到的峰值功率构建与状态参数之间的函数关系和插值表，在实际应用时根据当前时刻的状态参数值查询插值表对应的峰值功率，从而实现动力锂离子电池当前时刻的峰值功率估算。此外，估算时大多还需要考虑温度与老化等其他因素的影响，因此该方法需要在不同的条件下进行大量测试实验，使得基于特征图的估算方法实际应用中很少使用。

动力锂离子电池模型构建是对动力锂离子电池展开研究的关键，因此基于模型的估算方法在峰值功率估算中也非常重要。电池模型主要分为电化学模型与等效电路模型（Equivalent Circuit Model，ECM）。目前，建立等效电路模型是对动力锂离子电池的峰值功率估算研究的重要方法。常见的等效电路模型包括 Rint 模型、Thevenin 模型与 PNGV 模型等。以 Rint 模型为例，根据电池充放电过程前后时刻的电压变化可得到等效电路的内阻。根据开路电压与动力锂离子电池的电压工作范围则可以求出充放电时的峰值电流，从而计算得到峰值功率。以此类推，可得到其他模型充放电时的峰值电流，实现其他等效电路模型峰值功率的计算。蔡雪等人对基于模型的峰值功率估算进行了对比分析，实现了误差在 8% 以内的峰值功率估算；柴建勇等人通过二阶 Thevenin 等效电路模型实现了峰值功率在线估算。

此外，基于数据驱动的方法也是动力锂离子电池峰值功率估算的一类方法，如神经网络算法、模糊控制算法、支持向量机及基于主元分析的估算方法等。基于数据驱动的方法采用电压、电流、SOC、温度等作为输入进行模型训练，从而构建峰值功率估算模型。张文博通过模拟退火算法对反向传播（Back Propagation，BP）神经网络算法进行改进，提出了基于模拟退火算法的改进 BP 神经网络算法，较好地实现了动力锂离子电池的峰值功率估算；Fleischer 等人采用自适应神经模糊推理系统进行峰值功率估算研究；郑方丹通过 HPPC 测试获取训练样本，实现了基于支持向量机的峰值功率估算。由于基于数据驱动的方法对训练数据的要求较高，需要大量已知条件下的峰值功率作为训练样本，这类方法在未积累大量测试数据时，未广泛使用在动力锂离子电池的峰值功率估算研究中。

2.6.3 健康状态（SOH）预测研究现状

锂离子电池的老化是不可避免的，但精确的 SOH 估算为实时监测锂离子电池的健康信息提供依据，并且可以遏制一些加速电池老化的不良使用习惯，从而最大限度地减缓电池对的老化过程。由于锂离子电池在长时间循环工作后产生的老化现象会导致锂离子电池的内阻、开路电压等基本参数发生变化，因此可以作为 SOH 的估算依据。具体而言，目前常用的 SOH 估算方法包括两类：实验分析法和基于模型的方法。具体的分类及方法如图 2-16 所示。

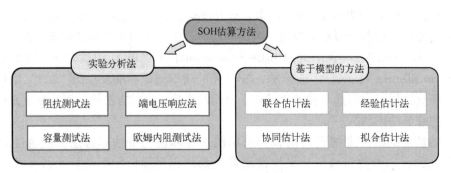

图 2-16 SOH 估算方法分类

（1）容量测试法 锂离子电池容量与其 SOH 间有固定的映射关系。容量测量法是指准确、直接地测量容量或能量以确定电池的 SOH。显然，准确测量容量和能量需要保证放电过程的完整性和数据收集的高精度。

（2）欧姆内阻测试法 随着电池的老化，电池内阻会增大，可以通过建立内阻与 SOH 的对应关系，进而通过对内阻的精确估算和电池内阻与电池老化的函数关系来估算电池的 SOH。容量测量法和欧姆内阻测试法易于实现，具有良好的实时性能，但对如温度、工作条件、SOC 等不确定因素非常敏感，在测量过程中可能因为这些因素产生很大波动。

（3）健康指标评估法 间接分析是一种典型的多步推导方法。它不直接计算容量或内阻，而是通过设计或模拟一些能反映老化过程中容量或内阻变化的工艺参数来校准 SOH，这些工艺参数通常被命名为健康指标，包括电压响应轨迹或充电时间、增量容量（Incremental Capacity，IC）曲线或差压（Differential Voltage，DV）曲线、超声波响应特性等。通常两个或两个以上的健康因素可以结合起来评估电池的 SOH。目前，常用的健康指标评估法包括端电压响应法和增量容量法。

（4）自适应算法　自适应算法通常基于电化学模型或等效电路模型，识别模型参数以完成 SOH 标定。这些方法具有闭环控制和反馈特性，可以随电压自适应地调整估计结果。自适应算法包括联合估计方法、协同估计方法、融合估计方法等。

（5）基于数据驱动的算法　数据驱动的 SOH 估计方法不依赖于精确的数学模型来描述电池的老化过程，而通过分析电池充放电数据和参数变化数据，从中挖掘与电池老化过程相关的特征信息并通过一些特定智能算法进行定量表征，以此来估计 SOH。

第3章 锂离子电池电化学储能特性分析

特性分析是对动力锂离子电池展开研究的关键，获取动力锂离子电池的工作特性可为电池的建模与状态参数估算提供理论依据。因此，本章对动力锂离子电池的工作原理进行分析，通过设计动力锂离子电池测试实验，并将实验结果用于电池的工作特性分析，获取电池工作时内部能量、内阻与开路电压等的变化规律。在此基础上探究储能锂电池 SOC 的影响因素，实现储能锂电池等效电路模型的构建及模型参数的辨识。

3.1 锂离子电池储能工作原理分析

动力锂离子电池能够实现充放电过程是由于内部所进行的电化学反应所产生的，而动力锂离子电池内部的电化学反应往往会随着使用环境与使用工况等发生变化，因此动力锂离子电池内部的工作原理分析对其研究非常重要。

三元与磷酸铁锂动力锂离子电池是目前常用的动力锂离子电池，两者的区别在于所采用的正极材料不同，前者采用镍盐、钴盐与锰盐作为正极材料，而后者采用磷酸铁锂作为正极材料。三元动力锂离子电池相比于磷酸铁锂动力锂离子电池具有更大的能量密度和更好的低温特性。本节采用三元动力锂离子电池展开研究。动力锂离子电池的工作是通过内部 Li^+ 脱嵌与嵌入产生的电化学反应实现的。图 3-1 所示为锂离子电池放电原理图。

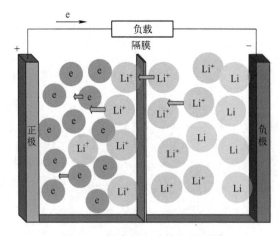

图 3-1　锂离子电池放电原理图

放电时，电池负极的锂原子失去电子形成 Li^+，电子从负极穿过隔膜由正极流出，从而产生电流，并形成锂原子的脱嵌；充电时，电子流入，Li^+ 从正极移动到电池负极，Li^+ 得到电子形成锂原子，并嵌入负极。电池内部的电化学反应主要是由电池内部 Li^+ 的嵌入与脱嵌形成。

在不滥用的情况下，影响锂离子电池安全性的主要因素有正极材料、负极材料和电解质。

正极材料作为锂离子电池的重要组成之一，提供电化学反应所需的锂离子。锂离子电池正极材料按照结构主要可分为：层状过渡金属氧化物（$LiTMO_2$，TM 一般指过渡金属元素 Ni、Co、Mn 等中的一种或几种）、尖晶石型正极材料（$LiMn_2O_4$、$LiNi_{0.5}Mn_{1.5}O_4$ 等）、聚阴离子型正极材料（$LiFePO_4$、$Li_3V_2(PO_4)_3$、$LiVPO_4F$ 等）。

目前，三元材料 $LiNi_xCo_yMn_{1-x-y}O_2$ 已得到广泛的商业化应用。根据材料中 Ni、Co、Mn 的摩尔比（即 x、y 值的不同），可将三元材料分为 NCM111（$LiNi_{1/3}Co_{1/3}Mn_{1/3}O_2$）、NCM523（$LiNi_{0.5}Co_{0.2}Mn_{0.3}O_2$）、NCM622（$LiNi_{0.6}Co_{0.2}Mn_{0.2}O_2$）和 NCM811（$LiNi_{0.8}Co_{0.1}Mn_{0.1}O_2$）。在三元材料中，提高 Ni 的含量有利于增加材料的比容量，Co 能改善材料的电子导电性并抑制材料的不可逆相变，Mn 起到稳定材料结构的作用。由于人们对高比能量与低成本的追求，三元材料的组分逐渐向高镍低钴方向发展。

根据负极材料在循环过程中表现出的不同的储锂机制，可以将负极材料分为 3 种类型：嵌入型、合金化型和转化型负极材料。嵌入型负极材料通过将锂离子嵌入其层间隙进行储锂，合金化型负极材料通过与锂离子发生合金化反应进行储锂，转化型负极材料通过与锂离子发生可逆的氧化还原反应进行储锂。

锂离子电池电解质分为液态电解质和固态电解质，作为锂离子电池重要组成之一，在正负极之间起到传输锂离子的作用。

锂离子电池作为一个能量正反馈循环系统，在受到外部刺激（如环境升温或机械冲击）或内部刺激（如短路、过充电或充放电流过大），会产生局部温度过高的现象，容易引发一系列自放热事件。一旦温度高于 90℃ 时，石墨负极表面的 SEI 膜将分解，该过程不仅放出热量，使局部温度高达 120℃，还会导致电极材料和碳酸酯类电解液直接接触，形成乙烷、甲烷等可燃气体。与此同时，聚合物隔膜将会融化造成正负极短路，使电池温度急剧升高；特别是当温度进一步升高至 150℃ 以上时，氧化物正极会分解并释放大量氧气，导致电解液氧化分解，生成更厚的钝化层，造成电池内阻增加并产生更多的热量。在热量不断积累的情况下，可燃的电解质或气体将被点燃，使电池密封失效。上述一系列的过程最终会导致热失控事件发生，并且有机电解液燃烧会分解出大量的有害气体，污染环境和危害人身安全。另外，考虑到锂离子电池具有特殊的组装结构，常规灭火手段的效果大大降低。因此，建立更加科学的安全检测标准，确保商用电池系统的整体安全性对其进一步应用至关重要。

3.2　储能锂电池特性测试

电池的特性测试是对动力锂离子电池展开研究的关键，通过实验分析可以获得不同条件下锂离子电池的工作状态和能量、内阻与开路电压等内部参数的变化规律。有效地获取上述参数的变化规律是保证动力锂离子电池应用时精确模型构建与状态参数准确估算的前提，进而可以实现对电池的有效管理。目前车用动力锂离子电池被广泛使用，为获取动力锂离子电池的工作特性与关键参数变化规律，本节针对 72A·h 车用动力锂离子电池的相关测试实验展开研究。

3.2.1　能量测试实验

能量获取是展开电池能量状态估算的基础，因此能量测试实验是对动力锂离子电池能量特性展开研究的重要测试实验。能量测试实验通过对电池进行充放电测试，从而得到动力锂离子电池的最大可用能量。以三元动力锂离子电池为例，首先以恒流方式将电池充电至 4.2 V，然后以恒压方式对电池进行充电，直至电池充电电流降至恒压充电的截止条件，充电结束后将电池搁置至电池内部的极化反应消失，即动力锂离子电池的端电压不再发生变化。最后，将电池放电至 2.75 V，通过计算动力锂离子电池共放出的电量，可得到当前条件下动力锂离子电池的最大可用能量。

3.2.2 混合脉冲功率特性测试实验

作为锂离子电池工作特性进行测试的重要实验，混合脉冲功率特性（HPPC）测试实验主要用于研究电池的充放电特性。通过不同能量状态下的 HPPC 测试可以实现动力锂离子电池的模型参数如欧姆内阻、极化电阻与极化电容等辨识。

进行 HPPC 测试实验时，首先需要对电池进行静置，使动力锂离子电池内部达到稳定，然后将动力锂离子电池按照设定时间与电流进行放电，本小节采用 1C 电流进行脉冲测试，放电结束时进行短时间搁置，然后按照设定电流与时间进行充电，如图 3-2 所示。

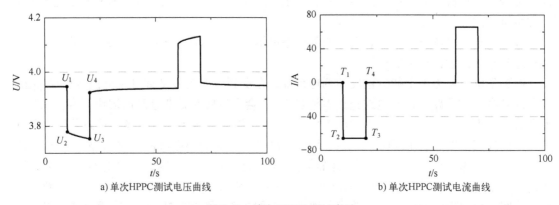

a) 单次HPPC测试电压曲线   b) 单次HPPC测试电流曲线

图 3-2　单次 HPPC 测试实验

图 3-2 为 72 A·h 动力锂离子电池单次 HPPC 测试实验的电压和电流曲线。在图 3-2 中，电压 $U_1 \sim U_2$ 与 $U_3 \sim U_4$ 阶段的变化是由电池的欧姆内阻效应造成的，通过放电与充电时的电压变化则可以得到动力锂离子电池的内阻。$U_2 \sim U_3$ 阶段电压的变化是由于 $T_2 \sim T_3$ 时间段进行放电时电池内部的极化效应造成的，可用于计算电池的极化阻容。此外，动力锂离子电池在进行长时间搁置时，电池内部的电化学反应达到平衡，此时端电压与开路电压相等，通过 HPPC 测试实验可获得电池 SOC 与开路电压之间的对应关系。因此，根据 HPPC 测试实验得到的电压和电流，可进行等效电路模型（ECM）的离线参数辨识研究。

3.2.3 电池容量校正实验

容量是衡量电池性能的重要参数，决定了电池系统的持续使用时间和续驶水平。电池在出厂时通常由厂家给出其标称电压，标称电压即这种规格电池在规定条件下输出容量的能力。虽然电池厂家会给出额定容量，但随着使用时间的增加，容量会逐渐降低。因此，在对电池进行测试之前，通常需要对电池进行容量校正，测试其实际容量。

在恒温（25℃）条件下将电池以恒流恒压方式充电至截至电流（0.05C），再以 0.2C 的放电倍率恒流放电至截止电压（2.75 V），通过安时积分法计算电池的实际容量。实验电流和电压曲线如图 3-3 所示。

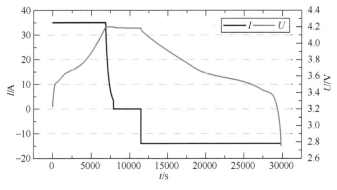

图 3-3　实验电流和电压曲线

在图 3-3 中，两条曲线分别为实验用锂离子电池单次充放电过程中的电流和电压变化曲线。设置充电方向为正向，首先以 35 A（0.5C）对电池进行恒流充电至电池截止电压 4.2 V，再以 4.2 V 恒压涓流继续对电池充电至电流降至 0.35 A（0.05C），此时充电过程结束，对电池进行充分搁置至状态稳定后，设置 14 A（0.2C）放电倍率对电池恒流放电至截至电压 2.75 V。

3.2.4　不同倍率充放电实验

锂离子电池内部反应过程受电极材料、制作工艺、外界温度、电池放电倍率等多种因素的影响。定性研究放电倍率对电池的影响，在恒温（25℃）条件下对电池进行不同倍率（$I = 0.5C$，$0.8C$，$1.0C$，$1.5C$）放电实验，以 0.1 s 的采样频率对输出电压进行采样，其曲线如图 3-4 所示。

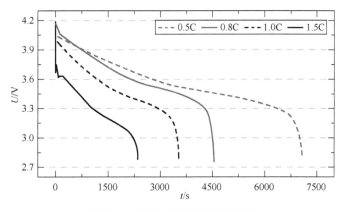

图 3-4　不同倍率放电电压曲线

根据图 3-4 中每条放电曲线的电压变化趋势，可以看出在整个恒流放电过程中，电压并非是线性变化的。由每条放电曲线的电压变化趋势，将电池的整个放电过程进行分段分析。第一个阶段在放电初期，电压随着放电电流突变而瞬时突变，这种突变是由于电池内部发生瞬时欧姆极化，欧姆内阻上的分压造成的端电压瞬间降低；第二个阶段，放电曲线变化趋于平稳，电池放电进入"平台区"，此时电池内部电化学反应状态平缓，放电过程中的氧化还原反应使负极释放电子，正极得到电子，导致两极板间的电压差缓慢而不断地降低，由

图 3-4 可知，实验三元锂离子电池的平台电压为 3.2~4.0 V；第三个阶段发生在放电末期，电池放电至 3.2 V 附近，放电曲线斜率突变，几乎呈直线下降趋势。对不同倍率的电池放电曲线进行横向对比可以得出，在相同情况下，相对于大电流放电，小电流放电时的放电平台期更长。

3.2.5 电池老化测试实验

锂离子电池在工作过程中电极会缓慢地分解和破裂，造成可存储的锂离子数量越来越少，电池老化，剩余可用寿命降低，表现为电池容量的不断降低和电池内阻的增加。为了探获电池老化规律及影响，设计实验，在 25℃ 恒温条件下对电池进行循环老化测试。在每个试验周期将电池以恒流恒压方式（0.5C，4.2 V）充电至电流降至 0.05C，再以恒流模式放电至截止电压 2.75 V，记录电池实际放出容量，用 Q_{max} 表征，得到电池容量随循环次数变化曲线如图 3-5 所示。

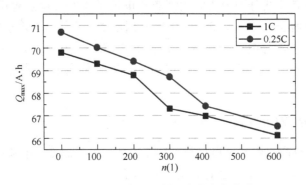

图 3-5　电池容量随循环次数变化曲线

图 3-5 所示为以 1C 和 0.25C 倍率放电的老化测试中容量随循环次数的变化曲线。在同样的放电倍率下，电池容量随循环次数的增大而单调下降；对比不同倍率的容量曲线可知，在相同条件下，低倍率放电明显比高倍率放电放出电量多。

锂离子电池老化造成电池最大可用容量 Q_{max} 降低，此时的 SOC 估计值已经不能准确衡量其剩余可用电量，从而影响用户的判断，甚至造成安全隐患。因此锂离子电池在使用过程中，电池 SOH 的估计也是十分必要的。

3.3　储能锂电池工作特性分析

工作特性关系着电池模型构建与状态参数估计，因此动力锂离子电池的工作特性分析十分重要。动力锂离子电池工作时反映电池工作性能的重要参数包括能量、内阻与开路电压等。本节将通过不同温度下的能量测试实验与 HPPC 测试实验对动力锂离子电池的工作特性展开研究，获取动力锂离子电池的能量、欧姆内阻与开路电压的工作特性。

3.3.1　能量特性分析

动力锂离子电池的能量是指电池在充满电后电池内部的可用能量。动力锂离子电池的可用能量是关系能量状态估算与峰值功率预测的重要因素，但电池的可用能量通常受外部条件的影响。锂离子电池的工作主要受内部的电化学反应影响，电化学反应受到温度影响十分严重，因此温度是造成动力锂离子电池实际最大可用能量变化的重要因素之一。

　　为了研究温度对电池能量的影响，分别在-5℃、5℃、15℃、25℃、35℃下对 72 A·h 动力锂离子电池进行能量测试实验。首先将实验测试用的动力锂离子电池充电至能量状态为 100%，然后放电至能量状态为 0，测试电池所放出的总能量，实验时温度均由恒温箱进行控制，得到的不同温度下动力锂离子电池的可用能量见表 3-1。

表 3-1　不同温度下动力锂离子电池可用能量

$T/℃$	-5	5	15	25	35
$E_T/W·h$	200.23	218.64	237.06	244.83	255.33

　　表 3-1 中，T 表示电池进行容量测试时的温度，E_T 用于表征不同温度下电池所放出的能量。根据表中所示的动力锂离子电池能量变化可以看出，动力锂离子电池的放电能量受温度影响很大。动力锂离子电池的能量随着温度的升高而增大，因此在使用中需要随着温度的变化对电池的能量进行修正。通过温度与能量之间的关系对电池能量状态估算时电池的最大可用能量进行修正，提高能量状态与峰值功率的估算精度。根据实验获得的温度与可用能量之间的关系，通过曲线拟合得到不同温度下动力锂离子电池的能量修正计算公式，即

$$E_T = 0.0002267T^3 - 0.02922T^2 + 2.007T + 210.7 \qquad (3-1)$$

　　根据式（3-1）可得到不同温度下电池的可用能量。此外，动力锂离子电池在使用中，电池的老化也是影响电池可用能量的重要因素，由于未对动力锂离子电池的老化展开研究，因此本小节不考虑老化对电池可用能量的影响。

3.3.2　内阻特性分析

　　电池内阻的估算是对动力锂离子电池进行等效电路模型构建的重点，而电池的内阻往往受环境温度与电池老化衰减等的影响，因此展开电池的内阻特性分析研究十分重要。由于动力锂离子电池在使用过程中老化衰减的发生十分缓慢，因此本小节主要在不同温度条件下开展动力锂离子电池的内阻特性分析。

　　欧姆内阻是锂离子电池等效模型的重要组成部分，温度对锂离子电池内部化学反应会有一定的影响，所以对电池欧姆内阻也会产生一定的影响，为了探索分析不同温度对欧姆内阻的影响，在-5℃、5℃、15℃与35℃的不同温度条件下进行实验，获得不同温度下的欧姆内阻曲线，如图 3-6 所示。

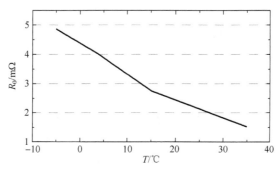

图 3-6　欧姆内阻曲线

根据图 3-6，当温度越来越高时，欧姆内阻值整体上出现下降的情况，在相同温度下当放电到一定深度时，电池欧姆内阻也会有所增加。在高温条件下，欧姆内阻很小；在低温条件下，欧姆内阻很大，并且在低温时欧姆内阻增加很快。这是由于电池材料活性随着温度的升高变得越来越强，从而导致欧姆内阻降低。观察分析可知在相同温度下，欧姆内阻随 SOC 变化无明显改变，因此在离线参数辨识中可取欧姆内阻的均值作为模型参数。

3.3.3　开路电压特性分析

锂离子电池不同阶段状态的主要表征特性之一就是开路电压（OCV），表示电池处于阶段变换（充电或放电过程）下电压低于参考值（即 SOC）时的电池电压。而在工程实验中难以获取时刻变换的 OCV 值，一般认为电池在发生内化学变换（忽略自放电效应）后进入长时间搁置时，其端电压可以被看作开路电压。大量的文献结果分析和实验采集分析表明，OCV 和 SOC 之间存在耦合关系，这种关系能够对不同类型、不同阶段，甚至不同外界影响下的电池状态进行有效描述。典型的离线状态估算方法通常将 OCV-SOC 曲线（见图 3-7）作为算法的数据输入。

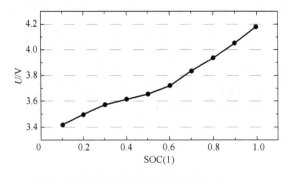

图 3-7　OCV-SOC 曲线

注：图中横坐标 SOC（1）表示归一化结果。下文出现的 SOC（1）含义与之相同。

从图 3-7 中不难发现，随着 SOC 的降低，开路电压呈现出递减的趋势，这种趋势是电池电量的衰减影响电压的具体表现。考虑到上述 OCV 的特点，对其进行有效分析和跟踪能够有助于电池模型参数的分析和电池状态变换的预测。

3.3.4　电池温度特性分析

1. 温度响应下的容量特性

当电池处于充电过程时，正极材料不断脱出 Li^+ 并不断累积到负极，促使电池电压升高并触发电压上限；当电池处于放电过程时，负极材料不断脱出 Li^+ 并不断累积到正极，促使电池电压降低并最终使得粒子间动态平衡。而环境温度的升高（或降低）进一步强化（减弱）电子迁移能力，是锂离子电池在温度特性影响下容量特性的重要表现。由于锂离子电池内部材料会受温度变化的影响，所以电池的实际容量也会随温度变化而有所变化，为了分析不同温度下电池实际容量变化，同样在 -5℃、5℃、10℃、15℃、25℃和 35℃的温度条件下对锂离子电池进行容量测试，得到不同温度下的实际容量，锂离子电池受温度影响的电池容量变化特性如图 3-8 所示。

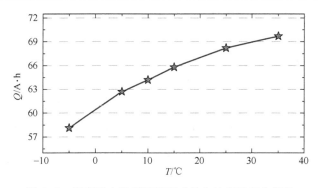

图 3-8　锂离子电池受温度影响的电池容量变化特性

2. 不同温度下的 OCV

将锂离子电池分别置于-5℃、10℃、15℃和35℃温度下完成相关测试，获得不同温度下锂离子电池 OCV 变化曲线，如图 3-9 所示。

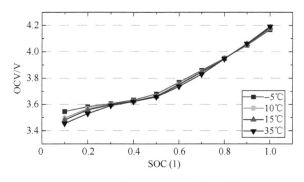

图 3-9　锂离子电池 OCV 变化曲线

从图 3-9 可以看出，在不同的温度下 OCV 都随着 SOC 的减小而逐渐降低，并且 SOC 较大时下降较快。另外，通过分析不同温度下的 OCV 曲线，能得出锂离子电池 OCV 受温度的影响相对较小，只有当温度比较低、SOC 较小时温度对 OCV 的影响会表现得明显一些。

3.4　SOC 影响因素分析

3.4.1　电池温度特性分析

电池温度对锂离子电池工作特性具有显著作用，电池的温度特性表示动力电池性能因温度的变化而变化的性能。常规锂离子电池的工作温度是-20~60℃，而在极端工作温度条件下，锂离子电池的工作特性会发生较大变化，出现高低温工作特性，其电压和容量会降低。文献对单体锂离子电池进行不同温度下容量测试实验，结果显示电池容量随温度上升而出现上升趋势，但在温度达到45℃以上时容量反而出现下降趋势。这是由于温度升高电池内部带电离子扩散速度加快，同时化学反应能进行得更加充分；锂离子电池在过高温工作环境中，电池内部会发生膨胀，对应的内部电解质浓度将会降低，这时锂离子在电解液中的运动速率将会减缓，同时增加了电池的极化作用。通过研究温度对锂离子电池内阻的影响发现，随着温度的升高电池内阻减小，其实验结果如图 3-10 所示。

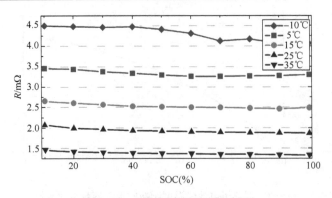

图 3-10　不同温度下的电池内阻

电池内阻本身很小，只有毫欧级，随着温度的增加可以看到电池内阻呈下降趋势，说明在一定范围内高温下锂离子电池具有更好的性能。而由于锂离子电池的材料特性，在低温环境中，充电会对电池造成严重的损害。电阻越小，其通过电流消耗的电能就越小，电池在相同环境工况下能放出更多的能量以及产生更大的电池峰值功率。因此，锂离子电池存在最佳工作温度范围，并且需要尽量避免热失控现象的发生，因此电池热管理十分重要。

3.4.2　充放电倍率实验分析

电池在充放电过程中电流不是恒定不变的，文献指出随着放电倍率的增加，在相同 SOC 下电池端电压逐渐减小。由此可见放电倍率影响着电池电压，不同放电电流下电压的下降程度是不同的，而电压是估算 SOC 的重要参数之一。因此电池在不同放电倍率下的电压变化特性将对锂离子电池的 SOC 估算产生影响，在大电流充放电实验下，锂离子电池放电时间与放电容量出现缩水。锂离子电池放电循环增多、电池状态变化频繁时，内部的电化学反应变化复杂，电池极化产生的非线性现象更加明显。由于电池在不同放电倍率下展现的不同电压特性，使得电流变化频繁时，电池模型对电池的仿真能力出现下降。不同倍率下电池 OCV-SOC 曲线如图 3-11 所示。

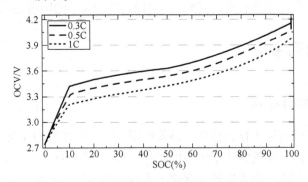

图 3-11　不同倍率下电池 OCV-SOC 曲线

在相同 SOC 下由于电池内阻的存在，电流越大电池端电压越低，在 0.3C 和 1C 的电流下电池端电压相差达到 0.2 V。由此可见在高容量大电池的使用中，电池内阻是不可忽视的一个影响电池性能的因素。在进行电池等效建模的过程中，必须考虑电池端电压随电流不同而不同的特点，消除电流不同对端电压产生的非线性影响。

充放电倍率包括充电倍率和放电倍率。高充电倍率是造成电池衰减和一致性问题的重要原因，可加剧电池的衰减。如果控制失败，高倍率充电会使小容量电池频繁发生过充电，加速电池的衰减，使有效容量进一步减小，并形成恶性循环。大量研究实验及应用表明，高倍率放电对于衰减电池组的伤害远远高于装配初期的电池组，就是因为衰减电池的充放电倍率明显高于正常容量电池。当充放电电流和截止电压超过一定数值时，电池衰减加速，要降低电池的衰减速率、稳定电池容量，就需要对衰减电池的充放电电流和截止电压进行自动化控制。

3.4.3　电池老化影响分析

电池使用中，随着电池的老化电池内部活性物质会减少，活性物质的利用率也会降低，同时电极和电解液会发生不可逆的变化，最终导致电池容量的降低。在锂离子电池进行化学反应并产生能量时，电解液在负极被还原的产物会在电极和电解液的接触面上产生 SEI 膜，该膜对电池内部结构的稳定起到一定保护作用，但随着电池的使用其厚度和化学结构会发生劣变，造成电池的老化和性能的衰减。由于层状正极材料本身的局限性，高电压下过量脱锂导致层状结构不稳定，产生体相结构变化。伴随着相变和体积变化，使得晶胞参数变化、晶界错位、应力变化、颗粒开裂，导致容量快速衰减，功率降低；体相结构变化影响到表面结构变化，使得表面易产生裂纹，导致表面热稳定性减弱、金属溶解、析氧等；表面结构的变化伴随着界面副反应及氧的转移，使得电解液氧化、内阻增加、产气、热稳定性及安全性能下降等，导致一系列宏观电池失效行为。

电池的老化不仅会使电池可储存电量减少，还会造成电池内阻增加，电池内阻增加后电池在充放电过程中内阻上的消耗将增加，电池能量转化率降低。特别是对于大电流充放电的电池，电池内阻上将产生大量的电能浪费。同时电阻产生的热量不仅会造成电池工作环境的变化，影响电池稳定运行，还会造成电池的安全事故隐患。电池在老化过程中电池模型关键参数会发生变化，而电池 SOC 估算的基础正是利用这些参数所建立的基础电池模型。因此电池老化后，以前建立的电池估算模型也应随着电池老化后的参数变化规律重新建立。根据标准 IEEE Std 1188-1996，当电池容量低于额定容量的 80% 时就应该更换电池。现尚没有电动汽车电池的强制报废标准，但为了安全考虑一般认为动力电池的安全使用应保证电池的容量衰减不超过 20%，随着电动汽车的普及，以后相应标准也将会慢慢完善。

3.5　储能锂电池老化特性研究

在理想状态下，锂离子不会因为充放电在电池正负极之间来回嵌入与脱出而减少。但事实上，因为电池在使用时会经常发生一系列的不可逆副反应，这会减少电池中活性的锂离子数量，在经历了长时间的累积后，随着容量、功率、能量等性能的下降，电池的性能会逐渐降低。基于当前文献资料，对于储能锂电池 SOH 的定义并没有统一的标准，利用储能锂电池的容量、内阻或 SOC 等都可以进行 SOH 定义。由于储能锂电池的电池容量会随时间的推移逐渐退化，是一种可直观反映电池状态的参数，因此常被用来定义 SOH，SOH 就可以被描述为当前状态下储能锂电池的实际容量与初始状态下容量的比值，其表达式为

$$SOH = \frac{Q_{aged}}{Q_{new}} \tag{3-2}$$

式中，Q_{aged} 为当前可用最大容量；Q_{new} 为新电池的最大容量。该表达式用容量来表征电池老

化效应的影响，用可用容量的衰减来量化电池的老化衰减现象。

3.5.1　SOH 影响因素分析

电池在使用过程中，可引起强烈的副反应、加速电池老化的情形有在高温或低温条件下对电池充放电、电池过度的充放电以及电池在生产过程中因生产设备、原材料等原因导致的电池不一致性增强。这都是由电池内部结构的复杂性所决定的，它们相互之间会引起连锁反应，最后将导致活性锂离子数量减少和电池阻抗增加，从而导致电池寿命缩短。不管是正常的电池充放电，还是电池滥用导致的电池容量损失，其内在原因是一致的。

在实际使用锂离子电池的过程中，老化包括两种类型：循环老化及日历老化。

循环老化指的是在充放电周期中锂离子电池不可逆的容量损失，主要原因有截止充放电电压、充放电电流倍数、运行时 SOC 区间范围、使用时的环境温度和放电深度等。了解不同充放电周期下储能锂电池的老化特性，对提高储能锂电池设备的续航，延长储能锂电池的使用寿命具有重要的意义。

日历老化指的是储能锂电池在不使用期间，储能锂电池的容量随着闲置时间的增长而不断下降的现象。电池负极的 SEI 膜在电池闲置期间，因其厚度增大而产生老化的主要因素是锂含量流失（Loss of Lithium Inventory，LLI），受环境温度及其闲置时的 SOC 影响较大。通常而言，随着环境温度及闲置的 SOC 的增高，电池日历老化会变得越快。

当电池持续老化时，其最大可用容量的降低必然会伴随着电池内部和外部一系列特性参数的改变，其中一些参数的变化与电池的最大可用容量有很强的相关性，而且在实际使用环境中较容易获得。所以，现阶段主要是基于电池内部和外部特征参数与电池最大可用容量或电池容量衰减的对应关系来估算电池的容量，其通过跟踪电池老化过程中某些特征参数的变化，可以实现电池容量的预测。

3.5.2　老化过程 OCV-SOC 规律

OCV 测试的目的一是为了建立电池 OCV 与 SOC 的关系表，二是能够进行参数识别。在相同温度下，电池的 OCV 和电池剩余容量有一个相对稳定的对应关系。通过进行 OCV 测试实验，得到多个 SOC 值下的 OCV 数据，然后用 MATLAB 将这些点绘制到二维平面上，使用拟合函数将这些离散的坐标点进行拟合，得到两者的一个高阶多项式拟合曲线。OCV-SOC 的标定对于电池性能的把握具有重要意义，接下来将会用到这一函数关系。基于卡尔曼原理的 SOC 估算都会有一个对估算结果进行修正的步骤，而该修正过程主要依赖于电池模型的 OCV-SOC 曲线。由此可见，若电池在老化过程中 OCV-SOC 曲线发生变化会导致原来建立的 OCV-SOC 关系曲线不能准确表征当前电池的电气特性，进一步对 SOC 的准确估算产生影响。针对 OCV-SOC 曲线可能随电池老化改变的情况，本节对不同循环次数的电池进行 OCV-SOC 数据提取，研究其随电池老化的变化规律。选取电池 0~1000 次循环、步长为 200 的电池实验数据，通过电池老化循环实验中穿插的 HPPC 实验提取该电池的 OCV-SOC 曲线，如图 3-12a 所示。

通过电池实验数据可以发现，在电池老化过程中电池的 OCV-SOC 曲线关系整体形状并不随电池老化的变化而变化。该现象说明在电池老化过程中虽然存在电池内部结构的变化，但该变化并不影响电池充放电过程中电池正负极材料的电动势变化趋势。从不同老化电池的总体 OCV-SOC 曲线来看，随着电池循环次数的增加，电池 OCV-SOC 曲线出现整体向下平

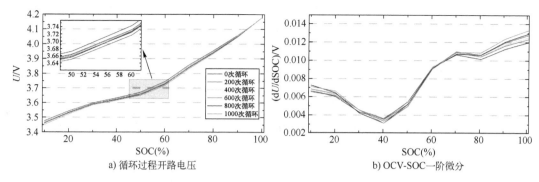

图 3-12　老化过程 OCV-SOC 曲线变化规律

移的现象，但每 200 次的循环和相同 SOC 下的电压下降不超过 0.01 V。为了进一步分析电池 OCV 随电池 SOC 的变化速度规律，对 OCV-SOC 曲线进行一阶微分得到图 3-12b。从图 3-12b 中可以明显观察到 dU/dSOC 在电池单次循环周期出现阶段性特征，对于不同循环次数的电池其阶段性特征并不改变，只是其电压变化速率出现不同。SOC 为 10%~40% 阶段，随着 SOC 的增加电池 OCV 增加速率逐渐减缓，并且老化程度越大的电池 OCV 增加速率更快。SOC 为 40%~70% 阶段，OCV 变化速率迅速增大，在该阶段不同老化程度的电池 OCV 变化速率逐渐接近。在 SOC 为 70%~100% 阶段，OCV 变化速率增加，较上一阶段变缓但仍然呈现上升趋势，并且该阶段下不同老化程度的电池出现较大差异。不难分析，随着电池的老化，电池 OCV 随 SOC 变化速度在第 1、3 阶段出现较大差异，均表现为循环次数越多的电池 OCV 变化速率更快，而在第 2 阶段，在考虑仪器测量精度以及 SOC 计算差异的不可避免的误差下，电池老化程度对电池 OCV 速率并无明显影响。

3.5.3　电池老化内阻分析

　　电池寿命退化一般表现为电池容量的衰减以及电池内阻的增加，影响电池寿命退化的原因主要分为两大类，一类主要为外部因素的影响，如电池工作温度、充放电倍率、充放电截止电压、放电的深度等，另一类是电池工作时发生的副反应。电池的副反应可以分为两大类，一类为可逆反应，可逆反应对电池的性能不会产生不利的影响；另一类为不可逆反应，这些反应会导致电池性能变差，使电池的寿命发生退化，减少电池的使用时间。锂离子电池的正负极随着电池工作时间和循环次数的增加会产生不可逆的老化。随着工作时间的增加，负极会出现析锂现象，析出的金属锂会与电解质发生化学反应，导致 SEI 膜变厚，电池的内阻会随之变大，过厚的 SEI 膜会降低 Li^+ 的迁移速率和电池的性能。当电极材料的晶体结构和物质机理发生变化时，电极的材料会出现老化、腐蚀的现象，导致电池加速老化。

　　电池在日常使用的充放电阶段，电池内阻会"蒸发"一部分能量，将电能转化为热能。如果电池内阻过大，在大电流的充放电条件下电池内阻上将产生大量的热量，严重威胁着电池的安全使用。Stroe 等人在研究电池老化的过程中发现，电池的日历老化过程中电池内阻出现逐渐增大的现象，并且电池环境温度越高内阻的增加越大。由此可见，电池内阻可以部分反应电池老化程度，考虑在电池老化特征中引入内阻，对进行不同循环次数的两个电池进行内阻测试，两个电池的内阻变化情况如图 3-13 所示。

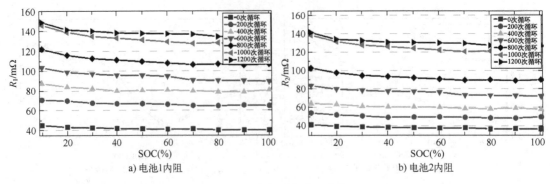

图 3-13 老化过程内阻变化

从电池单个放电周期来看，电池内阻在电池 SOC 逐渐减小的过程中出现小幅上升；从不同循环次数的锂离子电池来看，电池循环次数的增加使得电池内阻出现明显上升。电池内阻是电池结构所决定的不可避免因素，主要由电极材料与电解液接触电阻和材料本身电阻构成，其大小只有几十毫欧。对于容量和放电功率较小的非动力锂离子电池来说，由于电流较小电阻上产生的热量也就较小，不容易造成热失控等安全事故。但对于大电流充放电的电池来说，内阻上产生的热量随电流增加呈线性增加的趋势，对于老化程度较高的电池也应重点关注其内阻的增加。

3.6 储能锂电池迟滞特性研究

3.6.1 电池迟滞现象

迟滞现象是一个系统的特征，在这个系统中，自变量方向的改变致使因变量不能沿着它正向通过的路径往回走，换句话说，因变量滞后于试图跟踪自变量变化的路径。迟滞效应是电池尤其是基于嵌入型材料电池的一种复杂动态行为。电池的迟滞效应主要体现在，依赖于先前是充电还是放电的状态，即使电池在相同 SOC 下，也具有不同的平衡电势。因为迟滞效应的影响，电池的 OCV 并不仅仅是电池 SOC 的一个单值函数，而是会受到电池充电/放电历史的影响，同一个 SOC 可能具有不同的 OCV。通常充电过程中的 OCV 大于相同 SOC 状态下放电过程中的 OCV。值得注意的是，锂离子电池的平衡电势并不等同于电池开路电位。电池的平衡电势指锂离子电池内部化学反应产生的热力学效应与电流流过产生的动力学效应达到平衡，电池两端可以有电流流过。而电池的开路电位只是指电池热力学效应达到平衡，电池两端没有电流流过，电池内部离子不产生动力学效应。Jin 等人指出锂离子电池的表面应力形成了一个迟滞环，导致迟滞电压的产生。更具体地说，在氧的氧化还原反应中，充电电压和放电电压之间的电压滞后导致相同 SOC 下的电压差异。随着越来越多的学者关注迟滞现象，对电池迟滞的根本原因设计了一些解释。一些作者指出，迟滞是由热力学熵效应、机械应力和活性物质颗粒内部的微观扭曲造成的。另外，Tao Zheng 在 1997 年通过测量含氢碳嵌锂过程的开路电压，观察到了明显的迟滞现象，从而将迟滞效应引入锂离子电池的研究。电池领域的迟滞现象具体表现为，充电方向的开路电压曲线与放电方向的开路电压曲线不重合，两条曲线形成一个闭环，称为"迟滞环"。随着对电池迟滞现象的深入研究发现，迟滞电压的存在不可忽略，急需一种能准确表征电池迟滞电压的方法和模型。为形象地观测锂离子电池的迟滞现象，采用电流倍率为 0.1C 的 HPPC 实验和恒电流间歇滴定技术进行实验。通过实验得到了 OCV 与 SOC 之间的关系，并通过数据的一阶微分处理寻求其变化规律，通过实验得到电池迟滞特性如图 3-14 所示。

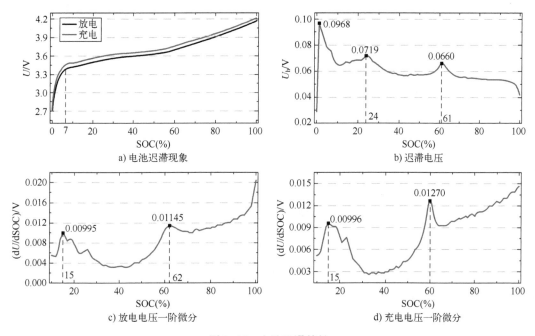

图 3-14　电池迟滞特性

从主迟滞回线可以看出，在相同 SOC 下，图 3-14a 中电池充电电压始终高于放电电压，当 SOC<7% 时，电池电压迅速下降。此时正极材料由于锂离子嵌入和脱嵌而产生的机械应力远远大于迟滞效应，迟滞效应将不是主要影响电池端电压的因素，所以后面对迟滞的特性研究只考虑 SOC>10% 的部分。迟滞电压曲线表明，U_h 随 SOC 的增加而减小（见图 3-14b）。为了分析 SOC=24% 和 SOC=61% 时的两个峰值，进一步进行了主回路迟滞电压的一阶微分分析（见图 3-14c、d）。从图 3-14c、d 可以看出，在 SOC=15% 和 SOC=62% 时出现了两个峰值。此时电池由于内部发生相变，材料特性的改变导致了迟滞电压的变化出现了拐点。图 3-14c、d 中在 SOC=15%~60% 时，内部材料特性较为稳定，表现出较好的 OCV 平台特性。

3.6.2　次环迟滞特性

由于锂离子电池在充放电过程中会发生相变，电池内部结构改变会造成电池对外特性的变化。针对电池在不同容量时的迟滞特性，设计次环迟滞实验分析锂离子电池充放电过程中的次环迟滞特性。次环迟滞实验的 SOC 范围分别为 80%~60%、60%~40%、40%~20%。从充满电的电池开始，首先采用 1C 的电流倍率放电 12 min 将电池电量调整到需要的 SOC=80%，然后经过 2 h 的搁置时间，直到电池内阻化学反应达到平衡，电池端电压达到稳定值。在测量次环迟滞电压时，需要降低电池电流倍率，减小电池内阻引起的电压变化，一般认为当电池电流小于 0.04C 时，电池迟滞效应引起的电压变化远大于内阻上引起的电压降。故将电池以 0.04C 放电至 SOC=60%，然后在相同电流下充电至 SOC=80%，测量该区间次环迟滞电压。对其余两条次环迟滞曲线的测量重复上述步骤，其次环迟滞特性如图 3-15 所示。

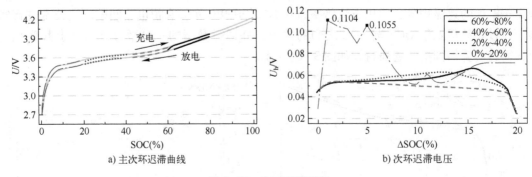

图 3-15   次环迟滞特性

由图 3-15a 可以看出，3 个次环迟滞曲线都包含在主迟滞曲线中。在 SOC＝40% ~ 60% 范围内，电池迟滞电压最小，电压平台特性最好（见图 3-15b）。在这个阶段，电池内固相和液相的物理结构产生的应力最小。在 SOC＝0% ~ 20% 范围内，迟滞电压明显较高，且由于电池过放电引起的内部结构变化造成的电压差较大。

3.6.3   迟滞温度依赖性

环境温度对锂离子电池的各项性能有着较大的影响。随着温度的变化，电池的实际可充放容量、内阻、极化电压等都会发生变化。因此，有必要对在不同环境温度下工作的锂离子电池进行迟滞特性的分析。温度会影响离子的运动速率，高温下，电极材料受热膨胀，Li^+ 嵌入和脱嵌出电极所要克服的阻力将会减小，Li^+ 的扩散速率将会增加，电池浓差极化效应将会被降低，电池拥有更好的充放电特性。低温下，电池材料收缩，Li^+ 嵌入和脱嵌出电极所要克服的阻力将会增加，电池性能减弱，Li^+ 的扩散速率将会减慢，电池浓差极化效应将会增大，电池充放电性能将会降低。电池不同温度的迟滞特性如图 3-16 所示。

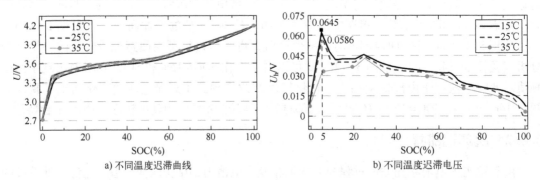

图 3-16   不同温度的迟滞特性

得到相应的 OCV-SOC 充放电曲线后，经过计算获取相应的迟滞曲线，如图 3-16 所示。从图中可以看出，温度对迟滞曲线的数值有一定的影响，但整体的电压趋势没有太大的变化，3 个特征峰值保存得较为完好且峰值前后的变化速率几乎一致，若以 25℃时的迟滞曲线作为标准，无论是高温还是低温，都可以较好地保存其区间特性和峰值特点。随着温度的升高，正负电极材料的孔径增大，电池在充放电时内部离子嵌入和脱嵌造成的应力会由于孔径的增大而减小。当 SOC 较低时，由于电池内部材料特性本身处于不稳定的状态，再加上温度对电池材料的进一步影响，迟滞电压在此时受温度影响效果较为明显。从图 3-16b 可以观察到，当温度达到 35℃时迟滞电压在低 SOC 时的峰值特性被消除，此时温度的上升削减离子嵌入和脱嵌出电极时的机械应力。

3.6.4 迟滞路径依赖性

在电池主回路方向不同时，电池的次环迟滞特性会出现路径差异。迟滞电压对充放电路径的依赖性主要体现在不同充放电路径的各次环迟滞电压存在差异。通过不同路径的充放电实验得到电池迟滞电压的路径依赖性如图 3-17 所示。

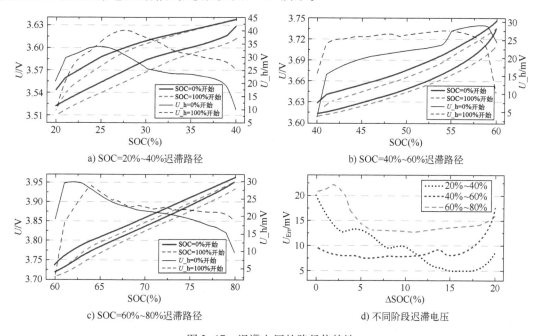

a) SOC=20%~40%迟滞路径 b) SOC=40%~60%迟滞路径

c) SOC=60%~80%迟滞路径 d) 不同阶段迟滞电压

图 3-17 迟滞电压的路径依赖性

在电池充电和放电时，锂离子需要从正极或负极材料中脱嵌。由于电极结构中存在晶格能，锂离子的提取需要额外的电势来克服晶格能。充放电路径从 SOC = 0% 开始的次环回路迟滞电压比从 SOC = 100% 开始的迟滞曲线更小（见图 3-17a 和 c），这表明锂离子在正极材料中的晶格能比负极材料中的晶格能要低。在图 3-17d 中，在 SOC = 40% ~ 60% 范围内，任意路径的迟滞效应最小。这表明，在 SOC = 40% 和 60% 时，相变减小了内部迟滞效应，但负极材料的迟滞效应减小更大。

通过对比观察 3 种循环区间的迟滞曲线走势，可以发现，虽然小区间迟滞数值有明显的降低，但在 SOC 互相覆盖的区间内，迟滞曲线走势具有相似性。不同的循环区间可以减小相应的迟滞数值，但不决定迟滞曲线的整体走势，迟滞效应的变化趋势主要是由电池正负极材料决定的。通过设置不同的充放电循环区间，证明了迟滞效应具有一定的路径依赖性，并且具有累积效果。满区间充放电所得到的迟滞环是所有小区间循环的边界，当 SOC 充放电循环区间存在覆盖范围时，区间跨度越小，锂离子运动的路径越短，阳离子混排程度越低，所对应的放电曲线越向中间靠拢，所产生的迟滞电压也就越小，抑制迟滞效应的效果越好。

3.7 储能锂电池 OCV-SOC 模型

目前，在锂离子电池 SOC 估算中常用的方法有开路电压法、安时积分法、神经网络法以及卡尔曼滤波（Kalman Filtering, KF）法等。开路电压法采用 OCV 与 SOC 之间存在的一一对应关系，通过获取电池 OCV 来获取 SOC 值，以达到估算的目的，克服了安时积分法对 SOC 初始值的依赖性。是指在外电路电流为零的情况下，经过长时间搁置后达到平衡时的电池正负极电位差。其实际操作过程是：首先电池需要经过足够长时间的搁置，以保证其 OCV 等参数稳定，测量电池的 OCV，然后根据已知的近似线性函数关系来得到 SOC。开路电压法具有方法简单、可操作性强的优点。锂离子电池的 OCV 与 SOC 存在着相对固定的映射关系，即

$$U_{OC} = F(SOC) \tag{3-3}$$

式中，这种映射关系可以通过不同形式表现出来，主要分为离散和连续两种形式。离散形式如查表法等，用一连串离散孤立的点表达 OCV 与 SOC 之间的对应关系，而对于点与点之间的部分使用简单的分段线性法表示，这也暴露了这种方法的粗略性。连续形式如函数法，即经过多次测量得到 OCV-SOC 曲线，实际是对离散点的连续化，使用函数求解或曲线拟合的方法得到两者之间的连续关系表达式。

3.7.1 带迟滞效应的等效电路模型

等效电路模型（ECM）采用电容、电阻和恒压源等电路元件组成电路网络，模拟电池的动态电压响应特性，该类模型中参数间的关系直接又明显，一般包含相对较少的数量，这使得状态空间的数学描述工作也较容易，因此在系统仿真和实际管理中应用十分广泛。一般基于扩展卡尔曼滤波（Extended Kalman Filter, EKF）的 SOC 预测方法都是根据模型中 OCV-SOC 曲线来对当前估算值进行修正，所以等效模型的建立是估算 SOC 的前提。常用的等效电路模型中，Rint 模型是由美国爱达荷国家实验室设计的一种较为简单的等效电路模型，内部只包含一个欧姆内阻 R_o 以及一个理想电压源 U_{OC}。由于电池内部电化学反应的复杂性以及该模型没有考虑电池的极化特性，电池内部的欧姆内阻与电池的开路电压是在不断变化的，且模型精度较低，所以较少应用于实际；Thevenin 模型与 Rint 模型相比，其改进之处在于添加了一个 RC 电路，用于表征锂离子电池工作情况下的极化效应。Thevenin 模型更能表征电池的动态响应，R_o 能表示电池充放电瞬间电压响应的瞬时变化，RC 电路可以反映出充放电期间和结束后的电池电压逐渐变化现象。因为 Thevenin 模型不仅结构简单，而且能够满足仿真要求，所以在实际运用中经常采用电池 Thevenin 模型，使用 MATLAB/Simulink 来搭建仿真模型，再通过实验辨识的参数对仿真进行参数设置，最后进行实验与仿真对比；PNGV 模型在 Thevenin 模型的基础上增加了负载电流对电池 OCV 影响的考虑，内部包含两个电容以及两个电阻，这种电阻模型与 RC 阻容等效电路模型相比少了一个电容，由于该电路模型涵盖了电池极化和欧姆内阻的特性，所以它较为精准，但模型较复杂且运算成本高。

Thevenin 模型参数相对较少，曲线拟合时为单指数数学模型，与 PNGV 的双指数模型相比，计算量小，更适合嵌入式系统的 SOC 估算。同时，Thevenin 模型比 Rint 模型具有更高的精度，它能为 EKF 算法提供准确的模型，保证了估算效果的高精度。

有研究者指出锂离子电池的表面应力形成了一个迟滞环，导致电压迟滞。更具体地说，

在氧的氧化还原反应中，充电电位和放电电位之间的电势滞后导致相同 SOC 下的电压差异。随着越来越多的学者关注滞后现象，对滞后的根本原因设计了一些解释。一些作者指出，滞后是由热力学熵效应、机械应力和活性物质颗粒内部的微观扭曲造成的。由于电池迟滞现象的存在，迟滞电压的产生成为电池等效电路建模中不能被忽视的一项因素，所以考虑在 Thevenin 模型中引入一个受控电压源，该电压源的电压表示电池的迟滞电压大小，其电路模型如图 3-18 所示。

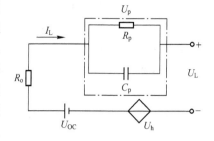

图 3-18　带迟滞电压的 Thevenin 模型

在图 3-18 中，R_o 为欧姆内阻；C_p 和 R_p 分别为极化电容和极化电阻；U_{OC} 为电池开路电压；U_L 为电池负载电压；I_L 为电池负载电流；U_h 为迟滞电压。结合图 3-18 所示的模型和电路原理，可以推导出电池等效电路模型中端电压的表达式为

$$U_L = U_{OC} - I_L R_o - U_p - U_h \qquad (3-4)$$

从式（3-4）可以看出，电池测量到的端电压不是固定的，且由于极化电压和迟滞电压的存在呈现非线性变化，其受电池电流大小、电池弛豫状态、电池充放电状态的影响较大。所以在估算电池 SOC 时，U_{OC} 和电池 SOC 的特性曲线是其参考的标准，通过电池实验测量数据辨识出模型中其他参数的值和 U_L 去计算电池开路电压，然后利用 OCV-SOC 特性曲线的对应关系寻找对应电压时的理论 SOC 值。

3.7.2　模型参数辨识

数据分析处理过程中，先从原始实验数据中提取出有效的数据段，进而通过分析提取出的数据段，采取有效的处理方法，获得等效电路模型的内部参数和 SOC 之间的关系，完成等效电路模型的准确搭建，从而实现锂离子电池工作特征的准确描述。对于 Thevenin 模型来说，需要辨识的参数有欧姆内阻 R_o、极化内阻 R_p 和极化电容 C_p。

通过 HPPC 实验可以获得 10 s 的充放电电压数据，如图 3-19a 所示。图中，$U_1 \sim U_4$ 阶段电池对外进行 10 s 的放电，RC 回路中电容的起始电压为 0 V，所以是 RC 回路的零状态响应曲线。$U_4 \sim U_5$ 阶段电池停止放电，C_p 上的电荷通过电阻 R_p 放电，是零输入响应曲线。单步 HPPC 电压、电流数据如图 3-19 所示。

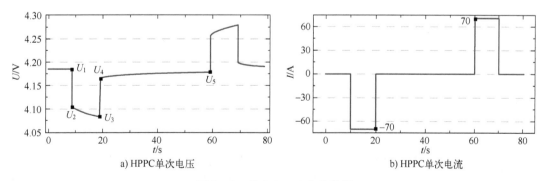

a) HPPC 单次电压　　　　　　　　　b) HPPC 单次电流

图 3-19　单步 HPPC 实验数据

图 3-19a 同时反映了锂离子电池的暂态特性和稳态特性，脉冲放电开始时，电池电压会从 U_1 瞬间下降至 U_2，然后在放电期间电压从 U_2 随时间缓慢下滑至 U_3，当放电结束瞬间，

电池电压从 U_3 又立刻回弹至 U_4,搁置期间 $U_4 \sim U_5$ 电压有逐渐回升并趋于平稳的趋势,充电过程与放电过程中电压的响应情况正好相反。$U_2 \sim U_3$ 阶段,等效电路中的 RC 回路对电流的阻碍作用很好地解释电池电压的这一现象。在 $U_1 \sim U_2$ 和 $U_3 \sim U_4$ 阶段,正好和等效电路中欧姆电阻上电压的突然消失和突然出现相符合。采用脉冲测试数据进行参数辨识有两种方法,一种是取点计算法,一种是曲线拟合法。

1. 取点计算法

从 Thevenin 模型中看,放电开始时电压的突然下降是欧姆内阻 R_o 的作用,同样放电结束电压的迅速回升也是 R_o 的作用;放电过程中电压逐渐下降的现象可以用 Thevenin 模型中的 RC 电路解释。所以,从 $U_1 \sim U_2$ 阶段和 $U_2 \sim U_3$ 阶段可以得到电池欧姆内阻的值,从 $U_2 \sim U_3$ 阶段和 $U_4 \sim U_5$ 阶段可以得到 RC 电路的极化内阻和极化电容的值。由此,欧姆内阻 R_o 可以通过式(3-5)获得。

$$R_o = \frac{(U_1 - U_2) + (U_4 - U_3)}{2I} \tag{3-5}$$

式中,I 为放电电流。分析 $U_4 \sim U_5$ 阶段的电压响应,对应 Thevenin 模型的零输入响应,由模型 KVL 关系得到

$$\begin{cases} U_4 = U_1 - U_{p0}\mathrm{e}^{-\frac{0}{\tau}} \\ U_5 = U_1 - U_p \mathrm{e}^{-\frac{t_5 - t_4}{\tau}} \end{cases} \tag{3-6}$$

式中,U_1 是当前阶段的开路电压。从 $U_4 \sim U_5$ 的时间为 $t_5 - t_4$,进而解方程组,得到时间常数 τ 的计算式为

$$\tau = -\frac{t_5 - t_4}{\ln\left(\dfrac{U_1 - U_5}{U_1 - U_4}\right)} \tag{3-7}$$

得到时间常数 τ 之后,只需要计算出 R_p 或 C_p 其中一个参数,另一个就可以由式(3-8)得出。

$$\tau = R_p C_p \tag{3-8}$$

$U_2 \sim U_3$ 段的电压响应对应于 Thevenin 模型的零状态响应,根据模型中 KVL 关系得到方程组为

$$\begin{cases} U_3 = U_1 - I R_o - IR_p(1 - \mathrm{e}^{-\frac{t_3 - t_2}{\tau}}) \\ U_2 = U_1 - IR_o \end{cases} \tag{3-9}$$

式中,从 $U_2 \sim U_3$ 的时间为 $t_3 - t_2$。解方程组得到极化内阻 R_p 的计算式为

$$R_p = \frac{U_2 - U_3}{I(1 - \mathrm{e}^{-\frac{t_3 - t_2}{\tau}})} \tag{3-10}$$

取得每个阶段脉冲实验中的关键点,使用式(3-7)、式(3-8)和式(3-10)就可以直接计算出 Thevenin 模型中的 R_o、R_p 和 C_p 参数值,最后得到每个 SOC 点处的模型参数。但是取点计算法只摘取了众多数据中的几个标志点,对数据的利用率很低,容易导致辨识结果不准确,而且公式比较复杂,使用过程中容易出现数据带入错误,导致最终参数计算结果的错误,也相应地提高了复杂度。

2. 曲线拟合法

曲线拟合法需要绘制自变量和因变量的曲线，将其他电池参数看作可变参数，函数关系被转换成只包含独立变量和参数的关系，然后参数值由多项式拟合。通过 Thevenin 模型可以推导出负载电压的数学表达式，再将数学表达式进行参数化表达可以得到曲线拟合所需要的函数式，即

$$\begin{cases} U_{\mathrm{L}}=U_{\mathrm{OC}}-I_{\mathrm{L}}R_{\mathrm{o}}-I_{\mathrm{L}}R_{\mathrm{p}}\left(1-\mathrm{e}^{-\frac{t}{\tau}}\right) \\ y=a-b\left(1-\mathrm{e}^{-\frac{x}{c}}\right) \end{cases} \quad (3-11)$$

其中，y 表示负载电压 U_{L}；x 表示时间 t；$a=U_{\mathrm{OC}}-I_{\mathrm{L}}R_{\mathrm{o}}$；$b=I_{\mathrm{L}}R_{\mathrm{p}}$；$c=\tau$。$U_{\mathrm{L}}$ 和 t 的曲线关系可以通过 HPPC 实验中的数据绘出，因此 a、b、c 的值可以通过曲线拟合获得。电池的内部参数和 a、b、c 之间的关系可以通过式（3-12）表示。

$$\begin{cases} U_{\mathrm{OC}}=a+I_{\mathrm{L}}R_{\mathrm{o}} \\ R_{\mathrm{p}}=\dfrac{b}{I_{\mathrm{L}}} \\ \tau=C_{\mathrm{p}}R_{\mathrm{p}} \\ C_{\mathrm{p}}=\dfrac{c}{R_{\mathrm{p}}} \end{cases} \quad (3-12)$$

在上述等式关系中，I_{L} 作为放电电流值是已知，R_{o} 可以通过式（3-12）计算得出。当获得参数辨识结果（a、b、c 的值）后，可以根据 a、b、c 和等式中电池内部参数之间的关系来计算 U_{OC}、R_{p}、C_{p} 的值。通过对每个 SOC 点的曲线拟合，可以得到每个 SOC 点的 a、b、c 的值。模型参数随 SOC 的变化情况见表 3-2。

表 3-2　参数辨识结果

SOC	R_{o}/mΩ	R_{p}/mΩ	C_{p}/F	U_{OC}/V
0.9	1.136	0.458	19128	4.052
0.8	1.141	0.507	18631	3.936
0.7	1.147	0.535	18112	3.830
0.6	1.151	0.489	18520	3.725
0.5	1.174	0.352	24918	3.649
0.4	1.202	0.367	25482	3.615
0.3	1.236	0.393	24104	3.588
0.2	1.306	0.446	18523	3.534
0.1	1.406	0.522	16524	3.431

从表 3-2 可以看出，电池的极化电容非常大，极化电阻和欧姆电阻非常小。因此，在放电过程中会有一个缓慢的电压降。式（3-13）是通过多项式拟合得到的模型参数与 SOC 关系的数学表达式。

$$\begin{cases} R_o = -0.034722SOC^7 + 0.17685SOC^6 - 0.36556SOC^5 + 0.39775SOC^4 - \\ \qquad 0.24605SOC^3 + 0.086937SOC^2 - 0.016666SOC + 0.0025999 \\ R_p = -0.000154SOC^5 + 0.00147SOC^4 - 0.00335SOC^3 + 0.00346SOC^2 - \\ \qquad 0.00184SOC + 0.00156 \\ C_p = 3.1984 \times 10^7 SOC^7 - 1.28 \times 10^8 SOC^6 + 2.0969 \times 10^8 SOC^5 - 1.8152 \times 10^8 SOC^4 + \\ \qquad 8.9605 \times 10^7 SOC^3 - 2.5397 \times 10^7 SOC^2 + 3.8876 \times 10^6 SOC - 2.2884 \times 10^5 \end{cases} \tag{3-13}$$

从实验参数数据可以看出，在不同 SOC 下，各参数存在较大差异。考虑到电池在不同 SOC 下的特性变化，采用时变参数来描述等效模型可以更准确地表征电池。模型中迟滞电压 U_h 的值在之后的 PI 迟滞模型中进行辨识。然后通过 HPPC 实验数据研究电池 SOC 与开路电压 U_{OC} 的关系。实验使用的电池容量为 70 A·h，实验仪器为电池单体测试仪 BTS200-100-104，测试分为 10 个周期（SOC = 1.0，0.9，0.8，…，0.1），利用 70A（1C）的放电电流，通过 HPPC 实验得到端电压 U_L 和电流 I_L 的曲线如图 3-20 所示。

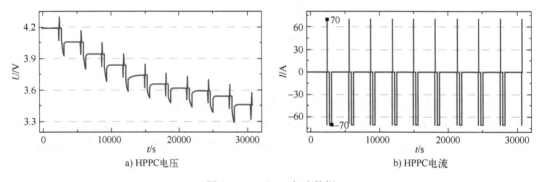

a) HPPC电压   b) HPPC电流

图 3-20　HPPC 实验数据

从图 3-20 可以看出，电池的端电压不是恒定的，它会随着 SOC 值的降低而降低。并且电压的下降趋势不是线性的，可以看出不同的 SOC 阶段电压的下降速率是不同的。采用四阶多项式拟合 SOC 与电池开路电压 U_{OC}，如式（3-14）所示。

$$U_{OC} = -3.1338SOC^4 + 7.552SOC^3 - 5.1961SOC^2 + 1.9447SOC + 3.3129 \tag{3-14}$$

式（3-14）反映了 U_{OC} 和 SOC 之间的关系。通过不同阶数的拟合测试得出，用四阶多项式进行拟合时，曲线拟合产生的误差最小，图 3-21 所示为 U_{OC} 和 SOC 的拟合曲线。

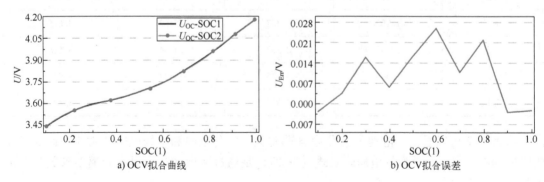

a) OCV拟合曲线   b) OCV拟合误差

图 3-21　OCV 拟合结果

U_{oc}-SOC1 为实验测量的 OCV 数据与 SOC 之间的曲线关系，U_{oc}-SOC2 为多项式输出 OCV 与 SOC 之间的关系曲线。电池 OCV-SOC 曲线是锂离子电池等效电路模型的核心，该多项式模拟曲线的准确性直接影响了电池模型与真实电池之间的相关性。由图 3-21b 可以看出，多项式关系模拟的 OCV-SOC 关系电压误差不超过 0.03V，这表明该多项式能够准确描述与 SOC 之间关系的变化。

3.7.3　PI 迟滞模型

最早为了解决输入电压与材料位移之间的控制关系，设计了压电陶瓷的初始迟滞模型。压电陶瓷在相同电压和不同电压状态（电压上升或下降）下会产生不同的位移，这与电池的迟滞现象类似。然而，压电陶瓷的迟滞模型仅适用于对称迟滞曲线，不能解决不对称电池迟滞电压问题。因此，本小节设计了一种非对称 Play（Asymmetric Play，AP）算子，并建立了一种非对称模型来准确表征电池迟滞电压。对具有不同阈值的 AP 算子进行加权，形成非对称迟滞模型。AP 运算符的数学表达式为

$$
\begin{cases}
y(0) = \max\{au(0)^b - r, \min[au(0)^b, 0]\} \\
y(k) = \max\{au(k)^b - r, \min[au(k)^b, y(k-1)]\}
\end{cases}
\tag{3-15}
$$

式中，r 为 AP 算子的阈值；$u(k)$ 为算子的输入；$y(k)$ 是算子的输出；a 和 b 是待辨识的参数，用于调整模型的非线性输出。当 a 和 b 为 1 时，AP 算子为传统 Play 算子，传统 Play 算子的示意图如图 3-22 所示。

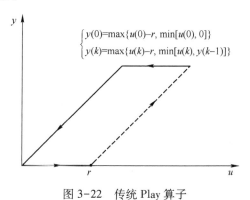

图 3-22　传统 Play 算子

开始时，随着输入增加输出保持为 0；当输入超过阈值 r 时，输入沿直线 $y = u(k) - r$ 开始增加；输入减少时开始输出保持不变；当输入减少量大于阈值 r 时，输出沿直线 $y = u(k)$ 开始减少。迟滞模型的输出是多个 Play 算子的加权平均，其总输出的计算过程为

$$
\begin{cases}
Y(k) = \displaystyle\sum_{i=1}^{n} w_i y_i(k) = \sum_{i=1}^{n} w_i \max\{au(k)^b - r_i, \min[au(k)^b, y_i(k-1)]\} \\
Y(k) = \boldsymbol{w}^{\mathrm{T}} \boldsymbol{y}(k)
\end{cases}
\tag{3-16}
$$

式中，n 为算子个数；$y_i(k)$ 为第 i 个 AP 算子的输出；$Y(k)$ 为 k 时刻的模型输出，为多个 AP 算子的加权平均；w_i 为第 i 个 AP 算子的权值；r_i 为第 i 个 AP 算子的阈值。为了得到模型误差最小时的权重，计算模型的方差为

$$
\begin{cases}
e(k) = d(k) - Y(k) = d(k) - \boldsymbol{w}^{\mathrm{T}} \boldsymbol{y}(k) \\
e^2(k) = d^2(k) - 2\boldsymbol{w}^{\mathrm{T}} d(k) \boldsymbol{y}(k) + \boldsymbol{w}^{\mathrm{T}} \boldsymbol{y}(k) \boldsymbol{y}^{\mathrm{T}}(k) \boldsymbol{w}
\end{cases}
\tag{3-17}
$$

式中，$d(k)$ 定义为在 k 时刻测得的精确电池电压，方差是通过实际电压与模型输出电压比较得到的。由于 $d^2(k)$ 是常数，剔除后新的目标函数为

$$f(x) = -2\boldsymbol{w}^T\boldsymbol{d}(k)\boldsymbol{y}(k) + \boldsymbol{w}^T\boldsymbol{y}(k)\boldsymbol{y}^T(k)\boldsymbol{w}$$

$$= \boldsymbol{w}^T\left\{\sum_{k=1}^{n}\left[\boldsymbol{y}(k)\boldsymbol{y}^T(k)\right]\right\}\boldsymbol{w} - 2\boldsymbol{w}^T\sum_{k=1}^{n}\left[\boldsymbol{d}(k)\boldsymbol{y}(k)\right] \qquad (3-18)$$

利用二次规划算法可以求最小目标函数 $f(x)$ 下的权值 $\boldsymbol{w}$。在矩阵计算时，由于需要限定矩阵的正定性，规定阈值的选取应该遵从 $r_{max} < u_{max}$。为了减少 AP 算子的数量和计算量，根据迟滞曲线合理设置阈值。根据电池迟滞曲线和单个 AP 算子的轮廓调整 a 和 b 的值，发现当 $a=0.8$、$b=1.2$ 时模型拟合效果最好。采用二次规划算法求解最优权值。通过实验得到的电池迟滞电压对模型进行验证，阈值的选取和计算得到的权值见表 3-3。

表 3-3 迟滞模型阈值和权值

i	r_i	ω_i	i	r_i	ω_i
1	0.05	0.2229	11	0.55	-0.3718
2	0.10	-2.8062	12	0.60	0.1697
3	0.15	1.9032	13	0.65	-0.8531
4	0.20	-0.5069	14	0.70	0.6824
5	0.25	0.3801	15	0.75	2.1137
6	0.30	0.6846	16	0.80	-0.3514
7	0.35	-1.1973	17	0.85	-0.5409
8	0.40	-0.2686	18	0.90	-0.8442
9	0.45	1.5990	19	0.95	-0.1002
10	0.50	-0.7213	20	-0.10	1.7429

由于输入数据为 SOC 值，所以每隔 0.05 设置一个阈值 r_i。为了准确地描述迟滞曲线，在模型输出中增加了一个特殊的阈值 $r=-0.10$，用于调整模型的非线性。将辨识的权值带入迟滞模型，得到模型输出数据如图 3-23 所示。

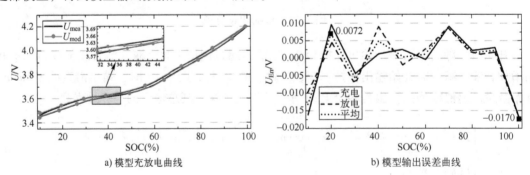

a) 模型充放电曲线   b) 模型输出误差曲线

图 3-23 迟滞模型验证

图 3-23a 中，U_{mea} 为实验测得的主回路迟滞曲线，U_{mod} 为模型输出迟滞曲线。图 3-23b 为模型输出与实验测量值之间的误差，其中 3 条曲线分别为充电电压误差、放电电压误差和平均电压误差。误差曲线表明，该模型能较准确地描述电池的迟滞效应，但在电池容量较高时，Li^+ 过度嵌入和过度嵌出导致模型误差变大。

3.8 储能锂电池建模

锂离子电池的状态参数估算大多依靠电池模型实现，电池模型对于动力锂离子电池的工作特性能进行准确描述，是动力锂离子电池状态估算的重要基础。电池建模是一项非常有挑战性的工作，由于近年来汽车行业对混合动力以及纯电动汽车的巨大推动，电池建模也受到很大关注。电动汽车行业关注在大功率充放电条件下将混合动力汽车以及电动汽车的续驶里程以及燃油经济性最大化，同时最大限度地延长电池的使用寿命，使电池在合适的条件下运行。准确和高效的电池建模对于最大限度地发挥设备和电池的性能以及 BMS 的发展至关重要。常见的电池模型主要分为电化学模型以及等效电路模型。本节将针对动力锂离子电池的模型构建展开研究。

3.8.1 电化学模型建模

动力锂离子电池的电化学模型主要根据其内部的化学反应构建数学表达式来实现对电池工作特性的准确描述，电化学模型包含动力锂离子电池工作的内部热力学分析、传热学分析、动力学分析等。电化学模型将电池内部的化学反应数学化，非常精确地描述了电池的电化学反应过程，模型精度高。然而由于电化学模型对电池的描述过于细致，且电化学模型的计算复杂性高，如果不采用相应方法处理电池的方程式，则在模拟电池充电放电周期时可能需要数个小时。

电化学模型中，主要通过偏微分方程表征内部离子的传输过程和电化学反应来反映电池的工作状态。准二维（Pseudo Two Dimensions，P2D）模型是最为常见的电化学模型，该模型主要通过描述电池内部的固相、液相、正极、负极与隔膜之间的电化学反应过程来表征动力锂离子电池的工作。但由于 P2D 模型存在的问题使得该模型难以在实际工程中得到应用，一方面是 P2D 模型电化学过程建模的参数很多，且大多都是与电池材料相关的参数，多数的模型参数难以测量甚至不可测量；另一方面则是严格的 P2D 模型不容易实现在线参数计算，计算资源的巨大消耗使得 P2D 模型难以应用于 BMS。

基于 P2D 模型，研究人员通过简化其结构降低了该电化学模型的阶数，从而提出了单粒子（Single Particle，SP）模型用于表征电池的工作状态。SP 模型将正负多孔电极简化为单个球形粒子，不再考虑锂离子浓度的变化和电解液相电位的变化，从而降低了电化学模型的阶数。虽然 SP 模型能快速模拟电池在 1C 倍率下的充放电过程，但由于其未全面考虑内部的电化学反应，当电池的充放电倍率高于 1C 时，SP 模型的电压精度将不能满足要求，因此 SP 模型并不适合在动力锂离子电池建模中使用。

虽然电化学模型对动力锂离子电池的工作状态能精确描述，但由于内部的描述方程众多，同时需要对大量的模型参数进行辨识，因此电化学模型的计算十分复杂，在实际工程应用中对于动力锂离子电池的 BMS 运算能力和存储能力具有很高的要求。由于电化学模型存在这些缺点，使其在动力锂离子电池内部状态参数估算研究中很少使用。目前的电化学模型大多不适合工程应用，多用于动力锂离子电池内部工作特性的理论研究。

3.8.2 等效电路模型建模

动力锂离子电池的等效电路模型属于半机理半经验模型，主要采用理想电压源、电阻与电容等电子元器件来反应动力锂离子电池的工作特性。等效电路模型具有简单可靠、易于实现等优点。与电化学模型相比，等效电路模型需要辨识的模型参数非常少，因此在对动力锂离子电池的状态参数估算以及工作特性研究中使用十分广泛。常见的等效电路模型包括 Rint模型、Thevenin 模型、PNGV 模型等。

1. Rint 模型

Rint 模型是最早被提出来的动力锂离子电池模型，其通过单个等效电阻来表示动力锂离子电池在使用过程中内部的欧姆效应。Rint 模型十分简单，但并不能反应动力锂离子电池在工作过程中存在的极化效应，因此模型具有较大的误差，实际的工程中使用较少。Rint 模型如图 3-24 所示。

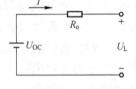

图 3-24　Rint 模型

在 Rint 模型中，U_L用于表征动力锂离子电池的端电压，R_o用于表征电池的欧姆内阻，U_{OC}用于表征电池开路电压，I 为电池充放电电流。因此，可得到 Rint 模型的观测方程为

$$U_L = U_{OC} + IR_o \tag{3-19}$$

根据式（3-19）可知，实际上 Rint 模型忽略了电池在充放电时产生的极化反应和扩散效应，相当于只是一种电池在最理想状态的表现，但不能很完整的表示电池在实际使用中的充放电反应。因此，不能采用这种模型来估计储能锂电池的 SOC。但 Rint 模型在用于电池仿真时，具有很好地电压误差统计特性。总之，研究 Rint 模型为后面的研究打下基础，帮助建立更为准确的电池等效电路模型。

2. Thevenin 模型

Thevenin 模型在 Rint 模型的基础上增加了一个电阻-电容（Resistance-Capacitance，RC）回路用于表征动力锂离子电池的极化效应，解决了 Rint 模型未考虑动力锂离子电池的极化效应带来的误差，因此 Thevenin 模型具有较高的精度，能有效地表征电池的工作特性。Thevenin 模型如图 3-25 所示。

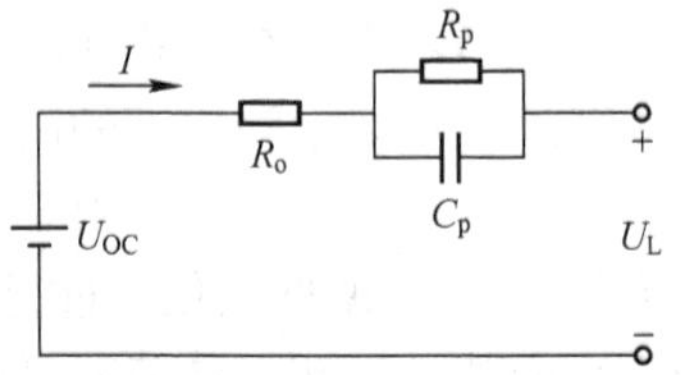

图 3-25 中，R_o为动力锂离子电池的欧姆电阻，R_p与 C_p为用来表征极化效应的极化电阻与极化电容，U_p为 R_p与 C_p所组成的 RC 回路的极化电压，U_{OC}为动力锂离子电池的开路电压，U_L为动力锂离子电池的输出端电压。根据图 3-25 所示模型，可以得到该 ECM 的观测方程为

图 3-25　Thevenin 模型

$$\begin{cases} U_L = U_{OC} + IR_o + U_p \\ \dot{U}_p = -\dfrac{1}{R_p C_p}U_p + \dfrac{1}{C_p}I \end{cases} \tag{3-20}$$

Thevenin 模型的优点包括：①对于储能锂电池的非线性特性，可以很好地模拟工作时的动态反应；②模型参数容易辨识，并且具有实际的物理意义；③使用该模型时，可以很方便地将电路方程转变为状态空间方程。目前，Thevenin 模型在实际中应用也比较广泛，在 SOC 准确估计研究中得到了很多的应用，也为开发更合适的模型提供了借鉴。

3. PNGV 模型

PNGV 模型在《PNGV 电池测试手册》中被提出，该模型属于非线性模型。相比于 Thevenin 模型，PNGV 模型通过一个等效电容表征动力锂离子电池的 OCV 随电流变化而产生的累积变化，从而对开路电压进行补偿。R_p与 C_p用于描述动力锂离子电池的内部极化效应。与最早的 Rint 模型相比，该模型具有更高的精度，能有效地表征动力锂离子电池的极化效应，该模型在工程中具有实际应用价值。PNGV 模型如图 3-26 所示。

图 3-26 中，C_1 为用于表征开路电压产生的累积变化的
等效电容，R_o 为内阻，R_p 与 C_p 分别为表征极化效应的极化
电阻与极化电容，因此可得到 PNGV 模型的观测方程为

$$\begin{cases} U_L = U_{OC} + IR_o + U_p + \dfrac{1}{C_1}\int I\mathrm{d}t \\ \dot{U}_p = -\dfrac{1}{R_pC_p}U_p + \dfrac{1}{C_p}I \end{cases} \tag{3-21}$$

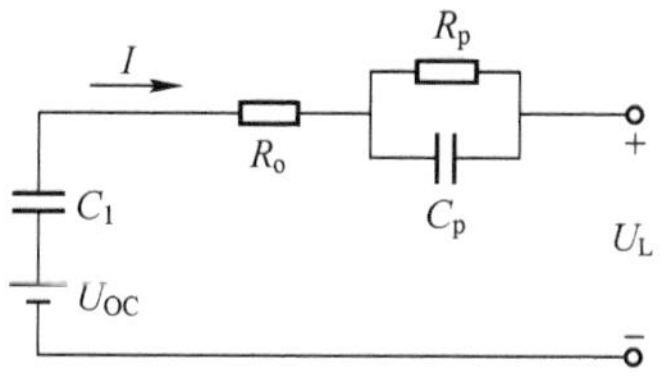

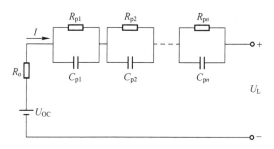

图 3-26 PNGV 模型

此外，在传统的 ECM 的基础上改进得到的还有高阶 Thevenin 与高阶 PNGV 模型。这类
模型通过多个 RC 回路分别用来表征动力锂离子电池的浓差极化效应与电化学极化效应等。

3.8.3 等效电路模型定阶研究

Thevenin 模型是目前在动力锂离子电池研究中使用最为广泛的等效电路模型，在其的基
础上，可改进得到二阶、三阶以及 n 阶 Thevenin 模型，如图 3-27 所示。

图 3-27 n 阶 Thevenin 模型

一般来说，一个良好的电池模型应具备两点：①能够准确描述电池的动、静态特性；
②模型本身的复杂度较低，易于工程实现。事实上，电池内部的化学反应是一个对环境敏感
且极其复杂的非线性过程。用传统定阶的电池模型难以解决模型准确度和实用性之间的矛
盾。在等效电路建模时，阶数越高，理论上模型越能更精确地表征电池内部的工作特性，但
模型的阶数增加也将导致模型的复杂度更高，需要辨识的参数越多，工程应用的难度也随之
增加。为了确定最优模型阶数，本节采用赤池信息准则（Akaike Information Criterion，AIC）
对等效电路模型定阶提供理论依据。AIC 是在熵的概念上建立的一种模型定阶理论，可有效
对模型最优阶数进行评价，AIC 计算式为

$$\mathrm{AIC} = 2N - 2\ln L \tag{3-22}$$

式中，N 为等效电路模型中待辨识参数数量；L 为等效电路模型中的极大似然函数。根据动
力锂离子电池等效电路模型的观测误差，可对其 AIC 值进行估算，即

$$\mathrm{AIC} = 2N + 2\ln e^2 \tag{3-23}$$

式中，e^2 为动力锂离子电池等效电路模型的观测值与预测值的残差二次方和的均值，即

$$e^2 = \frac{1}{M}\sum_{k=1}^{M}(y_k - \hat{y}_k)^2 \tag{3-24}$$

式中，M 为模型的实验观测数据个数；y_k 为真实的系统输出；$\hat{y}_k$ 为预测的模型输出。根据
AIC，可得到图 3-28 所示的 AIC 计算结果。

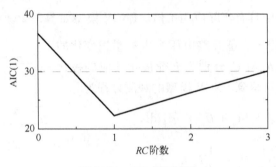

图 3-28　AIC 模型定阶

根据 AIC，其计算结果最小，说明模型最优。在图 3-28 中，模型从零阶（Rint 模型）增加到一阶（Thevenin 模型）时，模型的 AIC 计算值明显下降，说明 Thevenin 模型能在考虑模型复杂度的同时更好地表征电池的工作特性。随着模型阶数增加，二阶及其以上的改进 Thevenin 模型的 AIC 计算结果随着模型阶数的增加出现了上升，实验结果表明 Thevenin 模型最适合用于等效电路建模。

3.8.4　改进的等效电路模型构建

根据 AIC 定阶的结果，本节选择 Thevenin 模型对电池进行建模。在实际的使用中，不同的使用条件均会导致动力锂离子电池在使用过程中模型的内阻与极化阻容发生变化。因此，通过可变参数对动力锂离子电池的欧姆内阻与极化阻容进行表征，可得到如图 3-29 所示的等效电路模型。

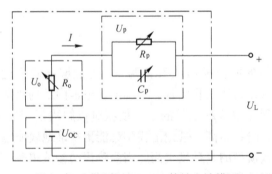

图 3-29　改进的 Thevenin 等效电路模型

在图 3-29 中，U_L 为电池的端电压；可变电阻 R_o 与 R_p 为电池的欧姆电阻与极化电阻，C_p 为电池极化电容；U_o 为电池欧姆内阻 R_o 所分得的电压；U_p 为极化效应产生的极化电压；U_{OC} 为动力锂离子电池的开路电压。根据构建的等效电路模型，动力锂离子电池模型的端电压方程为

$$\begin{cases} U_L = U_{OC} + U_o + U_p + v(t) \\ \dot{U}_p = -\dfrac{1}{R_p C_p} U_p + \dfrac{1}{C_p} I \end{cases} \tag{3-25}$$

式中，$v(t)$ 为表征模型端电压的测量噪声。在构建的等效电路模型中，由于电池的极化电压 U_p 的初始状态未知，因此可将 U_p 与动力锂离子电池的 SOE 作为待估算参数，则可以得到动力锂离子电池的状态空间方程为

$$\begin{cases} \begin{bmatrix} SOE(k+1) \\ U_{\mathrm{p}}(k+1) \end{bmatrix} = \begin{bmatrix} 1 & 0 \\ 0 & \mathrm{e}^{-\frac{T}{\tau}} \end{bmatrix} \begin{bmatrix} SOE(k) \\ U_{\mathrm{p}}(k) \end{bmatrix} + \begin{bmatrix} -\dfrac{T}{E}U_{\mathrm{L}}(k) \\ R_{\mathrm{p}}\left(1-\mathrm{e}^{-\frac{T}{\tau}}\right) \end{bmatrix} I(k) + \boldsymbol{\omega}(k) \\ U_{\mathrm{L}}(k) = U_{\mathrm{OC}}(k) + \begin{bmatrix} 0 \\ 1 \end{bmatrix}^{\mathrm{T}} \begin{bmatrix} SOE(k) \\ U_{\mathrm{p}}(k) \end{bmatrix} + R_0 I(k) + v(k) \end{cases} \tag{3-26}$$

式中，τ 为等效电流模型中 RC 回路的时间常数，$\tau = R_{\mathrm{p}}C_{\mathrm{p}}$；$T$ 为动力锂离子电池电压与电流的采样时间。根据式（3-26）所示的动力锂离子电池状态空间方程，可展开基于等效电路模型的 SOE 估算研究。

3.9　储能锂电池模型参数辨识

锂离子电池模型参数决定着该物理模型的准确性。电池模型参数辨识方法主要分为在线参数辨识与离线参数辨识，离线参数辨识根据电池的工作特性对模型参数进行辨识，在线参数辨识主要通过实时的测量数据对参数进行在线估算。本节针对锂离子电池的模型参数辨识展开以下研究。

3.9.1　锂离子电池开路电压估算

开路电压是指外电路没有电流流过时，电池达到平衡时正负极之间的电位差。在静止状态下，锂离子电池的 OCV 和 SOC 有很好的映射关系。因此，研究储能锂电池的开路电压特性，就是确定 OCV-SOC 的一一对应关系。开路电压估算对于锂离子电池模型参数的获取十分重要，根据锂离子电池开路电压特性，可以看出开路电压的变化主要受温度与电池当前 SOC 的影响，不同温度下的开路电压存在一定的差异。在不同温度下，通过不同 SOC 下得到的开路电压，根据实验测试数据进行拟合，则可得到不同温度下开路电压的估算方程。通过五阶多项式对不同 SOC 下的开路电压进行拟合，可得到开路电压估算式为

$$U_{\mathrm{OC}} = a_1 s^5 + a_2 s^4 + a_3 s^3 + a_4 s^2 + a_5 s + a_6 \tag{3-27}$$

式中，U_{OC} 为开路电压；s 为当前时刻的 SOC；$a_1 \sim a_6$ 为根据 SOC 与 OCV 关系拟合得到的参数。

3.9.2　锂离子电池离线参数辨识研究

在锂离子电池模型构建后，对电池进行状态参数估算需要获取锂离子电池的模型参数，模型参数精度同样决定着等效电路模型的精度。离线参数辨识方法通过特定测试实验获取模型参数，这种辨识方法依赖测试实验。通过 HPPC 实验来获取模型参数是常用的离线参数辨识方法，该类方法通过分析锂离子电池在不同工作阶段中的工作特性曲线来辨识等效电路模型中的各参数。

根据 HPPC 实验可知，在放电开始的 $U_1 \sim U_2$ 阶段，欧姆内阻引起电池端电压发生骤降。在放电结束的 $U_3 \sim U_4$ 阶段，电池搁置，负载电流和欧姆电压消失引起电池端电压发生骤升，因此可知电池欧姆内阻 R_{o} 的计算表达式为

$$R_{\mathrm{o}} = \frac{|\Delta U_1| + |\Delta U_2|}{2I} = \frac{U_1 - U_2 + U_4 - U_3}{2I} \tag{3-28}$$

根据 HPPC 实验可知，$U_2 \sim U_3$ 阶段为 RC 回路中极化电容充电，电压缓慢下降，此时为

RC 回路的零状态响应。端电压达到 U_3 之后电池停止放电，欧姆内阻不再影响等效电路，电池电压发生突变。在进行脉冲放电前，锂离子电池被长时间搁置，电池内部极化电压为 0，可以得到等效电路模型的零状态响应。因此，$U_2 \sim U_3$ 阶段电池零状态响应的端电压为

$$U_L = U_{OC} - IR_o - IR_p\left(1 - e^{-\frac{t}{\tau}}\right) \tag{3-29}$$

式中，U_{OC} 为锂离子电池的开路电压；I 为电流；R_o 为欧姆内阻；R_p 为极化内阻。IR_o 表征欧姆内阻的电压；IR_p 表征 RC 回路的极化电压。$U_4 \sim U_5$ 阶段端电压逐渐上升，此时 RC 回路中的极化电容向极化电阻放电，导致电压缓慢回升，为 RC 回路的零输入响应。$U_4 \sim U_5$ 阶段的电池端电压为

$$U_L = a + b\left(1 - e^{-\frac{t}{c}}\right) \tag{3-30}$$

式中，$a = U_{OC} + U_o$；b 为极化电压 U_p；c 为 RC 回路的时间常数 τ，且 $\tau = R_p C_p$，其中 C_p 为极化电容；t 为采样时间。根据端电压的零状态响应，可通过最小二乘法（Least Square，LS）对端电压曲线进行拟合，则可得到 a、b 与 c 的值，如式（3-31）所示。

$$\begin{cases} R_o = (a - U_{OC})/I \\ R_p = b/I \\ C_p = c/R_p \end{cases} \tag{3-31}$$

根据上述的离线参数辨识方法，本节采用的锂离子电池在 15℃ 时得到的不同 SOC 下的等效电路模型 U_{OC}、R_o、R_p 与 C_p 参数值见表 3-4。

表 3-4　15℃下锂离子电池等效电路模型参数

SOC（%）	100.00	88.65	77.67	67.01	56.66	46.54	36.60	26.77	17.05	7.52
U_{OC}/V	4.183	4.056	3.946	3.846	3.750	3.660	3.623	3.597	3.557	3.481
$R_o/m\Omega$	2.564	2.541	2.541	2.549	2.558	2.574	2.596	2.626	2.676	2.789
$R_p/m\Omega$	0.466	0.490	0.530	0.558	0.585	0.386	0.383	0.402	0.449	0.595
C_p/F	17009	15658	15327	14646	14402	18525	19113	18538	16362	9541

根据表 3-4，电池内部的参数随着 SOC 变化而发生变化，根据辨识得到的参数可构建 SOC 与模型参数之间的关系，从而精确表征不同 SOC 下电池的工作状态特性。

3.9.3　递推最小二乘在线参数辨识算法

虽然离线辨识方法能够通过拟合曲线辨识出模型参数，但是由于电池系统的时变性，随着电池 SOC、外界温度、循环次数等因素的改变，其模型参数也会发生较大的变化，而在线算法可以根据工作条件和时间的变化来估算参数。它们具有很高的估算精度和很大的通用性。因此为了提高 SOC 的估算精度，增强系统的适应能力，需要对电池模型参数在线辨识并做出实时修正。

锂离子电池的在线参数辨识方法分为神经网络辨识方法和以最小二乘算法为基础的辨识方法。由于神经网络算法也需要采用离线参数辨识方法对不同条件下的参数进行辨识来获取训练样本，且神经网络算法可直接用于电池状态参数的估算，因此神经网络算法在参数辨识中很少使用。

最小二乘算法作为一种经典的系统辨识方法，主要通过误差最小二次方和的思想实现最佳函数匹配，从而实现对某个系统参数的求解。递推最小二乘（Recursive Least Square，

RLS) 算法是最小二乘算法中最常见的一种形式，常被用来在线辨识等效电路模型的参数。该方法可以减少参数识别中放电率变化的误差。根据锂离子电池等效电路模型中电压和电流的关系，可以将等效电路模型转化为一个如式（3-32）所示的离散系统。

$$A(z^{-1})Y(k) = B(z^{-1})U(k) + v(k) \tag{3-32}$$

式中，$A(z^{-1})$ 为输出双线性变换矩阵；$Y(k)$ 为锂离子电池端电压；$B(z^{-1})$ 为输入双线性变换矩阵；$U(k)$ 为锂离子电池电流；$v(k)$ 为系统的观测噪声。通过双线性变化，可获得电池模型 $Y(k)$ 的离散方程为

$$\begin{aligned} Y(k) = & -a_0 Y(k-1) - a_1 Y(k-2) - \cdots - a_{n-1} Y(k-n) + b_0 U(k-1) + \\ & b_1 U(k-2) + \cdots + b_{n-1} U(k-n) + v(k) \end{aligned} \tag{3-33}$$

式中，$a_0 \sim a_{n-1}$ 和 $b_0 \sim b_{n-1}$ 为离散系统需要被辨识的系数，为了实现参数识别的递推最小二乘原理，离散系统方程可以表示为如式（3-34）中所示的最小二乘形式。

$$\begin{cases} Y(k) = \boldsymbol{h}(k)^{\mathrm{T}} \boldsymbol{\theta}(k) + v(k) \\ \boldsymbol{h}(k) = \begin{bmatrix} -Y(k-1) & \cdots & -Y(k-n) & U(k-1) & \cdots & U(k-n) \end{bmatrix}^{\mathrm{T}} \\ \boldsymbol{\theta}(k) = \begin{bmatrix} a_0 & \cdots & a_{n-1} & b_0 & \cdots & b_{n-1} \end{bmatrix}^{\mathrm{T}} \end{cases} \tag{3-34}$$

式中，$\boldsymbol{\theta}(k)$ 为需要辨识的离散系统参数集合。若通过 N 个时刻的数据对模型参数进行辨识，则可将待辨识系统输出 $Y(k)$ 扩展至 N 维向量，如式（3-35）所示。

$$\begin{cases} \boldsymbol{Y}_N(k) = \begin{bmatrix} Y(k) & Y(k+1) & \cdots & Y(k+N) \end{bmatrix}^{\mathrm{T}} \\ \boldsymbol{h}_N(k) = \begin{bmatrix} -Y(k-1) & \cdots & -Y(k-n) & U(k-1) & \cdots & U(k-n) \\ -Y(k-1+1) & \cdots & -Y(k-n+1) & U(k-1+1) & \cdots & U(k-n+1) \\ \vdots & & \vdots & \vdots & & \vdots \\ -Y(k+N-1) & \cdots & -Y(k-n+N) & U(k-1+N) & \cdots & U(k-n+N) \end{bmatrix}^{\mathrm{T}} \end{cases} \tag{3-35}$$

式中，$\boldsymbol{Y}_N(k)$ 为待辨识系统的输出矩阵；$\boldsymbol{h}_N(k)$ 为待辨识系统的变量。因此，根据递推最小二乘估算准则可计算得到待辨识系统参数 $\boldsymbol{\theta}$ 的一次递推最小二乘完成算法计算公式，即

$$\boldsymbol{\theta} = (\boldsymbol{h}_N^{\mathrm{T}} \boldsymbol{h}_N)^{-1} \boldsymbol{h}_N^{\mathrm{T}} \boldsymbol{Y}_N \tag{3-36}$$

根据式（3-36）所示的递推最小二乘准则，可以实现 N 个采样时刻的锂离子电池 ECM 参数辨识。递推最小二乘算法根据实时得到的系统测量数据，可对模型的参数进行实时辨识。若需要对第 $N+1$ 个时刻的等效电路模型参数进行辨识，则待辨识参数可表征为 $\boldsymbol{\theta}_{N+1}$，对应参数的递推最小二乘估算公式为

$$\boldsymbol{\theta}_{N+1} = (\boldsymbol{h}_{N+1}^{\mathrm{T}} \boldsymbol{h}_{N+1})^{-1} \boldsymbol{h}_{N+1}^{\mathrm{T}} \boldsymbol{Y}_{N+1} \tag{3-37}$$

式中，$\boldsymbol{Y}_{N+1}$ 为离散系统中的观测矩阵，$\boldsymbol{Y}_{N+1} = \begin{bmatrix} \boldsymbol{Y}_N; Y(N+1) \end{bmatrix}$，$\boldsymbol{h}_{N+1}$ 为待辨识系统变量，$\boldsymbol{h}_{N+1} = \begin{bmatrix} \boldsymbol{h}_N; \boldsymbol{h}(N+1) \end{bmatrix}$。若令 $\boldsymbol{P}_{N+1} = (\boldsymbol{h}_{N+1}^{\mathrm{T}} \boldsymbol{h}_{N+1})^{-1}$，将 $\boldsymbol{P}_{N+1}$ 展开，可以得到

$$\boldsymbol{P}_{N+1} = \begin{bmatrix} \boldsymbol{P}_N^{-1} + \boldsymbol{h}(N+1) \boldsymbol{h}(N+1)^{\mathrm{T}} \end{bmatrix}^{-1} \tag{3-38}$$

将式（3-38）通过矩阵求逆的辅助定理进行展开并代入最小二乘算法计算公式，则可以对下一个时刻的系统模型参数进行辨识，实现 RLS 计算。RLS 在线参数辨识算法为

$$\begin{cases} \boldsymbol{\theta}_{N+1} = \boldsymbol{\theta}_N + \gamma \boldsymbol{P}_N \boldsymbol{h}(N+1) \begin{bmatrix} Y(N+1) - \boldsymbol{h}^{\mathrm{T}}(N+1) \boldsymbol{\theta}_N \end{bmatrix} \\ \gamma = \begin{bmatrix} \boldsymbol{h}^{\mathrm{T}}(N+1) \boldsymbol{P}_N \boldsymbol{h}(N+1) + 1 \end{bmatrix}^{-1} \\ \boldsymbol{P}_{N+1} = \begin{bmatrix} \boldsymbol{I} - \gamma \boldsymbol{P}_N \boldsymbol{h}(N+1) \boldsymbol{h}^{\mathrm{T}}(N+1) \end{bmatrix} \boldsymbol{P}_N \end{cases} \tag{3-39}$$

式中，$\boldsymbol{I}$ 为单位矩阵。γ 为遗忘因子，当其值为 1 时，为递推最小二乘法，其值在 0~1 之间

时，为遗忘因子最小二乘法。根据 RLS 原理，离散系统需要被辨识参数的计算过程为

$$\begin{cases} a = \dfrac{T-2\tau}{T+2\tau} \\[2mm] b = \dfrac{R_\text{o}T+R_\text{p}T+2\tau R_\text{o}}{T+2\tau} \\[2mm] c = \dfrac{R_\text{o}T+R_\text{p}T-2\tau R_\text{o}}{T+2\tau} \end{cases} \tag{3-40}$$

获得离散系统需要被辨识参数识别结果后，需要计算 R_o、C_p 和 R_p，如式（3-41）所示。

$$\begin{cases} R_\text{o} = \dfrac{b-c}{1-a} \\[2mm] \tau = R_\text{p}C_\text{p} = \dfrac{1-a}{2a+2} \\[2mm] R_\text{p} = (1+2\tau)b-2R_\text{o}\tau-R_\text{o} \\[2mm] C_\text{p} = \dfrac{\tau}{R_\text{p}} \end{cases} \tag{3-41}$$

式中，τ 为 RC 电路的时间常数；T 为采样间隔；a、b、c 为离散系统中的参数。根据上述方程和递推最小二乘算法获得的参数可以实时准确地估计等效电路模型的 R_o、C_p 和 R_p。

3.9.4 遗忘因子递推扩展最小二乘在线参数辨识

由于递推最小二乘算法在参数辨识的过程可能会出现数据饱和，因此遗忘因子被引入递推最小二乘算法中来降低历史数据在参数辨识过程中的权重，以增加当前时刻数据对参数辨识的影响。遗忘因子递推最小二乘（Forgetting Factor Recursive Least Square，FFRLS）算法如式（3-42）所示。

$$\begin{cases} \boldsymbol{\theta}_{N+1} = \boldsymbol{\theta}_N + \gamma \boldsymbol{P}_N \boldsymbol{h}(N+1)\left[\boldsymbol{Y}(N+1)-\boldsymbol{h}^\text{T}(N+1)\boldsymbol{\theta}_N \right] \\[2mm] \gamma = \left[\boldsymbol{h}^\text{T}(N+1)\boldsymbol{P}_N \boldsymbol{h}(N+1)+\lambda \right]^{-1} \\[2mm] \boldsymbol{P}_{N+1} = \left[\boldsymbol{I}-\gamma \boldsymbol{P}_N \boldsymbol{h}(N+1)\boldsymbol{h}^\text{T}(N+1) \right]\boldsymbol{P}_N/\lambda \end{cases} \tag{3-42}$$

式中，λ 为遗忘因子。然而，FFRLS 算法中默认系统的噪声为高斯白噪声，这是不符合实际的。为解决该问题，遗忘因子递推扩展最小二乘（Forgetting Factor Recursive Extended Least Square，FFRELS）算法被提出来解决实际应用时噪声为有色噪声的等效电路模型参数辨识，以提高等效电路模型参数模型实时辨识结果的精确性。

采用 FFRELS 算法对电池的等效电路模型参数进行辨识时，需要得到等效电路模型的离散方程，因此需要对时域上的锂离子电池观测方程进行拉普拉斯变换与双线性变换。将锂离子电池电流 I 作为系统输入，开路电压 U_OC 与端电压 U_L 之差作为输出，通过拉普拉斯变换可以得到本等效电路模型在频域上的系统方程，即

$$U_\text{L}(s) = U_\text{OC}(s)+I(s)\left(R_\text{o}+\dfrac{R_\text{p}}{1+R_\text{p}C_\text{p}s} \right) \tag{3-43}$$

采用双线性变换对式（3-43）中的传递函数进行离散化处理，得到离散化的传递函数为

$$\begin{cases} y(k) = y_\text{OC}(k)-y_\text{L}(k) \\[2mm] y(k) = -ay(k-1)+bI(k)+cI(k-1)+n_1 v(k)+n_2 v(k-1) \end{cases} \tag{3-44}$$

式中，$y_{OC}(k)$ 为离散化后的锂离子电池开路电压；$y_L(k)$ 为电池测量端电压；a、b、c、n_1 与 n_2 为离散系统中需要辨识的参数。根据系统双线性变换，可得到离散系统参数与等效电路模型参数关系式为

$$\begin{cases} a = \dfrac{T-2\tau}{T+2\tau} \\[2mm] b = \dfrac{TR_p + TR_o + 2R_o\tau}{T+2\tau} \\[2mm] c = \dfrac{TR_p + TR_o - 2R_o\tau}{T+2\tau} \end{cases} \tag{3-45}$$

根据式（3-45），为了实现等效电路模型参数识别在离散域上的最小二乘原理，离散系统方程表达式为

$$\begin{cases} y(k) = \boldsymbol{x}(k)^T\boldsymbol{\theta}(k) \\[1mm] \boldsymbol{x}(k) = \begin{bmatrix} y(k-1) & I(k) & I(k-1) & v(k) & v(k-1) \end{bmatrix}^T \\[1mm] \boldsymbol{\theta}(k) = \begin{bmatrix} -a & b & c & n_1 & n_2 \end{bmatrix}^T \end{cases} \tag{3-46}$$

式中，$\boldsymbol{x}(k)$ 为离散系统方程中的变量；$\boldsymbol{\theta}(k)$ 为离散系统待辨识参数。将式（3-46）中的变量 $\boldsymbol{x}(k)$ 以及离散方程的输出 $y(k)$ 代入 FFRELS 在线参数辨识算法中，可实现式（3-46）中 $\boldsymbol{\theta}(k)$ 的辨识，FFRELS 算法估算公式为

$$\begin{cases} \boldsymbol{\theta}(k) = \boldsymbol{\theta}(k-1) + \gamma\boldsymbol{P}(k-1)\boldsymbol{x}(k)\left[y(k) - \boldsymbol{x}^T(k)\boldsymbol{\theta}(k-1)\right] \\[1mm] \gamma = \left[\boldsymbol{x}^T(k)\boldsymbol{P}(k-1)\boldsymbol{x}(k) + \lambda\right]^{-1} \\[1mm] \boldsymbol{P}(k) = \left[\boldsymbol{I} - \gamma\boldsymbol{P}(k-1)\boldsymbol{x}(k)\boldsymbol{x}^T(k)\right]\boldsymbol{P}(k-1)/\lambda \end{cases} \tag{3-47}$$

根据递推最小二乘原理，可获得式（3-47）所示在线参数辨识算法得到的系数 $\boldsymbol{\theta}(k)$ 与等效电路模型参数的对应关系，进而实现对锂离子电池等效电路模型参数中 R_o、R_p 与 C_p 的实时辨识，即

$$\begin{cases} \tau = \dfrac{T - aT}{2a+2} \\[2mm] C_p = \tau/R_p \\[2mm] R_o = \dfrac{bT + 2b\tau - cT - 2c\tau}{4\tau} \\[2mm] R_p = \dfrac{(b+c)(T+2\tau) - 2TR_o}{2T} \end{cases} \tag{3-48}$$

式中，τ 为 RC 电路的时间常数；a、b、c 为离散系统中的参数；T 为采样间隔。根据上述方程和 FFRELS 算法获得的参数可以更加实时准确地估算等效电路模型的 R_o、C_p 和 R_p。

3.10　实时跟踪数据的全参数在线辨识

储能锂电池的等效电路模型在电池管理系统领域的应用备受关注。等效电路模型使用电阻、电容、恒压源等电路元件组成电路网络以模拟电池的动态电压特性。这类模型是集中参数模型，通常含有相对较少的参数，并且容易推导出状态空间方程，因此广泛运用于系统仿真和实时控制中。为了便捷、准确地获得电池当前 SOC，需要选择合适的电池模型，并得到最适宜的方案。

在常用的等效模型中，内等效模型虽然便捷快速地测出 U_{OC}，但是没有考虑到电池电化学反应过程的瞬态特性，无法精确表征其变化过程，而 RC 等效模型尽管能更好地模拟电池的动态特性，增加对电池表面效应的描述，却又忽略了电池温度效应和极化效应带来的影响。PNGV 模型由于考虑了自放电效应，因而精度较高，但是由于串联电容 C_b 的引入使得该方法长时间仿真容易出现累积误差。Thevenin 模型在 PNGV 模型的基础上，能够克服极化效应出现的误差，步骤简短且原理清晰，非常适合功率型电池充放电的暂态分析。

3.10.1 参数辨识方法的对比分析

然而，基于等效电路模型的电池建模方法本质上缺乏物理意义，只能对宏观物理量进行监管，可能造成电池管理的保守性或安全问题。为了获取在不同工作状况下的模型有效性和鲁棒性，需要大量耗时、昂贵的模型标定工作，使得参数辨识成为限制电化学模型发展的"卡脖子"难题。因此，基于实时跟踪数据的全参数在线辨识意义重大，是电池模型计算的基础，快速、高效、准确的参数辨识方法更是将直接推动新一代更先进、智能的基于等效路模型的电池管理系统和电池安全管理技术的发展和落地。

在等效电路建模的过程中，并行 RC 网络的等效电路模型被广泛研究，其主要包括一阶 RC 模型、二阶 RC 模型、三阶 RC 模型、具有滞后环节的一阶 RC 模型、具有滞后环节的三阶 RC 模型等。因为等效电路模型参数与电池工作状况密切相关，所以参数辨识的有效性和自适应性尤其重要。

离线参数辨识方法一般是从经验角度出发，其优点是可以深入细致地研究电池模型参数之间的具体物理意义，进而研究锂离子电池等效模型各参数之间的耦合关系。离线参数辨识方法包括脉冲充放电法、阻抗谱法、批量最小二乘法及各种离线的优化方法，如遗传算法、粒子群算法等。这类方法通常需要电池在不同状况下的测试数据，以建立模型参数与工作状况（如温度、加载电池等）之间的相关性，从而确保等效电路模型的鲁棒性。在线辨识一般是研究者从数学角度出发，所辨识的结果往往物理意义不太明显，但其鲁棒性更高且在线参数辨识的结果精度要高于离线参数辨识。在线参数辨识方法包括迭代最小二乘法、卡尔曼滤波、自适应观测器等。这类方法能够实时地辨识模型参数，因此具有较好的捕捉参数变化的能力，从而增强模型的自适应性。然而，在线计算使得这类方法对计算效率、计算存储量、算法稳定性的要求较高。

3.10.2 全参数在线辨识的构建

1. 基于 MILS 算法的全参数在线辨识

在线参数辨识方法主要有 RLS 及其衍生算法，该类算法的收敛比较依赖基础参数的设置，即参数初值初始化越接近真实值，算法收敛速度就越快。基于上述分析，本节以改进型 PNGV 模型为基础，详细展开全参数在线辨识的构建方法。在锂离子电池各工作状态分析阶段，针对 SOC 影响因素与修正方法分析为目标，基于离线参数辨识方法获得多参数之间的耦合关系特性。在验证改进型 PNGV 模型的准确性上，采用多新息最小二乘（Multi-Innovation Least Squares，MILS）算法对模型参数进行辨识及模型保真度验证。传统标量新息转换为矩阵新息是 MILS 算法与传统 RLS 算法最本质的区别，由于每个时刻的新息均得到了充分利用，因此 MILS 算法较传统 RLS 算法有着更高的数据利用率。利用 MILS 算法估计改进型 PNGV 模型中的参数，其算法迭代过程如图 3-30 所示。

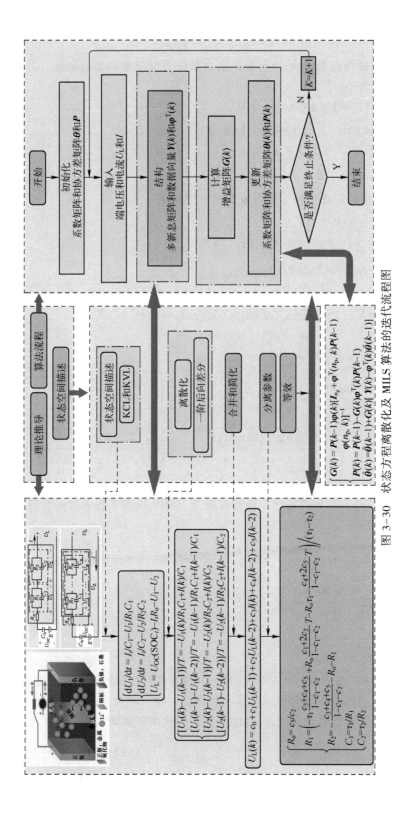

图 3-30 状态方程离散化及 MILS 算法的迭代流程图

MILS 算法在每个时间步长递归求解新息，计算量不高。为了简化模型状态空间表达，首先给出适用于最小二乘迭代的外源性自回归模型形式：

$$y(k) = \boldsymbol{\varphi}^{\mathrm{T}}(k)\boldsymbol{\theta} \tag{3-49}$$

式中，$y(k)$ 为系统输出向量；$\boldsymbol{\varphi}(k)$ 和 $\boldsymbol{\theta}$ 分别为系统数据向量和参数向量。其中 $y(k)$、$\boldsymbol{\varphi}(k)$ 以及 $\boldsymbol{\theta}$ 的具体表示为

$$\begin{cases} y(k) = U_{\mathrm{L}}(k) \\ \boldsymbol{\varphi}(k) = \begin{bmatrix} 1 & U(k-1) & U(k-2) & I(k) & I(k-1) & I(k-2) \end{bmatrix}^{\mathrm{T}} \\ \boldsymbol{\theta} = \begin{bmatrix} c_0 & c_1 & c_2 & c_3 & c_4 & c_5 \end{bmatrix}^{\mathrm{T}} \\ \boldsymbol{\rho} = \begin{bmatrix} R_0 & R_1 & R_2 & C_1 & C_2 \end{bmatrix}^{\mathrm{T}} \end{cases} \tag{3-50}$$

式中，$\boldsymbol{\rho}$ 为待辨识参数矩阵。联立可得 $\boldsymbol{\theta}$ 的计算结果为

$$\begin{cases} c_0 = (1-c_1-c_2) U_{\mathrm{OC}}(k) \\ c_1 = \left[2\tau_1\tau_2 + (\tau_1+\tau_2)T \right] / \left[\tau_1\tau_2 + (\tau_1+\tau_2)T + T^2 \right] \\ c_2 = -\tau_1\tau_2 / \left[\tau_1\tau_2 + (\tau_1+\tau_2)T + T^2 \right] \\ c_3 = -\left[R_0\tau_1\tau_2 + R_0(\tau_1+\tau_2)T + R_1\tau_2 T + R_2\tau_1 T + (R_0+R_1+R_2)T^2 \right] / \left[\tau_1\tau_2 + (\tau_1+\tau_2)T + T^2 \right] \\ c_4 = \left[2R_0\tau_1\tau_2 + R_0(\tau_1+\tau_2)T + R_1\tau_2 T + R_2\tau_1 T \right] / \left[\tau_1\tau_2 + (\tau_1+\tau_2)T + T^2 \right] \\ c_5 = -R_0\tau_1\tau_2 / \left[\tau_1\tau_2 + (\tau_1+\tau_2)T + T^2 \right] \end{cases} \tag{3-51}$$

式中，τ_1 和 τ_2 的计算式为

$$\begin{cases} \tau_1 = \max\left\{ \frac{1}{2}\left[\frac{c_1+2c_2}{1-c_1-c_2} + \sqrt{\left(\frac{c_1+2c_2}{1-c_1-c_2}\right)^2 + \frac{4c_2 T^2}{1-c_1-c_2}} \right], \frac{1}{2}\left[\frac{c_1+2c_2}{1-c_1-c_2} - \sqrt{\left(\frac{c_1+2c_2}{1-c_1-c_2}\right)^2 + \frac{4c_2 T^2}{1-c_1-c_2}} \right] \right\} \\ \tau_2 = \min\left\{ \frac{1}{2}\left[\frac{c_1+2c_2}{1-c_1-c_2} + \sqrt{\left(\frac{c_1+2c_2}{1-c_1-c_2}\right)^2 + \frac{4c_2 T^2}{1-c_1-c_2}} \right], \frac{1}{2}\left[\frac{c_1+2c_2}{1-c_1-c_2} - \sqrt{\left(\frac{c_1+2c_2}{1-c_1-c_2}\right)^2 + \frac{4c_2 T^2}{1-c_1-c_2}} \right] \right\} \end{cases} \tag{3-52}$$

对式（3-51）进一步分离处理，得到改进型 PNGV 模型中各参数的计算结果为

$$\begin{cases} R_0 = c_5/c_2 \\ R_1 = \left(-\tau_1 \frac{c_3+c_4+c_5}{1-c_1-c_2} + R_0 \frac{c_1+2c_2}{1-c_1-c_2}T - R_0\tau_1 - \frac{c_4+2c_5}{1-c_1-c_2}T \right) \Big/ (\tau_1-\tau_2) \\ R_2 = -\frac{c_3+c_4+c_5}{1-c_1-c_2} - R_0 - R_1 \\ C_1 = \tau_1/R_1 \\ C_2 = \tau_2/R_2 \end{cases} \tag{3-53}$$

利用 MILS 算法对改进型 PNGV 模型中的全参数进行在线辨识，结合系统离散化后参数分离的结果，实现新息的高利用率。该算法利用前一时刻参数辨识的结果对当前时刻进行迭代修正，大大缩小了参数辨识的误差。MILS 算法的输出矩阵为

$$\boldsymbol{Y}(k) = \boldsymbol{\varphi}^{\mathrm{T}}(k)\boldsymbol{\theta}(k-1) + V(p,k) \Leftarrow V(p,k) = \begin{cases} y(k) - \boldsymbol{\varphi}^{\mathrm{T}}(k)\hat{\boldsymbol{\theta}}(k-1) \\ y(k-1) - \boldsymbol{\varphi}^{\mathrm{T}}(k-1)\hat{\boldsymbol{\theta}}(k-2) \\ \vdots \\ y(k-p+1) - \boldsymbol{\varphi}^{\mathrm{T}}(k-p+1)\hat{\boldsymbol{\theta}}(k-p) \end{cases} \tag{3-54}$$

式中，$Y(k)$ 为算法输出矩阵；p 为矩阵新息的长度；$\hat{\boldsymbol{\theta}}(k-1)$ 为上一时刻参数向量的估计值。

利用上述公式计算改进型 PNGV 模型中每一时刻的参数，结合 MILS 算法的输出矩阵，通过式（3-55）对参数值进行迭代更新。

$$\begin{cases} \boldsymbol{G}(k) = \boldsymbol{P}(k-1)\boldsymbol{\varphi}(k)\left[\boldsymbol{I}_{n_p} + \boldsymbol{\varphi}^{\mathrm{T}}(n_p,k)\boldsymbol{P}(k-1)\boldsymbol{\varphi}(n_p,k)\right]^{-1} \\ \boldsymbol{P}(k) = \boldsymbol{P}(k-1) - \boldsymbol{G}(k)\boldsymbol{\varphi}^{\mathrm{T}}(k)\boldsymbol{P}(k-1) \\ \hat{\boldsymbol{\theta}}(k) = \hat{\boldsymbol{\theta}}(k-1) + \boldsymbol{G}(k)\left[\boldsymbol{Y}(k) - \boldsymbol{\varphi}^{\mathrm{T}}(k)\hat{\boldsymbol{\theta}}(k-1)\right] \end{cases} \qquad (3\text{-}55)$$

式中，$\boldsymbol{P}(k)$ 为 MILS 算法的协方差矩阵；$\boldsymbol{G}(k)$ 为 MILS 算法中的增益矩阵，其值可确保算法在每一次迭代中有较小的端电压误差以及较快的收敛速度。通过上述理论分析，实现基于改进型 PNGV 模型的全参数在线精确辨识。

2. 模型的全参数在线辨识结果及验证

为了验证上述改进型 PNGV 模型的准确度以及 MILS 的精确度，利用所选锂离子电池组实验样本以及电池测试平台，选用图 3-31a 所示的复杂电流循环工况实验数据对电池组中的单体进行在线参数辨识。其辨识结果以及模型误差曲线如图 3-31 所示。

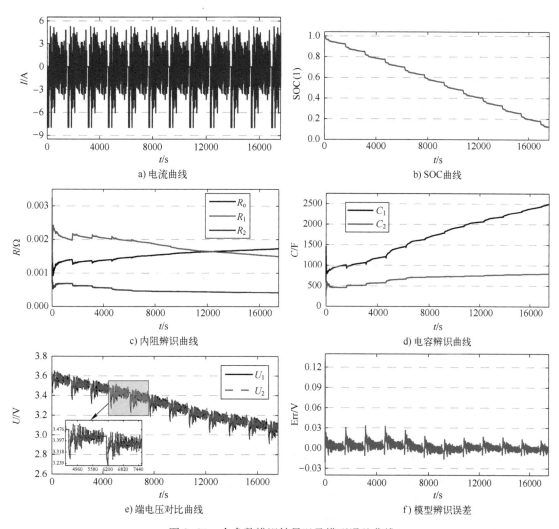

图 3-31　全参数辨识结果以及模型误差曲线

图 3-31e 中，U_1 代表实际的端电压，U_2 表示基于 MILS 算法的端电压估计值。从图 3-31c、d 可以看出，在整个 MILS 算法迭代过程中，由于系统误差的存在，导致辨识初期模型中的电阻值以及端电压误差较大，但随着 MILS 算法迭代的进行，各参数的辨识结果趋向于平滑，说明基于 MILS 算法在线辨识改进型 PNGV 模型参数的方法稳定性较高。此外，从图 3-31f 可以看出，基于 MILS 算法辨识出的端电压最大误差不超过 0.14 V，精度为 96.7%，较好地验证了改进型 PNGV 模型的准确度以及 MILS 的精确度。

3.11 储能锂电池参数辨识与模型验证

参数辨识验证分析是对动力锂离子电池等效电路模型与参数辨识方法的有效性进行评价的重要方法，为了验证构建的等效电路模型与采用的在线模型参数辨识方法，本节将通过两种不同的道路测试工况展开动力锂离子电池的参数辨识验证分析。

3.11.1 锂离子电池复杂测试工况

采用复杂测试工况对电池等效电路模型及参数辨识方法进行验证，能有效说明模型与参数辨识方法的精确性，本节采用 72 A·h 三元动力锂离子电池，通过北京公交车动态应力测试（Beijing Bus Dynamic Stress Test，BBDST）工况与动态应力测试（Dynamic Stress Test，DST）工况实验对电池进行测试，通过实验数据辨识等效电路模型参数，用于验证等效电路模型精度及参数辨识方法。DST 工况是由美国先进电池协会根据美国联邦道路测试得到的测试工况。DST 工况测试工步见表 3-5。

表 3-5　DST 工况测试工步

工步	时间/s	输出功率占比（%）	工步	时间/s	输出功率占比（%）
1	16	0	14	36	-13
2	28	-13	15	2	-100
3	12	-25	16	6	-50
4	8	13	17	24	-63
5	16	-2	18	8	25
6	24	-13	19	32	-25
7	12	-25	20	8	50
8	8	13	21	12	-2
9	16	-2	22	2	-121
10	24	-13	23	5	-2
11	12	-25	24	2	66
12	8	25	25	23	-2
13	16	-2			

DST 工况通过最大输出功率百分比来表征当前测试工步的输出，该工况单次循环共由 25 个工步构成，共 360 s。BBDST 工况来源于北京纯电动公交车道路测试，测试步骤均根据实际道路测试得到，测试工况见表 3-6。

BBDST 工况单次循环共由 19 个测试工步构成，单次循环时间共 300 s，其中包括城市公交车的起步、加速、刹车、滑行与匀速行驶等，能很好地反应动力锂离子电池在真实应用场景中的使用情况。因此，采用 BBDST 与 DST 工况展开电池工况实验。

表 3-6　北京公交车 DST 工况测试工步

工步	功率/kW	时间/s	状态	工步	功率/kW	时间/s	状态
1	45	21	起步	11	12	16	滑行
2	80	12	加速	12	-15	6	刹车
3	12	16	滑行	13	80	9	加速
4	-15	6	刹车	14	100	6	急加速
5	45	21	加速	15	45	21	匀速
6	12	16	滑行	16	12	16	滑行
7	-15	6	刹车	17	-35	9	刹车
8	80	9	加速	18	-15	12	刹车
9	100	6	急加速	19	12	71	停车
10	45	21	匀速				

3.11.2　复杂工况下参数辨识验证

为了验证 FFRELS 算法的精度，本节利用 15℃时的 BBDST 工况与 DST 工况实验数据对本节构建的等效电路模型进行在线参数辨识与算法精度验证。实验采用三元动力锂离子电池进行测试实验，通过实验测量电压与 FFRELS 算法下的参数辨识结果模拟得到的电压进行比较，来验证 FFRELS 算法的精确性，同时本节采用 RLS 算法参数辨识结果与离线参数辨识结果同 FFRELS 算法进行对比，从而验证 FFRELS 在线参数辨识效果。BBDST 工况下参数辨识结果如图 3-32 所示。

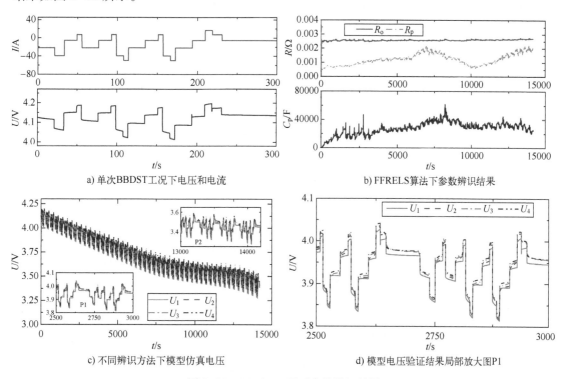

a) 单次BBDST工况下电压和电流　　　　b) FFRELS算法下参数辨识结果

c) 不同辨识方法下模型仿真电压　　　　d) 模型电压验证结果局部放大图P1

图 3-32　BBDST 工况下参数辨识结果

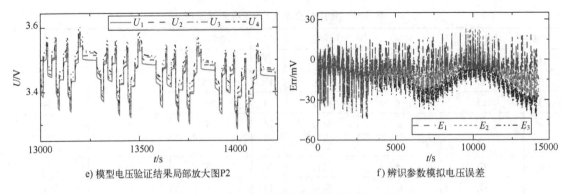

e) 模型电压验证结果局部放大图P2   f) 辨识参数模拟电压误差

图 3-32 BBDST 工况下参数辨识结果（续）

图 3-32b 为在 FFRELS 算法下参数辨识得到的电池内阻 R_o、极化电阻 R_p 与极化电容 C_p。图 3-32c 中，U_1 为通过真实端电压，U_2 为通过 FFRELS 算法下辨识参数模拟得到的模型端电压，U_3 为 RLS 算法下得到的模型端电压，U_4 为基于离线参数辨识结果得到的端电压。图 3-32d 与图 3-32e 为图 3-32c 的电压局部放大图，根据仿真电压与真实电压比较的结果可以看出，基于 FFRELS 在线参数辨识方法得到的参数模拟端电压更加接近真实测量端电压。图 3-32f 为端电压模拟误差，其中 E_1 为 FFRELS 算法下辨识得到的参数进行端电压模拟的电压误差，E_2 为 RLS 算法下的电压误差，E_3 为离线参数辨识方法下的电压误差。

在 FFRELS 算法下均方根误差（Root Mean Square，RMSE）、平均绝对误差（Mean Absolute Error，MAE）与平均绝对百分比误差（Mean Absolute Percent Error，MAPE）均小于 RLS 算法与离线参数辨识方法，则 FFRELS 在线参数辨识算法具有很高的参数辨识精度。

图 3-33 所示为 DST 工况下参数辨识结果。图 3-33c~e 为不同辨识方法下的参数模拟电压，U_1、U_2、U_3 与 U_4 分别为真实测量端电压、FFRELS 算法下电压、RLS 算法仿真电压与离线参数辨识结果模拟电压。图 3-33f 为辨识参数模拟电压误差，E_1 为 FFRELS 算法下电压误差，MAPE 为 22.49 mV，RMSE 为 6.93 mV，MAE 为 5.85 mV；E_2 为 RLS 算法下电压误差，其中 MAPE 为 42.36 mV，RMSE 为 9.67 mV，MAE 为 7.79 mV；E_3 为离线参数辨识仿真电压误差，MAPE 为 59.09 mV，RMSE 为 15.63 mV，MAE 为 11.58 mV。

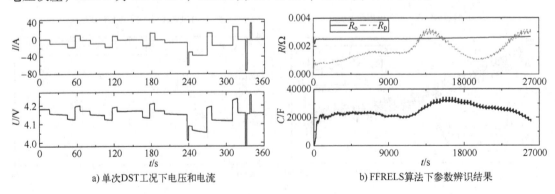

a) 单次DST工况下电压和电流   b) FFRELS算法下参数辨识结果

图 3-33 DST 工况下参数辨识结果

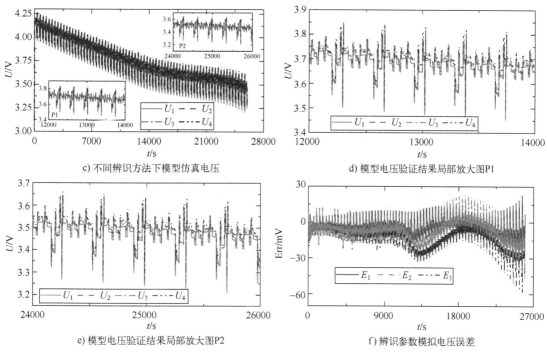

c) 不同辨识方法下模型仿真电压

d) 模型电压验证结果局部放大图 P1

e) 模型电压验证结果局部放大图 P2

f) 辨识参数模拟电压误差

图 3-33　DST 工况下参数辨识结果（续）

通过 BBDST 工况与 DST 工况仿真结果可以看出，FFRELS 在线参数辨识算法能很好地对构建的动力锂离子电池等效电路模型参数进行辨识。在本节对比的 3 种参数辨识方法中，离线参数辨识方法得到的参数具有最低的精度，因为通过特定测试实验获得的参数不能有效地反应动力锂离子电池在其他工况中的工作特性，因此离线参数辨识具有最大的电压模拟误差。与 RLS 算法比较，FFRELS 算法由于考虑了数据饱和时历史数据对当前时刻参数的影响，降低了历史数据的权重，同时考虑了噪声的影响，能更好地实现动力锂离子电池模型参数辨识。

3.11.3　等效电路模型对比分析

为了验证等效电路模型的精度，本节通过 BBDST 工况与 DST 工况实验数据，采用 FFRELS 算法，对本节构建的等效电路模型与常用的二阶 Thevenin 等效电路模型进行实验分析，通过实验结果验证所建立的模型的精度。BBDST 工况与 DST 工况下不同模型对比结果如图 3-34 与图 3-35 所示。

在 BBDST 工况下，辨识得到的动力锂离子电池参数如图 3-34a、b 所示。在图 3-34c 中，U_1、U_2 和 U_3 分别为真实的电池测量端电压、本节构建的等效电路模型模拟端电压和二阶 Thevenin 等效电路模型的模拟端电压，U_2 与 U_3 对应的电压误差曲线分别为 E_1 与 E_2。

通过动力锂离子电池实验仿真电压与误差可以得出，本节构建的一阶等效电路模型在不同的误差评价标准下均具有更低的误差，说明了模型具有更高的精度。

在 DST 工况下实验结果表明，不同误差评价标准下本节构建的等效电路模型均优于二阶 Thevenin 模型。通过两个工况下的辨识结果，表明了本节构建的模型能更好地对动力锂离子电池工作进行表征。

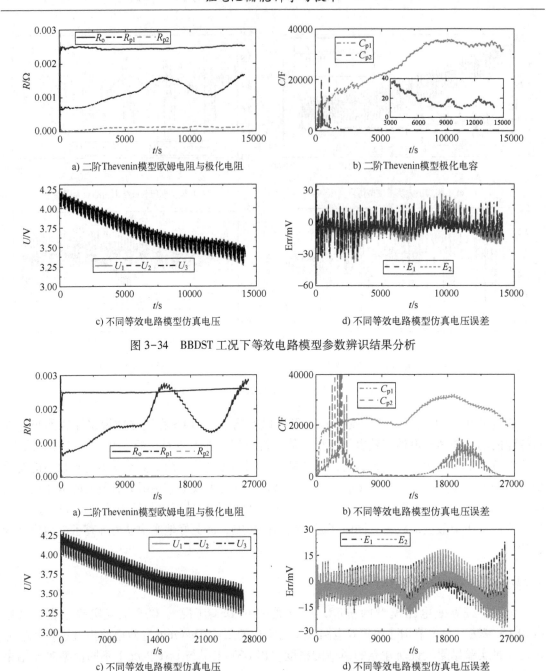

a) 二阶Thevenin模型欧姆电阻与极化电阻

b) 二阶Thevenin模型极化电容

c) 不同等效电路模型仿真电压

d) 不同等效电路模型仿真电压误差

图 3-34　BBDST 工况下等效电路模型参数辨识结果分析

a) 二阶Thevenin模型欧姆电阻与极化电阻

b) 不同等效电路模型仿真电压误差

c) 不同等效电路模型仿真电压

d) 不同等效电路模型仿真电压误差

图 3-35　DST 工况下等效电路模型参数辨识结果分析

第 4 章　储能锂电池 SOC 估算方法研究

4.1　SOC 估算存在的问题及局限性分析

高能量密度锂离子电池目前应用于航空航天、消费电子、轨道交通等高新领域，广泛的应用领域决定了电池工作工况的复杂性。环境温度、充放电倍率等多种因素都会影响电池内部的氧化还原反应过程，从而极大增加了实时估算电池 SOC 的难度。一方面，在状态空间法中，电池 SOC 的估算准确性很大程度上取决于电池模型对于电池工作特性的描述准确度，复杂的工况条件会极大地增强电池的非线性程度，使得一阶 RC 模型不能很好地模拟电池的极化过程；另一方面，在实际工作环境中，锂离子电池受多种噪声干扰，包括测量噪声和系统噪声等，噪声信息也会极大地影响估算的准确性。因此，如何对电池特性进行表征，进而构建合理的迭代算法对电池 SOC 进行实时估算，并兼顾较低的计算成本，对于推动锂离子电池的市场化应用具有重要的意义。

在各国专家学者对储能锂电池 SOC 估算技术的大量研究下，储能锂电池可用容量测试标准体系、SOC 估算影响要素、储能锂电池 SOC 估算技术的有效性、准确性以及技术提升途径等问题成为影响该技术领域发展的重点。从储能锂电池 SOC 估算影响因子和测试标准出发，基于实验计算的传统方法、基于储能锂电池模型的滤波类方法以及基于数据驱动的机器学习型方法的储能锂电池 SOC 估算技术各有其优缺点和局限性。

传统的 SOC 估算方法通过自身参数进行估算，主要包括：①放电法，是一种实验室环境下可靠的储能锂电池 SOC 估算测试方法，将储能锂电池以恒定电流持续放电至截止条件，将放电时间和放电电流相乘，便可得到放出的电量，进而可以计算出电池 SOC 值，但放电时间长，故耗时较长，且无法在线检测，需要独立实验；②开路电压法，将储能锂电池进行长时间搁置，测量其开路电压和 SOC，通过拟合电池开路电压与 SOC 的函数关系曲线对储能锂电池的 SOC 进行估算，因电池需搁置，测量耗费时间长，受温度影响较大，且无法在线检测；③电导法，其类似开路电压法，通过对储能锂电池电导值跟踪、测试，挖掘储能锂电池电导与 SOC 之间的关系，归纳出映射规律来实现对 SOC 估算，对电导的测量精度要求较高，但受温度影响较大，且无法在线检测；④安时积分法，是一种可用于在线检测的粗放式储能锂电池 SOC 计算方法，以电荷量是电流在时间上的积分为理论基础，在确定初始电量后对储能锂电池的充放电电流进行积分，再用初始电量加上或减去充放电获得或失去的电量，便可得到储能锂电池的实时容量，进而计算实时 SOC，但对初始电量测量精度要求高，测量过程中的累积误差大且不具备校正误差能力。

基于储能锂电池模型的 SOC 估算方法具有估算快速、设计过程科学严谨等优势，但储能锂电池等效建模精度决定了估算准确性。而储能锂电池具有复杂的电化学过程，数学等效的误差难以消除，且在应用过程中物性参数具有时变性，基于储能锂电池模型的 SOC 估算忽视了电池运行数据隐含的电池性能演变规律，也带来了较大的模型误差。

在日常生活及工业领域中，人们对事物的认知常常只能局限于能直接观测到的结果，也就是输出。但在实际应用中有时需要用到一个系统的内部状态量，因此需要借助于输入和输出实现对状态量的估算。这类方法包括最小二乘法、极大似然法、贝叶斯滤波算法、卡尔曼滤波（KF）算法、粒子滤波算法等。

在众多滤波类 SOC 估算算法中，基于 KF 算法是一种较为有效的算法。由于经典 KF 算法仅适用于线性定常系统，而储能锂电池电化学过程表现为非线性、时变等复杂特点，经典 KF 算法难以形成有效估算。因此，专家学者们围绕非线性系统下的状态估算问题对 KF 算法进行了多种改进，使其更适用于储能锂电池 SOC 估算应用。卡尔曼及其改进算法基于状态空间方程通过卡尔曼增益不断修正当前估算值，在不断的循环迭代运算过程中快速跟踪到 SOC 真实值，获取最小均方差意义上的最优估算值。算法收敛速度快，估算精度高，并且能修正电池估算时的初始误差，对干扰噪声有一定的抑制作用。目前，已经有越来越多的算法致力于 KF 算法的改进，通过计算雅可比矩阵对非线性状态空间方程进行线性化或近似状态量概率分布的方式以解决 KF 算法不能应用于非线性系统的弊端。粒子滤波是一种利用蒙特卡罗方法递推的贝叶斯滤波。相比于卡尔曼类滤波算法，其主要不同之处在于通过蒙特卡罗方法消除系统噪声必须为高斯噪声的假设条件，因此适用于非线性非高斯的复杂系统状态估算。尽管常规粒子滤波算法克服了 KF 架构对系统高斯噪声的假设，也解决了贝叶斯递归估计中积分无法计算的等效操作，但是在实际应用中粒子滤波仍存在局限性。

4.2 基于 EKF 及其改进算法的 SOC 估算

4.2.1 KF 算法

常用的应用级 SOC 估算方法主要有神经网络法和基于 KF 原理的估计算法。其中神经网络法估算 SOC 和神经网络法建模的思路大相径庭。前期使用大量的实验室数据输入算法，在不关注内部构造和反应原理的前提下，以输出为 SOC 的精确值为目标，进行系统的训练学习。不同工作状态下的测算数据在系统中会按照工况常见性等依据进行权值赋值操作，并进一步对比实际估算值与原始输入值之间存在的差异大小，进行权值的修改更正，以获得与原始输入值近乎相同的估算数据。经过这样大量的训练计算，可以使系统具备自动更新学习的功能，进而在后续的估算使用中可以得到最有效的估算值。然而由于需要大量的数据计算过程，因此该方法对搭载硬件的计算能力有着较高的要求，同时为了使算法可以在各类不同的工作状态下进行准确估算，系统需要将较多的神经元进行融合，进一步加大了计算的复杂度和计算的数量。所以这种方法现阶段主要运用在实验室的科学研究过程中，没有进一步在实际工作环境中使用。

KF 算法是一种久负盛名的最优状态估算算法，在包括雷达在内的各军事民用领域中发挥着重要作用。其准确估算的一个重要前提是需要配置可以精准表征待测量工作状态的模型。基于模型构建用来表示工作状态或运行状态的方程表达。通过输入已知变量，进行方程运算，得出计算结果；通过对比得出差异值；依据滤波原理计算更新增益，进一步优化估算结果，进而得到最接近实际值的估算结果。KF 算法所需的状态方程与观测方程为

$$\begin{cases} x_k = \boldsymbol{A}_{k-1} x_{k-1} + \boldsymbol{B}_{k-1} u_{k-1} + w_{k-1} \\ y_k = \boldsymbol{C}_k x_k + \boldsymbol{D}_k u_k + v_k \end{cases} \tag{4-1}$$

式中，x_k 为状态变量，表示组成状态方程的各个物理量；y_k 为方程中的观测变量；u_k 为输入变量，表示实际工作过程中可以直接测得并运用于系统状态计算的输入值；A_k、B_k、C_k 和 D_k 为方程中各个变量的系数所组成的矩阵，分别为传递矩阵、输入矩阵、测量矩阵和前馈矩阵；ω_k 和 v_k 为过程噪声和观测噪声，表示在估算过程中，由于系统本身误差、数据采集器具限制等原因产生的误差，通常情况下设定 Q_k 和 R_k 为两者的方差。

KF 算法在模型表征精度高、状态方程设置合理及观测输入数据偏差不大的前提下，具有非常高精度的估算效果。但是其只能运用于线性系统，若要将其运用在非线性电池状态的估算系统中，需要将其进行线性化处理，由此得到适用于电池状态估算的 EKF 算法。该算法可以通过相关计算得到精确的 SOC 估算值，因此在电池状态估算领域具有非常高的使用频率。

4.2.2　KF 算法运算过程推导

KF 算法是一种适用于通过已知信息对相关联的未知变量进行预测和估计的递推算法。此算法能够利用系统输入、输出数据等已知量，对未知数据进行预测与估算，通过自身的循环迭代过程寻找最优解。卡尔曼滤波器将被测变量作为系统的状态变量，建立状态空间模型，在滤波器运行过程中，过程噪声与观测噪声是重要考量因素，噪声协方差的计算对滤波过程具有重要意义。过程噪声通常与模型的精度和过程的不确定性有关，而观测噪声与传感器的噪声有关。最后，确定卡尔曼滤波器状态变量的初始值。初始值通常选择状态变量的期望值。其迭代过程如图 4-1 所示。

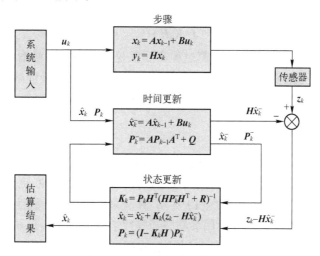

图 4-1　KF 算法状态演算过程图

卡尔曼滤波器首先对给定系统的被测量进行状态变量的相关定义，随后建立差分方程进行迭代计算，计算式为

$$x_k = Ax_{k-1} + Bu_k + w_k \tag{4-2}$$

定义完成后，滤波器根据状态变量的性质与特点给出预测值，从而得到系统的观测变量，建立系统的输出方程，为

$$z_k = Hx_k + v_k \tag{4-3}$$

式中，v_k 为观测噪声，它与系统的过程噪声彼此独立，并且共同构成了理想的高斯白噪声。

两种噪声的特点为

$$\begin{cases} p(w) \sim N(0,Q) \\ p(v) \sim N(0,Q) \end{cases} \tag{4-4}$$

通过模型递推获得的预测值与传感器获得的测量值之间的融合，获得由卡尔曼滤波器计算的最佳估计值。因此，需要使用该模型根据先前的状态值递归计算下一个状态，如式（4-5）所示。

$$\begin{cases} \hat{x}_k^- = A\hat{x}_{k-1} + Bu_k \\ P_k^- = AP_{k-1}A^\mathrm{T} + Q \end{cases} \tag{4-5}$$

式（4-5）为系统的时间更新方程，式中，P_{k-1} 为 $k-1$ 次后验估计噪声的协方差；x_{k-1} 为系统上一时刻的状态，称为后验估计，是系统 $k-1$ 次状态估算数据的期望值，如式（4-6）所示。

$$E[x_{k-1}] = \hat{x}_{k-1} \tag{4-6}$$

P_{k-1} 与后验估计的关系为

$$E[(x_{k-1}-\hat{x}_{k-1})(x_{k-1}-\hat{x}_{k-1})^\mathrm{T}] = P_{k-1} \tag{4-7}$$

x_{k-1} 是第 $k-1$ 个后验估计值，在过滤器测量更新的最后一步后计算。

在系统的时间更新过程完成后，利用噪声协方差与其先验估计值，对卡尔曼增益进行更新，并对预测值进行新一轮的计算与更新，这个过程称为状态更新，如式（4-8）所示。

$$\begin{cases} K_k = P_k^- H^\mathrm{T}(HP_k^- H^\mathrm{T}+R)^{-1} \\ \hat{x}_k = \hat{x}_k^- + K_k(z_k - H\hat{x}_k^-) \\ P_k = (I-K_kH)P_k^- \end{cases} \tag{4-8}$$

式中，K_k 为卡尔曼增益。KF 算法的估算过程实际就是反复对卡尔曼增益进行更新，并利用增益对系统预测值进行反复的矫正计算，最终计算出测量目标的最优解。从 KF 算法的全流程可以看出，此算法最大的缺陷就是只能用于对线性系统进行处理。

4.2.3 非线性 KF 算法改进

KF 算法是最优化自回归数据处理算法，通过对状态变量进行实时最优的估计，在 SOC 估算过程中通过比较端电压的观测值和 SOC 的估算值的误差来不断更新系统的状态，以此得到最小方差估计 SOC 值，提高精度。由于 KF 算法只可以适用于线性系统，因此对于电池等状态方程为非线性的系统，需要使用泰勒展开等数学手段对其状态方程进行修正，使方程近似线性化表示，再套用 KF 算法框架进行状态估算。由此类操作改造得到 KF 算法的衍生算法叫作 EKF 算法。

EKF 是非线性 KF 算法，其本质实际上是一个非线性化线性的过程，通过前一个时间估计下一个时刻的值，应用系统输入、输出的观测值来不断更新，从而实现最优估计。采用 EKF 算法估算锂离子电池 SOC 时，要求包括过程噪声和观测噪声在内的噪声为白噪声，且必须符合高斯分布的特征。如此便可以不对噪声进行其他运算，直接通过这两个噪声的变化和与协方差之间的关联对协方差加以计算并进一步控制其在有效范围内。但这样也极大地限制了 EKF 算法的应用场景。在估算的过程中应用泰勒展开算法将锂离子电池的系统模型展开，再去掉高阶项以后剩下一个一阶线性化模型。在得到线性化模型以后再进一步通过卡尔曼滤波器来对锂离子电池 SOC 进行估计。EKF 算法流程如图 4-2 所示。

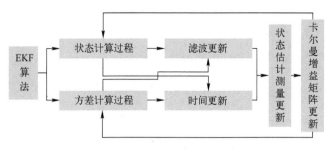

图 4-2　EKF 算法流程图

EKF 算法主要用于离散非线性系统的实时状态预估，其核心预估理论仍为 KF 理论。在以 KF 理论为基础的前提下，通过泰勒展开的数学方法，首先将非线性系统的状态方程以线性方程的形式展示，随后为了计算的简便性，在保持方程精度的前提下，适当地将对精度影响不大的展开式高阶项忽略。如此形成完整的 EKF 状态预估算法。首先确定要进行状态预估的非线性系统，包括状态方程和观测方程在内的方程表达为

$$\begin{cases} \boldsymbol{X}_{k+1} = f(\boldsymbol{X}_k, k) + \boldsymbol{w}_k \\ \boldsymbol{Z}_k = h(\boldsymbol{X}_k, k) + \boldsymbol{v}_k \end{cases} \tag{4-9}$$

如式（4-9）所示，方程组的第一子式用来描述系统状态之间的函数关系，第二子式确定了观测值与状态值之间的关系。k 是用来表示离散时间的参数，$\boldsymbol{X}_{k+1}$ 表示计算得到的下一时刻的状态矩阵，$\boldsymbol{Z}_k$ 则表征了当前时刻的观测矩阵，两个矩阵的维度由其各自的方程数量决定，$\boldsymbol{w}_k$ 和 $\boldsymbol{v}_k$ 表示互不关联且满足高斯分布的噪声。按照 EKF 算法思想，对非线性函数 $f(\ )$ 和 $h(\ )$ 在 $\hat{\boldsymbol{X}}_k$ 点处泰勒展开，为简化计算过程，只保留第一项展开式，得到结果方程为

$$\begin{cases} f(\boldsymbol{X}_k, k) \approx f(\hat{\boldsymbol{X}}_k, k) + \dfrac{\partial f(\boldsymbol{X}_k, k)}{\partial \boldsymbol{X}_k} \bigg|_{X_k = \hat{x}_k} (\boldsymbol{X}_k - \hat{\boldsymbol{X}}_k) \\ h(\boldsymbol{X}_k, k) \approx h(\hat{\boldsymbol{X}}_k, k) + \dfrac{\partial h(\boldsymbol{X}_k, k)}{\partial \boldsymbol{X}_k} \bigg|_{X_k = \hat{x}_k} (\boldsymbol{X}_k - \hat{\boldsymbol{X}}_k) \end{cases} \tag{4-10}$$

将式（4-10）中不同项用 $\boldsymbol{A}_k$、$\boldsymbol{B}_k$、$\boldsymbol{C}_k$、$\boldsymbol{D}_k$ 代替，对应关系为

$$\begin{cases} \boldsymbol{A}_k = \dfrac{\partial f(\boldsymbol{X}_k, k)}{\partial \boldsymbol{X}_k} \bigg|_{X_k = \hat{x}_k} \\ \boldsymbol{B}_k = f(\hat{\boldsymbol{X}}_k, k) - \boldsymbol{A}_k \hat{\boldsymbol{X}}_k \\ \boldsymbol{C}_k = \dfrac{\partial h(\boldsymbol{X}_k, k)}{\partial \boldsymbol{X}_k} \bigg|_{X_k = \hat{x}_k} \\ \boldsymbol{D}_k = h(\hat{\boldsymbol{X}}_k, k) - \boldsymbol{C}_k \hat{\boldsymbol{X}}_k \end{cases} \tag{4-11}$$

应用简化后的参数可以将方程线性化为新的方程，即

$$\begin{cases} \boldsymbol{X}_{k+1} = \boldsymbol{A}_k \boldsymbol{X}_k + \boldsymbol{B}_k + \boldsymbol{w}_k \\ \boldsymbol{Z}_k = \boldsymbol{C}_k \boldsymbol{X}_k + \boldsymbol{D}_k + \boldsymbol{v}_k \end{cases} \tag{4-12}$$

则式（4-12）为 EKF 算法的基本状态方程。运用 KF 基本方程对线性化后的模型状态方程进行递推，便可以得出 EKF 算法的递推过程为

$$\begin{cases} \hat{X}_{k+1}^- = f(\hat{X}_k) \\ \hat{P}_{k+1}^- = A_k \hat{P}_k A_k^T + Q_{k+1} \\ K_{k+1} = \hat{P}_{k+1}^- C_{k+1}^T (C_{k+1} \hat{P}_{k+1}^- C_{k+1}^T + R_{k+1})^{-1} v \\ \hat{X}_{k+1} = X_{k+1}^- + K_{k+1}[Z_{k+1} - h(X_{k+1}^-)] \\ \hat{P}_{k+1} = (I - K_{k+1} C_{k+1}) P_{k+1}^- \end{cases} \quad (4-13)$$

式中，P 为当前状态参量与预测的下一状态参量间的均方误差；K 为用于改进状态估算值的调节系数，也称为卡尔曼增益；I 为同时满足状态方程和观测方程计算要求的单位矩阵；Q 为表征 w 的方差；R 为表征 v 的方差。

EKF 算法的估算流程为，首先将起始阶段的系统状态参量和方差以 $X_0 = E[X_0]$，$P_0 = \mathrm{var}[X_0]$ 的形式进行初始化处理。随后通过已经确定的状态参量和方差计算得到下一时刻的先验状态参量以及先验均方误差，分别以 $\hat{X}_{k+1}^-$ 和 P_{k+1}^- 的方程形式进行表示。由此可以进一步计算得到用于修正状态参量值和均方误差的卡尔曼增益系数 K_{k+1}。然后将得到的各先验值分别和卡尔曼增益进行修正计算，就可以得到准确的下一时刻的状态估算值。最后，通过迭代的方法使算法循环运行，就可以实时准确地得到该系统的状态估算结果。

4.2.4 基于自适应滤波与有限差分算法研究

1. 自适应滤波分析

EKF 算法虽然经过泰勒展开并且将高阶项忽略的方法将 KF 算法成功地应用到锂离子电池的非线性系统中，便捷精确地估算出了实时 SOC 值，但是 EKF 算法在估算锂离子电池 SOC 状态的过程中，将状态噪声 w_k 和观测噪声 v_k 视为两个相互不相关的高斯白噪声，默认其在估算过程中不会对估算结果造成实质性的影响，而将其从估算过程中忽略掉。然而在锂离子电池的实际应用场景中，由于外部环境的多变性以及采集芯片的限制等多方面因素的影响，实际的估算过程中会不可避免地受到各种噪声信号的干扰。因此需要判断分析噪声对估算精度的影响机制，并进一步尽可能地消除或减小噪声对精度的影响。

本节将在 Sage-Husa 自适应理论的基础上，引用其方法对 SOC 估算系统中的噪声进行自适应迭代估计，从而弱化噪声对精度的影响，相对应实时 SOC 估算精度也就会提升。基于 Sage-Husa 自适应方法改进的估算（AEKF）算法的具体过程如下：

1）确定估算系统的状态空间以及观测方程，如式（4-14）所示。

$$\begin{cases} x_{k+1} = f(x_k, u_k) + w_k \\ y_k = h(x_k, u_k) + v_k \end{cases} \quad (4-14)$$

2）将估算系统的状态参量以及协方差矩阵初始化，如式（4-15）所示。

$$\begin{cases} \hat{x}_0 = E[x_0] \\ P_0 = E[(x_0 - \hat{x}_0)(x_0 - \hat{x}_0)^T] \\ \hat{Q}_0 = Q_0 \\ \hat{R}_0 = R_0 \end{cases} \quad (4-15)$$

3）对下一阶段的各个状态参量及协方差矩阵进行预测，如式（4-16）所示。

$$\begin{cases} \hat{\boldsymbol{x}}_{k+1|k} = \boldsymbol{A}\hat{\boldsymbol{x}}_k + \boldsymbol{B}\boldsymbol{u}_k + \boldsymbol{q}_k \\ \boldsymbol{P}_{k+1|k} = \boldsymbol{A}_k\boldsymbol{P}_k\boldsymbol{A}^{\mathrm{T}} + \boldsymbol{Q}_k \end{cases} \tag{4-16}$$

4）确定并计算参量误差新息，如式（4-17）所示。

$$\boldsymbol{m}_k = \boldsymbol{y}_k - \boldsymbol{h}_x - \boldsymbol{r}_k \tag{4-17}$$

由于在非线性系统中，新进数据会对对应的估算系统造成较大的影响波动，因此在估算过程中，需要引入指数加权系数 d_k，增加新数据计算结果的影响比重，指数加权系数需满足的函数条件为

$$d_k = \frac{1-b}{1-b^{k+1}} \quad i = 0, 1, \cdots, k \tag{4-18}$$

式（4-18）中，b 为遗忘因子。

5）通过已获取的参数对该阶段的卡尔曼增益进行计算，如式（4-19）所示。

$$\boldsymbol{K}_k = \boldsymbol{P}_k\boldsymbol{C}_k^{\mathrm{T}}\left[\boldsymbol{C}_k\boldsymbol{P}_k\boldsymbol{C}_k^{\mathrm{T}} + \boldsymbol{R}_k\right]^{-1} \tag{4-19}$$

6）对下一阶段的状态参值及协方差矩阵进行测量并更新，如式（4-20）所示。

$$\begin{cases} \boldsymbol{x}_{k+1} = \boldsymbol{x}_{k|k-1} + \boldsymbol{K}_k\boldsymbol{m}_k \\ \boldsymbol{P}_{k+1} = (\boldsymbol{I} - \boldsymbol{K}_k\boldsymbol{C}_k)\boldsymbol{P}_{k+1|k} \end{cases} \tag{4-20}$$

7）对测量导致的噪声以及系统本身的噪声协方差进行迭代更新，如式（4-21）所示。

$$\begin{cases} \boldsymbol{r}_k = (1-d_{k-1})\boldsymbol{r}_{k-1} + d_{k-1}(\boldsymbol{y}_k - \boldsymbol{C}\boldsymbol{x}_{k-1} - \boldsymbol{D}\boldsymbol{u}_{k-1}) \\ \boldsymbol{R}_k = (1-d_{k-1})\boldsymbol{R}_{k-1} + d_{k-1}(\boldsymbol{m}_k\boldsymbol{m}_k^{\mathrm{T}} - \boldsymbol{C}_k\boldsymbol{P}_k\boldsymbol{C}_k^{\mathrm{T}}) \\ \boldsymbol{q}_k = (1-d_{k-1})\boldsymbol{q}_{k-1} + d_{k-1}(\boldsymbol{x}_k - \boldsymbol{A}\boldsymbol{x}_{k-1} - \boldsymbol{B}\boldsymbol{u}_{k-1}) \\ \boldsymbol{Q}_k = (1-d_{k-1})\boldsymbol{Q}_{k-1} + d_{k-1}(\boldsymbol{K}_k\boldsymbol{m}_k\boldsymbol{m}_k^{\mathrm{T}}\boldsymbol{K}_k^{\mathrm{T}} + \boldsymbol{P}_k - \boldsymbol{A}\boldsymbol{P}_{k-1}\boldsymbol{A}^{\mathrm{T}}) \end{cases} \tag{4-21}$$

2. 有限差分线性化

非线性系统通过有限差分线性化的思想最早是由挪威的 Schei 博士在 20 世纪 90 年代提出来的。通过有限差分的方法将非线性系统线性化的基本原理为：在多项式近似的基础上，采用一阶中心差分或向前差分的方法取代泰勒级数展开，其具有一阶非线性函数近似的能力，且不需要计算复杂度较高的雅可比矩阵，大大节约了计算的时间成本。假设存在非线性函数 $y=f(x)$，取其函数上的一点 $x=x_k$，那么该处的一阶向前差分展开式为

$$\begin{cases} f(x) \approx f(x_k) + f_k'(x_k)(x-x_k) \\ f_k'(x_k) = \dfrac{f(x_k) - f(x_k-h)}{h} \end{cases} \tag{4-22}$$

式中，h 为差分时选取的区间长度；$f(x_k)$ 为函数在 $x=x_k$ 处计算所得出的函数值；$f_k'(x_k)$ 为通过有限差分计算得出的多项式系数。将非线性函数 $y=f(x)$ 在 $x=x_k$ 处泰勒展开，并与基于有限差分方法的泰勒展开式进行分析，对比各自的一阶项系数，如式（4-23）所示。

$$\begin{cases} f(x) = f(x_k) + f_k'(x_k)(x-x_k) + \left[\dfrac{f_k^{(3)}(x_k)}{3!}h^2 + \cdots\right](x-x_k) \\ f(x) = f(x) + f'(x_k)(x-x_k) \\ f'(x_k) = \dfrac{\partial}{\partial x}f(x)\big|_{x=x_k} \end{cases} \tag{4-23}$$

式（4-23）中，第一子式为基于有限差分的泰勒展开式，第二子式为传统的泰勒展开

式，第三子式为传统泰勒展开的一阶项系数。通过对式（4-23）分析可知，$f'(x_k)$ 为 $f(x)$ 在 $x=x_k$ 处的偏导数，由其构成的系数矩阵为雅可比矩阵，计算比较麻烦。$f'_k(x_k)$ 则为 $f(x)$ 在 $x=x_k$ 处的中心差分值，相当于 $f(x)$ 在 $(x-h, x+h)$ 区间内所有点偏导数的平均值。分别写出其对应的第一项系数，进行对比分析，如式（4-24）所示。

$$\begin{cases} f(x) = f(x_k) + f'_k(x_k)(x-x_k) + \left[\dfrac{f_k^{(3)}(x_k)}{3!}h^2 + \cdots\right](x-x_k) \\ f(x) = f(x) + f'(x_k)(x-x_k) \end{cases} \tag{4-24}$$

由上述分析可知，有限差分线性化方法相比于泰勒展开方式而言，由于不需要计算雅可比矩阵，所以计算复杂度更低，可以提升估算系统对实时性的需求；其计算得到的系数值采用取平均值的方法，精度相对更高，更能满足估算系统对估算精度的要求。

4.2.5 基于 EKF 算法的 SOC 估算研究

EKF 根据上一时刻的状态估计值和误差协方差对当前状态进行先验估计，得出先验估计值，再根据最新测量值对其校正，得出后验估计值。基于估算需求，选择锂离子电池实时 SOC 值作为估算系统的状态研究变量，锂离子电池的端电压 U_L 作为估算系统的观测变量。综合考虑锂离子电池的内部耦合关系，结合电压匹配模型的参数关系，建立实时 SOC 估算系统的状态方程，如式（4-25）所示。

$$\begin{cases} U_{OC1}(t) = U_L(t) + R_1 i(t) + U_p(t) & i>0 \\ U_{OC2}(t) = U_L(t) + R_2 i(t) + U_p(t) & i<0 \\ i(t) = \dfrac{U_p(t)}{R_p} + C_p \dfrac{dU_p}{dt} \\ SOC(t) = SOC(t_0) - \dfrac{1}{Q_0}\displaystyle\int_{t_0}^{t} \eta i(t)\, dt \end{cases} \tag{4-25}$$

将状态方程按照 EKF 算法要求进行联立、参数化简等，并使用适当的矩阵代替烦琐的系数表达，最后通过离散化表达就可以得到直接应用于 EKF 算法的状态方程为

$$x(k \mid k-1) = A_{k-1} x(k-1) + B_{k-1} i_{k-1} + w_k \tag{4-26}$$

根据锂离子电池的物理电路原理分析结合欧姆方程可以得到系统的观测方程为

$$y_k = h(x_k, i_k) + v_k = C_k x_k - R_1 i_k + v_k \tag{4-27}$$

将系统中用到的非线性方程进行展开近似线性等数学处理，整理得到可以直接应用 EKF 算法的新方程，同时用字母 A_k、B_k、C_k 表示改进后各参量的系数，如式（4-28）所示。

$$\begin{cases} \hat{A}_k = \begin{bmatrix} 1 & 0 \\ 0 & e^{-t/\tau} \end{bmatrix} \\ \hat{B}_k = \begin{bmatrix} -\dfrac{t}{Q_0} \\ R_2(1-e^{-t/\tau}) \end{bmatrix} \\ \hat{C}_k = \left[\dfrac{\partial u_{OC}}{\partial SOC} \quad -1\right]\Bigg|_{x_k = \hat{x}_k} \end{cases} \tag{4-28}$$

实际通过 EKF 算法估算锂离子电池 SOC 状态的过程为：

1）状态预测。通过初始化给定的状态初值和已知的状态表达方程计算下一时刻 k 的预测值，计算方程为

$$\boldsymbol{x}(k|k-1) = \boldsymbol{A}_{k-1}\boldsymbol{x}(k-1) + \boldsymbol{B}_{k-1}\boldsymbol{i}_{k-1} \tag{4-29}$$

2）协方差的预测。通过初始阶段确定的协方差初值和已知的状态参量系数计算 k 时刻的协方差矩阵，计算方程为

$$\boldsymbol{P}(k|k-1) = \boldsymbol{A}_{k-1}\hat{\boldsymbol{P}}_{k-1}\boldsymbol{A}_{k-1}^{\mathrm{T}} + \boldsymbol{Q}_k \tag{4-30}$$

3）计算卡尔曼增益。利用 2）中计算得到的协方差和已知的观测参量系数计算得到用于优化状态预测值的卡尔曼增益系数，计算方程为

$$\boldsymbol{K}_k = \boldsymbol{P}_k\boldsymbol{C}_k^{\mathrm{T}}(\boldsymbol{C}_k\boldsymbol{P}_k\boldsymbol{C}_k^{\mathrm{T}} + \boldsymbol{R}_k)^{-1} \tag{4-31}$$

4）对状态的更新。通过实际测量得到当前时刻的开路电压 $U_{\mathrm{OC1}}(k)$ 或 $U_{\mathrm{OC2}}(k)$，并使用 3）中计算得到的优化修正系数，对预测状态进行最优计算，得到更准确的修正值，计算方程为

$$\hat{\boldsymbol{x}}_k = \boldsymbol{x}(k|k-1) + \boldsymbol{K}_k[U_{\mathrm{L}}(k) - \boldsymbol{C}_k\boldsymbol{x}(k|k-1)] \tag{4-32}$$

5）更新噪声协方差。通过 3）中计算得到的用于修正优化预测值的卡尔曼增益系数、2）中计算得到的当前时刻的协方差值以及当前时刻的观测参量系数，计算得到方差更新值，以便进行下一时刻的预测计算。计算方程为

$$\hat{\boldsymbol{P}}_k = (\boldsymbol{E} - \boldsymbol{K}_k\boldsymbol{C}_k)\boldsymbol{P}_k \tag{4-33}$$

对 SOC 基本迭代计算过程如图 4-3 所述。

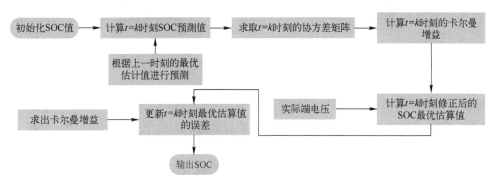

图 4-3　SOC 基本迭代计算过程

在进行 SOC 计算时，首先初始化变量，然后通过对上述 5 个步骤不断地循环迭代，估计的实时状态下的 SOC 值、卡尔曼增益和误差也会不断地更新，从而在实际输入的电压、电流等参量的作用下，不断得到实时高精度的 SOC 估算值。

4.2.6　基于 SR-UKF 算法的电池 SOC 估算

无迹卡尔曼滤波（Unscented Kalman Filter，UKF）算法是对 KF 算法优化后，使其能够应用于非线性系统的衍生算法。此算法无须将非线性进行系统线性化，减少了算法步骤，能够在 KF 算法的基础上有效提高估算精度。

该算法的关键是无迹变换（Unscented Transformation，UT）处理，其中采样方式对估计

效果有重要影响。常用的采样方式有对称采样、最小偏度单纯形采样和超球面单纯形采样，且使得任何非线性系统的后验值和协方差都能够精确到泰勒级数展开式中的三阶精度。关于UKF 算法的优化与改进，将在后续章节展开详细介绍。

二次方根无迹卡尔曼滤波（Square Root Unscented Kalman Filter，SR-UKF）算法是基于UKF 算法改进的算法。SR-UKF 算法在 UT 的基础上，用状态变量的误差协方差的二次方根来代替状态变量的误差协方差，直接将协方差的二次方根值进行传递，避免在每一步中都进行再分解。该方法通过二次方根计算的方式确保了状态变量协方差矩阵行列式的非负性，使得算法不会出现数值的正负跃变情况，克服了滤波发散问题，提升了计算稳定性。相对于UKF 而言，SR-UKF 在锂离子电池 SOC 估算中具有更高的精确性和抗干扰性。SR-UKF 算法流程图如图 4-4 所示。

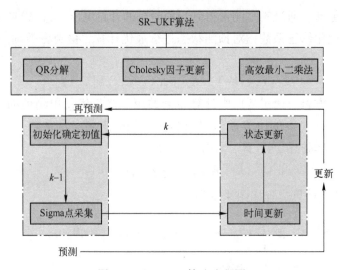

图 4-4　SR-UKF 算法流程图

如图 4-4 所示，SR-UKF 算法的具体算法流程主要包括 4 个部分，分别是确定初值的初始化过程、数据点的 Sigma 采集过程、系统变量与信息的时间更新和状态更新过程。算法使用了 3 种强大的线性代数技术，分别是 QR 分解、Cholesky 分解因子更新和高效最小二乘法。以下将对其算法的计算流程与迭代过程进行推导研究与分析。

（1）二次方根替换过程推导

1）初始化。在算法进行系统状态估计的初始环节，首先对系统中的各项参数、协助参数以及噪声进行初始化，初始值确定如式（4-34）所示。

$$\begin{cases} \hat{\boldsymbol{x}}_0 = E[\boldsymbol{x}_0] \\ \boldsymbol{P}_0 = E[(\boldsymbol{x}_0 - \hat{\boldsymbol{x}}_0)(\boldsymbol{x}_0 - \hat{\boldsymbol{x}}_0)^{\mathrm{T}}] \\ \boldsymbol{S}_0 = \mathrm{chol}(\boldsymbol{P}_0) \end{cases} \tag{4-34}$$

式中，$\boldsymbol{P}_0$ 为误差协方差矩阵。初始化的过程也是确定状态变量与 $\boldsymbol{P}_0$ 的过程，将 $\boldsymbol{P}_0$ 进行 Cholesky 分解，得到矩阵 $\boldsymbol{S}_0$。

2）Sigma 点采集。考虑到估算状态的多样性与采样的复杂性，SR-UKF 通过 Sigma 点采集来对数据采样过程进行优化，具体采样过程原理如式（4-35）所示。

$$\begin{cases} \boldsymbol{x}_{k-1}^i = \hat{\boldsymbol{x}}_{k-1} & i=0 \\ \boldsymbol{x}_{k-1}^i = \hat{\boldsymbol{x}}_{k-1} + \sqrt{(n+\lambda)}\,\boldsymbol{S}_{k-1}^i & i=1 \sim n \\ \boldsymbol{x}_{k-1}^i = \hat{\boldsymbol{x}}_{k-1} - \sqrt{(n+\lambda)}\,\boldsymbol{S}_{k-1}^{i-n} & i=n+1 \sim 2n \end{cases} \tag{4-35}$$

式中，$\boldsymbol{S}_{k-1}^i$ 为 $k-1$ 时刻状态变量协方差 Cholesky 因子的第 i 列。通过 Sigma 数据采集方法，对数据区间进行区分，可提升采集效率。

3）时间更新。通过 $k-1$ 时刻得到的状态变量以及已知的系统输入变量，利用状态方程对 k 时刻的状态变量进行新一轮预测，如式（4-36）所示。

$$\hat{\boldsymbol{x}}_{k|k-1} = \sum_{i=0}^{2n} \omega_{\mathrm{m}}^i \boldsymbol{x}_{k|k-1}^i \tag{4-36}$$

完成 k 时刻的状态变量预测后，利用预测结果分解状态变量的误差协方差，如式（4-37）所示。

$$\boldsymbol{S}_{xk}^- = \mathrm{qr}\left\{ \left[\sqrt{\omega_{\mathrm{c}}^{1:2n}}\,(\boldsymbol{x}_{k|k-1}^{1:2n} - \hat{\boldsymbol{x}}_{k|k-1}), \sqrt{\boldsymbol{Q}_k} \right] \right\}$$
$$\boldsymbol{S}_{xk} = \mathrm{cholupdate}\left\{ \boldsymbol{S}_{xk}^-, \sqrt{\mathrm{abs}(\omega_{\mathrm{c}}^0)}\,(\boldsymbol{x}_{k|k-1}^0 - \hat{\boldsymbol{x}}_{k|k-1}), \mathrm{sign}(\omega_{\mathrm{c}}^0) \right\} \tag{4-37}$$

在计算过程中，可能会出现 ω_{c}^0 的计算值为负的情况，故在分解过程中必须保证矩阵的半正定性，方程（4-37）通过二次开方计算得到 $\boldsymbol{S}_{xk}$，即此次迭代中误差协方差的值，完成状态变量的更新。利用式（4-36）得到的状态变量预测结果，由观测方程得出观测变量的预测值如式（4-38）所示。$\boldsymbol{S}_{yk}$ 表示此次迭代计算得到的观测变量的误差协方差的值，至此完成观测变量的更新。

$$\boldsymbol{y}_{k|k-1}^i = h(\boldsymbol{x}_{k|k-1}^i, \boldsymbol{u}_k)$$
$$\hat{\boldsymbol{y}}_{k|k-1} = \sum_{i=0}^{2n} \omega_{\mathrm{m}}^i \boldsymbol{y}_{k|k-1}^i$$
$$\boldsymbol{S}_{yk}^- = \mathrm{qr}\left\{ \left[\sqrt{\omega_{\mathrm{c}}^{1:2n}}\,(\boldsymbol{y}_{k|k-1}^{1:2n} - \hat{\boldsymbol{x}}_{k|k-1}), \sqrt{\boldsymbol{R}_k} \right] \right\}$$
$$\boldsymbol{S}_{yk} = \mathrm{cholupdate}\left\{ \boldsymbol{S}_{yk}^-, \sqrt{\mathrm{abs}(\omega_{\mathrm{c}}^0)}\,(\boldsymbol{y}_{k|k-1}^0 - \hat{\boldsymbol{y}}_{k|k-1}), \mathrm{sign}(\omega_{\mathrm{c}}^0) \right\} \tag{4-38}$$

4）状态更新。在完成时间更新过程后，得到状态变量与观测变量的协方差，两者的互协方差 P_{xy} 会对算法的卡尔曼增益计算造成影响，这也将直接影响算法的 SOC 估算精度。互协方差与卡尔曼增益的计算式为

$$\boldsymbol{P}_{xy,k} = \sum_{i=0}^{2n} \omega_{\mathrm{c}}^i \left[\boldsymbol{x}_{k|k-1}^i - \hat{\boldsymbol{x}}_{k|k-1} \right] \left[\boldsymbol{y}_{k|k-1}^i - \hat{\boldsymbol{y}}_{k|k-1} \right]^{\mathrm{T}}$$
$$\boldsymbol{K}_k = \boldsymbol{P}_{xy,k} \left(\boldsymbol{S}_{yk} \boldsymbol{S}_{yk}^{\mathrm{T}} \right)^{-1} \tag{4-39}$$

完成卡尔曼增益更新后，根据其值更新系统的状态变量与观测变量，并完误差协方差的更新计算，如式（4-40）所示。

$$\begin{cases} \hat{\boldsymbol{x}}_{k|k} = \hat{\boldsymbol{x}}_{k|k-1} + \boldsymbol{K}_k(\boldsymbol{y}_k - \hat{\boldsymbol{y}}_{k|k-1}) \\ \boldsymbol{S}_k = \mathrm{cholupdate}(\boldsymbol{S}_{xk}^-, \boldsymbol{K}_k \boldsymbol{S}_{yk}, -1) \end{cases} \tag{4-40}$$

式中，y_k 为 k 时刻的实验测量值。

在整个 SR-UKF 算法流程中，Cholesky 的时间更新与误差协方差二次方根复合矩阵的 QR 分解替换了状态变量协方差更新中误差协方差的时间更新，确保了状态变量协方差矩阵行列式的非负性，解决了 UKF 算法的估算跃变与发散问题，有效提升了算法精度。

（2）SR-UKF 算法 SOC 估算流程建立

完成 SR-UKF 算法的计算推导过程递推之后，建立将算法应用于电池 SOC 估算的体系，算法 SOC 估算流程如图 4-5 所示。

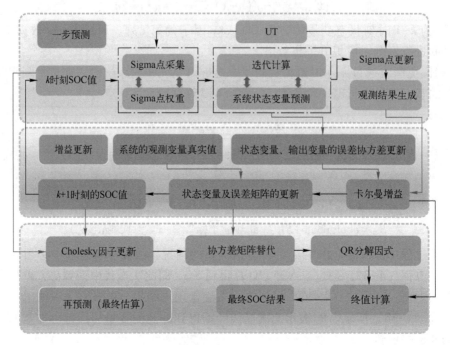

图 4-5　SR-UKF 算法 SOC 估算流程图

在图 4-5 所示的算法流程中，通过自主设计建立 SR-UKF 算法的"预测-估算-再预测"体系。一步预测内容中通过数据的 Sigma 化与 Sigma 点采集，经过输入初值计算与 UT 得到观测值，通过观测值与预测值对卡尔曼增益进行更新，利用卡尔曼增益对下一时刻的 SOC 进行估算得到初步 SOC 结果，至此完成 UKF 算法的估算内容。将初步结果与上一时刻的 SOC 值共同进行 Cholesky 因子更新，并将其结果的误差协方差进行二次方根替代，最后利用 QR 分解式与更新后的卡尔曼增益计算出最终 SOC 估算结果，完成从算法研究到电池 SOC 估算应用的转变。

4.2.7　基于 AFD-EKF 算法的 SOC 估算

在无人机的应用场景中，往往需要快速准确地估算出锂离子电池的 SOC 值。通过大量文献阅读和实验论证发现，自适应扩展卡尔曼滤波（Adaptive Extended Kalman Filter，AEKF）算法在状态估算过程中，虽然考虑并弱化了噪声在估算过程中对精度的影响，但由于 AEKF 算法在估算过程中需要重复计算雅可比矩阵，计算复杂度高，通过改进其估算时间可以有进一步的提升。基于以上点，本节对 AEKF 中泰勒展开部分进行改进。利用有限差分的思想，应用有限差分算法取代线性化过程中的偏导数。在有限差分计算过程中，使用差商代替微商进行计算，可以避免雅可比矩阵的计算，大大降低了计算复杂度。基于有限差分思想改进的自适应有限差分-扩展卡尔曼滤波（Adaptive Finite Difference-extended Kalman Filter，AFD-EKF）算法的具体实现步骤如下：

1）基于前述的电压匹配模型，结合锂离子电池 SOC 定义，建立 SOC 实时估算状态方程，如式（4-41）所示。

$$\begin{cases} U_{OC1}(t) = U_L(t) + R_1 i(t) + U_p(t) & i>0 \\ U_{OC2}(t) = U_L(t) + R_2 i(t) + U_p(t) & i<0 \\ i(t) = \dfrac{U_p(t)}{R_p} + C_p \dfrac{dU_p}{dt} \\ SOC(t) = SOC(t_0) - \dfrac{1}{Q_0} \int_{t_0}^{t} \eta i(t) \, dt \end{cases} \tag{4-41}$$

2）结合算法要求及电路模型方程，构建用于 SOC 估算系统的状态方程及观测方程，如式（4-42）所示。

$$\begin{cases} \boldsymbol{x}_{k+1} = f(\boldsymbol{x}_k, \boldsymbol{i}_k) = \boldsymbol{A}_k \boldsymbol{x}_k + \boldsymbol{B}_k \boldsymbol{i}_k + \boldsymbol{w}_k \\ \boldsymbol{y}_k = h(\boldsymbol{x}_k, \boldsymbol{i}_k) + \boldsymbol{v}_k = \boldsymbol{C}_k \boldsymbol{x}_k - \boldsymbol{R}_1 \boldsymbol{i}_k + \boldsymbol{v}_k \end{cases} \tag{4-42}$$

3）分析计算得到状态方程中矩阵的具体表示形式，如式（4-43）所示。

$$\begin{cases} \boldsymbol{A}_k = \begin{bmatrix} 1 & 0 \\ 0 & e^{-t/\tau} \end{bmatrix} \\ \boldsymbol{B}_k = \begin{bmatrix} -\dfrac{t}{Q_0} \\ R_2(1-e^{-t/\tau}) \end{bmatrix} \\ \boldsymbol{C}_k = \begin{bmatrix} \dfrac{\partial \boldsymbol{u}_{OC}}{\partial SOC} & -1 \end{bmatrix} \Bigg|_{\boldsymbol{x}_k = \hat{\boldsymbol{x}}_k} \end{cases} \tag{4-43}$$

式中，$\boldsymbol{C}_k$ 为观测方程的雅可比矩阵。

4）根据有限差分的定义与表达形式，书写观测方程 $h(\boldsymbol{x}_k, \boldsymbol{u}_k)$ 在 $\boldsymbol{x} = \bar{\boldsymbol{x}}_k$ 处的有限差分形式，如式（4-44）所示。

$$\boldsymbol{H}_x(k) = \frac{h_i(\bar{\boldsymbol{x}}_k + \Delta\bar{\boldsymbol{x}}_k, \boldsymbol{i}_k) - h_i(\bar{\boldsymbol{x}}_k, \boldsymbol{i}_k)}{\Delta\bar{\boldsymbol{x}}_k} \tag{4-44}$$

5）根据式（4-44）的表达形式对式（4-43）中的 $\boldsymbol{C}_k$ 进行更新，得到更新后的状态方程参数矩阵如式（4-45）所示。

$$\begin{cases} \boldsymbol{A}_k = \begin{bmatrix} 1 & 0 \\ 0 & e^{-t/\tau} \end{bmatrix} \\ \boldsymbol{B}_k = \begin{bmatrix} -\dfrac{t}{Q_0} \\ R_2(1-e^{-t/\tau}) \end{bmatrix} \\ \boldsymbol{H}_k = \begin{bmatrix} \dfrac{U_{OC1}(k) - U_{OC1}(k-1)}{SOC(k) - SOC(k-1)} & -1 \end{bmatrix} \Bigg|_{\boldsymbol{x}_k = \hat{\boldsymbol{x}}_k} \end{cases} \tag{4-45}$$

6）对下一阶段的各个状态参量进行预测，如式（4-46）所示。

$$\hat{\boldsymbol{x}}_{k+1|k} = \boldsymbol{A}_x \hat{\boldsymbol{x}}_k + \boldsymbol{B} \boldsymbol{u}_k + \boldsymbol{q}_k \tag{4-46}$$

7）对下一阶段的协方差矩阵进行预测，如式（4-47）所示。

$$\boldsymbol{P}_{k+1|k} = \boldsymbol{A}_x \boldsymbol{P}_x \boldsymbol{A}_x^T + \boldsymbol{Q}_x \tag{4-47}$$

8）确定并计算参量误差新息，如式（4-48）所示。

$$m_k = y_k - h_x - r_k \tag{4-48}$$

9）通过已获取的参数对该阶段的卡尔曼增益进行计算，如式（4-49）所示。

$$K_k = P_k H_k^{\mathrm{T}} (H_k P_k H_k^{\mathrm{T}} + R_k)^{-1} \tag{4-49}$$

10）对下一阶段的状态参值测量并更新，如式（4-50）所示。

$$x_{k+1} = x_{k|k-1} + K_k m_k \tag{4-50}$$

11）对下一阶段的协方差矩阵进行测量并更新，如式（4-51）所示。

$$P_{k+1} = (I - K_k H_k) P_k \tag{4-51}$$

12）对测量导致的噪声以及系统本身的噪声协方差进行迭代更新，如式（4-52）所示。

$$\begin{cases} r_k = (1 - d_{k-1}) r_{k-1} + d_{k-1} (y_k - C x_{k-1} - D u_{k-1}) \\ R_k = (1 - d_{k-1}) R_{k-1} + d_{k-1} (m_k m_k^{\mathrm{T}} - C_k P_k C_k^{\mathrm{T}}) \\ q_k = (1 - d_{k-1}) q_{k-1} + d_{k-1} (x_k - A x_{k-1} - B u_{k-1}) \\ Q_k = (1 - d_{k-1}) Q_{k-1} + d_{k-1} (K_k m_k m_k^{\mathrm{T}} K_k^{\mathrm{T}} + P_k - A P_{k-1} A^{\mathrm{T}}) \end{cases} \tag{4-52}$$

式中，d_{k-1} 为遗忘因子。由式（4-42）~式（4-52）构成一个完整的基于 AFD-EKF 算法的锂离子电池 SOC 高精度估算系统的一次完成算法，依次循环迭代，即可完成对锂离子电池的实时 SOC 高精度预估。

通过上述分析，AFD-EKF 算法在计算过程中，不需要求解因泰勒展开而产生的雅可比矩阵，降低了估算过程中的计算复杂度。在计算推导过程中，全面考虑了过程噪声的影响同时通过自适应因子校正噪声，提升了算法的准确性及实时性。

4.2.8 基于双在线迭代 SR-UKF 算法的 SOC 估算

1. 算法适应性分析

对三元锂离子电池的等效建模环节与电池的状态估算算法研究环节是本节的重点，也是提升电池 SOC 估算精确度与稳定性的关键。这些环节中主要设计两种算法，分别为遗忘因子最小二乘（FFRLS）法（渐消记忆法）与 SR-UKF 算法。电池的状态估算虽然分为许多的步骤与模块，但始终是一个完整流畅的过程，要使得估算的效果更好，必须保证其过程的相关性与紧密性。将过程中的两种算法进行综合分析，寻找其相似点与差异性，从而让状态递推的迭代演算过程更加连贯。两种算法的综合性异同分析如图 4-6 所示。

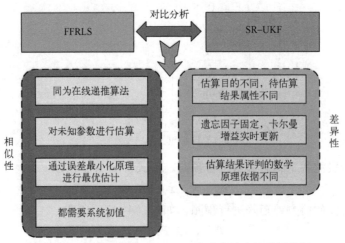

图 4-6 FFRLS 算法与 SR-UKF 算法的综合性异同分析

经过对两种算法的总体对比分析，发现两种算法虽然存在一定差异，但是在核心估算原理与整体流程上相似度很高。同时，FFRLS 算法在电池等效建模中所得到的电池模型结果参数对后续 SR-UKF 算法对电池进行 SOC 估算过程的影响很大。传统方法认为，在短时间内电池的内部特性变化很小，故在参数辨识环节，只需要利用相关实验进行一次专门的在线参数辨识，并建立参数矩阵与电池工作的电压关系函数，即可长时间直接应用于三元锂离子电池的 SOC 估算，然而，由于电池每一次进行工作后，其内部结构都会发生改变，而且随着电池的使用时间变长，参数函数的累计误差会逐渐增大，使得 SOC 估算的精确度降低。

2. 双在线估算体系建立

经过对参数辨识算法与电池 SOC 估算算法的对比与适应性分析，得出两种算法在思维层面非常相似的结论，且如果能将两种算法在每一次的电池 SOC 估算过程中都能够联调使用，即可加强整个电池状态估算过程的连贯性，有利于减少算法的过程误差，提高三元锂离子电池的 SOC 估算精度。本节将针对两种算法的内容具体分析，设计了双在线估算体系（Dual Online System，DOS）。

首先，针对 FFRLS 算法与 SR-UKF 算法，其输入、输出均为电池实验时的电压与电流，故对三元锂离子电池进行实验得到数据，并将其电压与电流函数化得到输入、输出方程，如式（4-53）所示。

$$Y = U(t)$$
$$X = I(t)$$

$$(4-53)$$

式中，Y 为电池端电压的时间函数，也是系统的输出值；X 为电池工作电流的时间函数，也是系统的输入值。

在电池等效模型的参数辨识环节，依旧将 $\boldsymbol{\theta}$ 作为待辨识参数 R_o、R_p 以及 C_p 的参数矩阵，通过递推最小二乘法进行辨识，如式（4-54）所示。

$$\hat{\boldsymbol{\theta}} = (\boldsymbol{X}^T \boldsymbol{X})^{-1} \boldsymbol{X}^T \boldsymbol{Y}$$
$$\hat{\boldsymbol{\theta}}_{N+1} = (\boldsymbol{X}_{N+1}^T \boldsymbol{X}_{N+1})^{-1} \boldsymbol{X}_{N+1}^T \boldsymbol{Y}_{N+1}$$

$$(4-54)$$

式中，$\boldsymbol{\theta}$ 与 $\boldsymbol{\theta}_{N+1}$ 分别为遗忘因子最小二乘法参数辨识得到的一步与下一步参数预测值，通过第 3 章对 FFRLS 算法参数辨识的分析介绍，即可得出电池模型的参数值。

就传统方法而言，一般在得到模型参数后，会利用参数与电池工作电压的实时关系构造函数，再通过函数将参数传递至算法中对电池 SOC 进行实时估算。经前期研究所得到的一般算法参数拟合函数见表 4-1。

表 4-1　参数拟合函数表

参　　数	拟 合 函 数
R_o	$R_o = 0.02625u^6 - 0.06225u^5 + 0.04443u^4 - 0.001987u^3 - 0.009244u^2 + 0.003028u + 0.001119$
R_p	$R_p = 6.3229 \times 10^{-5}$
C_p	$C_p = 2.0946 \times 10^4$

正见表 4-1 中的拟合函数所示，得到的参数函数本身阶数较高，若将曾经实验得到的结果持续应用于其他电池工作环境下的 SOC 估算过程中，会带入较大的误差，并且传统方法很依赖参数与特定时刻实验电压的关系，当工作电压受到外界干扰时，就会大大影响 SOC 估算的精确度。

参数辨识算法与 SOC 估算算法很难形成一致性，会使得参数函数带入累计误差的问题，双在线估算体系的好处在于直接将对应电压时刻的参数传递给 SR-UKF 算法,跳过关系函数建立环节,通过算法较好地适应与减少了过程误差。具体算法流程图如图 4-7 所示。

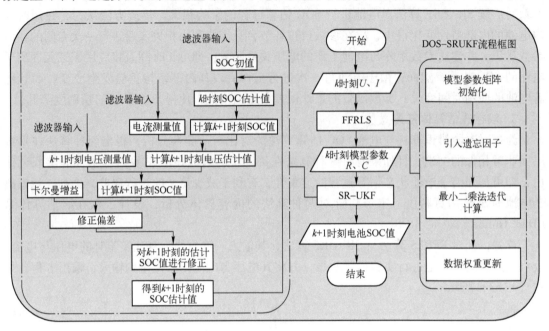

图 4-7   DOS 流程图

在 DOS 主流程中,运用 FFRLS 算法对模型参数进行在线辨识,结合获得的参数辨识结果与实验数据电压形成参数函数,随后利用 SR-UKF 算法进行估算,其好处在于直接将此次实验特定电压节点的 R、C 模型参数传递给 SR-UKF 算法,解决了传统在线辨识方法的系统辨识结果容易造成累计误差的问题,加强了两个环节算法的连贯性,减少了过程误差,实现了过程意义上的同步在线估算。

4.3   基于多影响因素校正的电池 SOC 迭代估算

常用的 SOC 估算方法主要包括以下三类:传统 SOC 估算方法、新型 SOC 估算方法和基于自学习算法的 SOC 估算方法。传统 SOC 估算方法是利用电池满足的物理定律和化学规律来完成 SOC 的估算,虽然利用这类方法进行 SOC 估算可得到较准确的结果,但是往往对实验要求比较苛刻,导致难以得到广泛应用;改进 SOC 估算方法是采用多种电池模型与其相结合的方法进行估计,利用这类方法进行 SOC 估算时,电池模型的精度往往对估算结果产生较大影响。当模型精度较高时,新型 SOC 估算方法的估计结果比较令人满意。当模型精度不高或者非线性程度较高时,将会产生较大的估算误差。

4.3.1   锂离子电池 SOC 估算模型构建

SOC 作为一个不能直接测量的状态量,只能通过一些可直接观测量来实现对 SOC 的间接估算。根据等效电路模型函数关系建立状态空间模型,状态空间方程的一般形式为

$$\begin{cases} \dot{X} = A(t)X + B(t)u \\ y = C(t)X + D(t)v \end{cases} \tag{4-55}$$

根据建立的等效电路模型和电路传递函数，选择状态量为 $\boldsymbol{X}=[\,U_{\mathrm{p}}\quad \mathrm{SOC}\,]$，将测量电流值作为输入，即 $u=I$，端电压响应作为状态空间模型的输出，即 $y=U_{\mathrm{L}}$，如式（4-56）所示。

$$\begin{cases} \boldsymbol{X}_k = \begin{bmatrix} \dfrac{R_{\mathrm{p}}C_{\mathrm{p}}}{R_{\mathrm{p}}C_{\mathrm{p}}+1} & 0 \\ 0 & 1 \end{bmatrix} \boldsymbol{X}_{k-1} + \begin{bmatrix} \dfrac{R_{\mathrm{p}}}{R_{\mathrm{p}}C_{\mathrm{p}}+1} \\ \dfrac{-\eta T}{Q_{\mathrm{N}}} \end{bmatrix} I_{k-1} + \boldsymbol{w}_k \\ U_{\mathrm{L},k} = G(\mathrm{SOC}_{k-1}, Q_{\max,N-1}) - U_{\mathrm{p},k} - I_k R_{\mathrm{o},k} \end{cases} \tag{4-56}$$

式中，$U_{\mathrm{p},k}$ 为 k 时刻的电池极化电压；I_k 为放电时为正的 k 时刻电池负载电流；R_{p} 和 C_{p} 分别为极化电阻和电容；η 为电池的库仑效应系数，代表电池同一周期内放电容量和充电容量的比值，这里 $\eta=1$；$w_{0,k}$ 和 $w_{1,k}$ 为系统噪声；$U_{\mathrm{L},k}$ 为 k 时刻的系统端电压；$G(\mathrm{SOC}_{k-1}, Q_{\max,N-1})$ 为通过提取电池老化特征而建立的充电状态和开路电压 U_{OC} 的最大可用容量的函数，其中下标 k 代表基于 SOC 更新时间尺度上的计数，下标 N 代表基于容量更新时间尺度上的计数。

考虑使用改进的卡尔曼滤波器对电池 SOC 进行实时估算。KF 主要基于状态空间模型进行迭代估算，将待估算量作为状态变量，通过状态方程预估、观测变量校正的方式进行迭代寻优，依次获得噪声干扰下的最优估计。一个线性系统的状态空间方程为

$$\begin{cases} \boldsymbol{X}_k = \boldsymbol{A}\boldsymbol{X}_{k-1} + \boldsymbol{B}\boldsymbol{U}_{k-1} + \boldsymbol{w}_{k-1} \\ \boldsymbol{Y}_k = \boldsymbol{C}\boldsymbol{X}_k + \boldsymbol{D}\boldsymbol{U}_k + \boldsymbol{v}_k \end{cases} \tag{4-57}$$

在线性系统中，矩阵 $\boldsymbol{A}$、$\boldsymbol{B}$、$\boldsymbol{C}$、$\boldsymbol{D}$ 中的元素均为常数，因此可以在卡尔曼迭代过程中进行矩阵运算。首先对待求解状态量初值 $\hat{\boldsymbol{X}}_0$ 和状态协方差 $\boldsymbol{P}_0$ 进行初始化，如式（4-58）所示。

$$\begin{cases} \hat{\boldsymbol{X}}_0 = E[\boldsymbol{X}_0] \\ \boldsymbol{P}_0 = E[(\boldsymbol{X}_0-\hat{\boldsymbol{X}}_0)(\boldsymbol{X}_0-\hat{\boldsymbol{X}}_0)^{\mathrm{T}}] \end{cases} \tag{4-58}$$

状态初始化的值会影响算法收敛速度，因此在进行初始化时将观测值作为真值，设置将 $t=0$ 时刻的最大似然估计作为其先验分布，通过观测值确定 SOC 初值，且根据建模精度和传感器精度设计过程噪声及观测噪声的初值。进而，通过状态方程对状态变量及误差协方差进行时间更新，如式（4-59）所示。

$$\begin{cases} \hat{\boldsymbol{X}}_{k|k-1} = \boldsymbol{A}\hat{\boldsymbol{X}}_{k-1} + \boldsymbol{B}\boldsymbol{U}_{k-1} \\ \boldsymbol{P}_{k|k-1} = \boldsymbol{A}\boldsymbol{P}_{k-1}\boldsymbol{A}^{\mathrm{T}} + \boldsymbol{Q}_{k-1} \end{cases} \tag{4-59}$$

式中，$\hat{\boldsymbol{X}}_{k|k-1}$ 为 k 时刻的状态预测值；$\hat{\boldsymbol{X}}_{k-1}$ 为 $k-1$ 时刻的状态校正值；$\boldsymbol{P}_{k|k-1}$ 为 k 时刻的先验估计协方差；$\boldsymbol{P}_{k-1}$ 为 $k-1$ 时刻的后验估计协方差；$\boldsymbol{Q}_{k-1}$ 为过程噪声方差。根据时间更新后的状态值和误差协方差计算卡尔曼增益系数 $\boldsymbol{K}_k$，如式（4-60）所示。

$$\boldsymbol{K}_k = \boldsymbol{P}_{k|k-1}\boldsymbol{C}^{\mathrm{T}}(\boldsymbol{C}\boldsymbol{P}_{k|k-1}\boldsymbol{C}^{\mathrm{T}} + \boldsymbol{R}_k)^{-1} \tag{4-60}$$

式中，$\boldsymbol{R}_k$ 为观测噪声方差。根据卡尔曼增益系数和观测方程对状态预测值和误差协方差进行校正，如式（4-61）所示。

$$\begin{cases} \hat{\boldsymbol{X}}_k = \hat{\boldsymbol{X}}_{k|k-1} + \boldsymbol{K}_k[\boldsymbol{Y}_k - (\boldsymbol{C}\hat{\boldsymbol{X}}_{k|k-1} + \boldsymbol{D}\boldsymbol{U}_k)] \\ \boldsymbol{P}_k = (\boldsymbol{I} - \boldsymbol{K}_k\boldsymbol{C})\boldsymbol{P}_{k|k-1} \end{cases} \tag{4-61}$$

过程噪声和测量噪声协方差值表征了系统预测模型和观测器的不确定度，值越小表明相应的过程置信度越高。通过上述不断地预估-更新的迭代流程，可以实现对高斯线性系统中状态变量的实时更新校正。

4.3.2 贝叶斯滤波及其衍生算法研究与改进

在日常生活及工业领域中，人们对事物的认知常常只能局限于所能直接观测到的结果，也就是输出。但在实际应用中有时需要使用一个系统的内部状态量，因此需要借助于输入和输出实现对状态量的估算。

这类方法包括最小二乘法、极大似然法、贝叶斯滤波算法、KF 算法、粒子滤波算法等。

对于电动汽车 SOC 估计这种动态系统，想要得到实时、准确的估值，应考虑具有递归特性的闭环算法，首先考虑贝叶斯滤波。

1. 贝叶斯滤波算法及局限性分析

在各类滤波算法中，贝叶斯滤波以概率统计的思想为核心，基于贝叶斯公式，通过上一时刻的状态及当前时刻的输入，对当前时刻的状态做出预测，并通过当前时刻的观测对预测结果进行校正，最终实现对当前时刻状态的估计。贝叶斯滤波思想是卡尔曼滤波、粒子滤波等算法的基础。二维连续型随机变量的贝叶斯公式如式（4-62）所示。

$$f_{X|Y}(x|y) = \frac{f_{Y|X}(y|x)f_X(x)}{\int_{-\infty}^{+\infty} f_{Y|X}(y|x)f_X(x)\,\mathrm{d}x} \tag{4-62}$$

式中，$f_{X|Y}(x|y)$ 为后验概率密度函数；$f_{Y|X}(y|x)$ 为变量的似然概率密度；$f_X(x)$ 为随机变量 X 的概率密度函数。对于一个系统，从初始时刻 $t=0$ 时，记录系统的输入及观测，对系统建模如式（4-63）所示。

$$\begin{cases} \boldsymbol{X}_k = f(\boldsymbol{X}_{k-1}) + \boldsymbol{Q}_{k-1} \\ \boldsymbol{Y}_k = g(\boldsymbol{X}_k) + \boldsymbol{R}_k \end{cases} \tag{4-63}$$

式中，$f(x)$ 为状态转移函数，体现了系统状态从上一时刻到这一时刻的转变；$g(x)$ 为观测函数，表征了系统当前观测量和状态量间的函数关系。

贝叶斯滤波主要分为两个阶段，第一阶段利用动态电池模型预测状态的先验概率密度，第二阶段则是使用已测值对先验概率密度实行优化，从而得到后验概率密度。贝叶斯滤波递推步骤如下：

1）初始化。在随机变量的初始状态未知时，将初始时刻的后验概率密度函数作为初值，过程噪声和观测噪声由经验得出。

2）求系统先验概率。根据系统在 $k-1$ 时刻的状态值来预测当前状态，得到 $f_k^-(x)$，即 k 时刻的先验估计。由概率密度函数的定义有 $f_k^-(x) = \dfrac{\mathrm{d}P(\boldsymbol{X}_k < k)}{\mathrm{d}x}$，对 $\mathrm{d}P(\boldsymbol{X}_k < k)$ 进行展开化简得到 $f_k^-(x)$ 的迭代公式为

$$\begin{cases} P(\boldsymbol{X}_k < x) = \sum_{-\infty}^{+\infty} P(\boldsymbol{X}_k = u | \boldsymbol{X}_{k-1} = v)P(\boldsymbol{X}_{k-1} = v) \\ f_k^-(x) = \int_{-\infty}^{+\infty} f_{Q_k}[x - f(v)] f_{k-1}^+(x)\,\mathrm{d}v \end{cases} \tag{4-64}$$

式中，v 为 $k-1$ 时刻的系统输入；$f_{Q_k}^-(x)$ 为过程随机噪声 Q_k 的概率密度函数；$f_{k-1}^+(x)$ 为 $k-1$ 时刻的后验估计值。

3）求系统后验概率。在得到 k 时刻的先验估计$f_k^-(x)$后，根据观测方程求解 k 时刻的最优后验估计值，迭代步骤如式（4-65）所示。

$$\begin{cases} f_k^+(x) = \varphi_k f_{R_k}[y_k - g_k] f_k^-(x) \\ \varphi_k = \int\limits_{-\infty}^{+\infty} f_{R_k}[y_k - g_k] f_{k-1}^+(x)\,\mathrm{d}x \end{cases} \tag{4-65}$$

在对系统的后验概率进行最优估计后，即可根据概率论原理获得 k 时刻的最优估计，如式（4-66）所示。

$$\hat{X}_k = \int\limits_{-\infty}^{+\infty} x f_k^+(x)\,\mathrm{d}x \tag{4-66}$$

通过以上迭代步骤，即可获得最优状态估计。其缺点在于对 SOC 观测模型来说，因其不具有线性和高斯性，在多个更新迭代步骤中都需要做无穷积分，因此大多数情况下没有解析解。

2. KF 算法及其改进研究

为了避免贝叶斯滤波中的无穷积分问题，在贝叶斯滤波的基础上进行了改进和推广，产生了包括 KF、粒子滤波及其推广算法等许多滤波方法，其中 KF 算法与粒子滤波算法原理类似，但为了避免无穷积分无解析解的情况，限制系统状态量是高斯分布的。

扩展卡尔曼滤波（EKF）是通过线性化而达到渐进最优贝叶斯滤波的特殊状态估计器，即使用近似的方法把非线性转换为线性，然后用此线性滤波的解作为贝叶斯滤波的次优解。对系统建立状态空间模型，如式（4-67）所示。

$$\begin{cases} X_k = f(X_{k-1}) + Q_k = FX_{k-1} + w_{k-1} \\ Y_k = g(X_k) + R_k = HX_{k-1} + v_{k-1} \end{cases} \tag{4-67}$$

其中，状态方程 $f(x)$ 和观测方程 $g(x)$ 均为线性函数，Q_k、R_k 均为 0 均值的正态分布，即有 $X_{k-1} \sim N(\mu_{k-1}^+, \sigma_{k-1}^+)$。在贝叶斯滤波的第二步需要对状态的先验概率密度进行求解，如式（4-68）所示。

$$f_k^-(x) = \int\limits_{-\infty}^{+\infty} f_{Qk}^+[x - f(v)] f_{k-1}^+(x)\,\mathrm{d}x \tag{4-68}$$

由于系统状态量满足正态分布，因此其概率密度函数满足正态分布的特点，式（4-68）可以转化为

$$f_k^-(x) = \int\limits_{-\infty}^{+\infty} (2\pi Q)^{-\frac{1}{2}} \mathrm{e}^{-\frac{(x-Fv)^2}{2Q}} \times 2\pi\sigma_{k-1}^+ \mathrm{e}^{-\frac{(v-\mu_{k-1}^+)^2}{2\pi\sigma_{k-1}^+}}\,\mathrm{d}v \tag{4-69}$$

通过傅里叶变换将概率密度变换至频域，并去卷积，得到简化后的状态时间更新方程式为

$$\begin{cases} \mu_k^- = F\mu_{k-1}^- \\ \sigma_k^- = F^2 \sigma_{k-1}^+ + Q \end{cases} \tag{4-70}$$

式中，μ_k^- 为 k 时刻的系统预测状态值；σ_k^- 为预测的状态量的方差。对应于贝叶斯滤波的测量更新步骤，同样利用正态分布的特点，对$f_{k-1}^+(x)$进行化简，得到测量更新的更新方程为

$$\begin{cases} \boldsymbol{\mu}_k^+ = \boldsymbol{\mu}_k^- + K(\boldsymbol{y}_k - h\boldsymbol{\mu}_k^-) \\ \boldsymbol{\sigma}_k^+ = (1-kh)\boldsymbol{\sigma}_k^- \end{cases} \tag{4-71}$$

式中，K 为卡尔曼滤波增益，其取值为 $K = \dfrac{h\sigma_k^-}{h^2\sigma_k^- + R}$。上述步骤即为卡尔曼滤波的递推流程，通过将系统假定为线性高斯的方式，解决了贝叶斯滤波无穷积分无解析解的情况，具有工程应用性。但电池系统作为一个高度非线性的系统，需要对卡尔曼迭代过程进行一定的处理才能进行应用。

4.3.3 非线性模型下的 KF 算法改进

锂离子电池工作过程是一个包含电化学反应、电子转移等耦合反应的复杂过程，因此其充放电过程具有高度非线性特征。而传统 KF 算法中需要对状态空间方程中的各系数矩阵进行矩阵运算，因此只能运用于线性系统，不能用于锂离子电池的 SOC 估算。

无迹卡尔曼滤波（UKF）也是一种贝叶斯滤波的次优算法，属于确定性采样。其原理为按照一定规则在原来的状态分布中选取一些 Sigma 点，这些点的统计特性等于原状态分布的统计特性；将这些 Sigma 点代入非线性函数中，得到这些 Sigma 点对应的函数，通过这些点集来求取变换后的统计特性。一个非线性系统的状态空间方程为

$$\begin{cases} \boldsymbol{X}_k = f(\boldsymbol{X}_{k-1}, \boldsymbol{u}_{k-1}) + \boldsymbol{w}_{k-1} \\ \boldsymbol{Y}_k = g(\boldsymbol{X}_k, \boldsymbol{u}_k) + \boldsymbol{v}_k \end{cases} \tag{4-72}$$

在非线性系统中，$f(\boldsymbol{x},\boldsymbol{u})$ 和 $g(\boldsymbol{x},\boldsymbol{u})$ 不全为线性函数。

无迹变换（UT）的原理是按照一定的采样规则在待估变量的周围先构造一组 Sigma 点集，这些点代表待估变量的统计特性，与传递状态量的相关统计信息都保持一致。然后将这一组 Sigma 点集中的每个采样点经过系统方程的非线性变换后得到新的采样点，新的采样点在统计学信息上近似等于原先状态量。最后将新的采样点进行加权修正得到待估变量的后验分布统计特性。

考虑 EKF 算法在对非线性方程求取雅可比矩阵时舍入了高阶项可能导致滤波发散，故基于 UT 采样粒子来代替状态量的概率分布，在采样过程中，为了保证协方差矩阵的半正定性，采用比例修正对称采样法根据状态量数目 n 采集 $2n+1$ 个分布点，如式（4-73）所示。

$$\begin{cases} \boldsymbol{\chi}^{(0)} = \overline{\boldsymbol{X}} \\ \boldsymbol{\chi}^{(i)} = \overline{\boldsymbol{X}} + (\sqrt{(n+\lambda)\boldsymbol{P}_{XX}})_{(i)} & i=1,2,\cdots,n \\ \boldsymbol{\chi}^{(i-n)} = \overline{\boldsymbol{X}} - (\sqrt{(n+\lambda)\boldsymbol{P}_{XX}})_{(i-n)} & i=1,2,\cdots,2n \end{cases} \tag{4-73}$$

式中，i 为粒子序号，$\overline{X}$ 为上一时刻计算出的状态均值；P_{XX} 为上一时刻计算出的方差矩阵。计算粒子均值权重和方差权重以模拟其完成的分布，如式（4-74）所示。

$$\begin{cases} (\boldsymbol{W}_i^m)' = \begin{cases} \lambda/(n+\lambda) & i=0 \\ 1/2(n+\lambda) & i\neq 0 \end{cases} \\ (\boldsymbol{W}_i^c)' = \begin{cases} \lambda/(n+\lambda)+1+\beta-\alpha^2 & i=0 \\ 1/2(n+\lambda) & i\neq 0 \end{cases} \end{cases} \tag{4-74}$$

式中，λ 为比例因子，$\lambda = \alpha^2(n+\kappa)-n$，且 $k=3-n$；α 为比例缩放因子，一般为接近于 0 的

正数，用于控制采样粒子的分布范围。这种近似概率分布的方式代替状态量，相对于 EKF 算法具有更高阶的精度。基于改进采样过程的 UKF 算法的流程如下。

首先对各参数进行初始化，为了避免随机的状态初始值增加滤波时间，根据 $t=0$ 时的系统观测量计算包含观测噪声的后验估计概率，将其作为先验概率密度初值载入估算系统，如式（4-75）所示。

$$
\begin{cases}
\hat{\boldsymbol{X}}_0 = E[\boldsymbol{X}_0] \\
\boldsymbol{P}_{X,0} = E[(\boldsymbol{X}_0 - \hat{\boldsymbol{X}}_0)(\boldsymbol{X}_0 - \hat{\boldsymbol{X}}_0)^{\mathrm{T}}] \\
\hat{\boldsymbol{Q}}_0 = \boldsymbol{Q}_0 \\
\hat{\boldsymbol{R}}_0 = \boldsymbol{R}_0
\end{cases}
\tag{4-75}
$$

式中，$\boldsymbol{Q}_0$ 和 $\boldsymbol{R}_0$ 分别对应系统的过程噪声初值和测量噪声初值，两者的取值代表对状态方程和观测方程的置信程度。根据式（4-72）和式（4-73）对状态量进行采样并计算其相应的均值权值和方差权值。根据状态方程对粒子进行时间更新并根据计算出的采样点计算一步状态预测均值及方差，如式（4-76）所示。

$$
\begin{cases}
\boldsymbol{\gamma}_{k+1|k}^i = f(\boldsymbol{\chi}_i') \\
\hat{\boldsymbol{x}}_{k+1|k} = \sum_{i=0}^{2n} (\boldsymbol{W}_i^{\mathrm{m}})' \boldsymbol{\gamma}_{k+1|k}^i \\
\boldsymbol{P}_{k+1|k} = \sum_{i=0}^{2n} (\boldsymbol{W}_i^{\mathrm{c}})' (\boldsymbol{\gamma}_{k+1|k}^i - \hat{\boldsymbol{x}}_{k+1|k})(\boldsymbol{\gamma}_{k+1|k}^i - \hat{\boldsymbol{x}}_{k+1|k})^{\mathrm{T}} + \boldsymbol{Q}_k
\end{cases}
\tag{4-76}
$$

锂离子电池是一个具有强烈非线性特征的系统，为了更好地模拟电池状态概率分布，基于 k 时刻的状态预估值再一次进行 UT。根据式（4-76）得到的一步预测均值和方差，再次根据式（4-73）和式（4-74）对状态量进行 UT 得到采样粒子 $\boldsymbol{\xi}^i$ 和方差，将采样点代入观测方程后可得到估计出的输出值及相应的方差，如式（4-77）所示。

$$
\begin{cases}
\hat{\boldsymbol{z}}_{k+1|k} = \sum_{i=0}^{2n} (\boldsymbol{W}_i^{\mathrm{m}})' \boldsymbol{\xi}_{k+1|k}^i \\
\boldsymbol{P}_{zz,k+1|k} = \sum_{i=0}^{2n} (\boldsymbol{W}_i^{\mathrm{c}})' (\boldsymbol{\xi}_{k+1|k}^i - \hat{\boldsymbol{z}}_{k+1|k})(\boldsymbol{\xi}_{k+1|k}^i - \hat{\boldsymbol{z}}_{k+1|k})^{\mathrm{T}} + \boldsymbol{R}_{k+1} \\
\boldsymbol{P}_{xz,k+1|k} = \sum_{i=0}^{2n} (\boldsymbol{W}_i^{\mathrm{c}})' (\boldsymbol{\gamma}_{k+1|k}^i - \hat{\boldsymbol{x}}_{k+1|k})(\boldsymbol{\xi}_{k+1|k}^i - \hat{\boldsymbol{z}}_{k+1|k})^{\mathrm{T}}
\end{cases}
\tag{4-77}
$$

根据更新后量测值、量测方差及估算协方差，可得出最后的滤波增益值、状态估计均值和估算协方差值，如式（4-78）所示。

$$
\begin{cases}
\hat{\boldsymbol{x}}_{k+1|k+1} = \hat{\boldsymbol{x}}_{k+1|k} + \boldsymbol{K}_{k+1}(\boldsymbol{z}_{k+1} - \hat{\boldsymbol{z}}_{k+1}) \\
\boldsymbol{K}_{k+1} = \boldsymbol{P}_{xz,k+1|k}(\boldsymbol{P}_{zz,k+1|k}) \\
\boldsymbol{P}_{k+1|k+1} = \boldsymbol{P}_{k+1|k} - \boldsymbol{K}_{k+1}\boldsymbol{P}_{zz,k+1|k}\boldsymbol{K}_{k+1}^{\mathrm{T}}
\end{cases}
\tag{4-78}
$$

上述步骤即为改进 UKF 的全部递推过程，算法中涉及状态量的两次无迹变化过程，相对于求解过程中舍弃了高阶导数项的 EKF 算法，具有更高阶的估算精度。基于建立的动态等效电路模型构建状态空间方程，如式（4-79）所示。

$$\begin{cases} \begin{bmatrix} \mathbf{SOC}_k \\ \mathbf{U}_{\mathrm{p},k} \end{bmatrix} = \begin{bmatrix} 1 & 0 \\ 0 & \mathrm{e}^{\frac{-\Delta t}{\tau}} \end{bmatrix} \begin{bmatrix} \mathbf{SOC}_{k-1} \\ \mathbf{U}_{\mathrm{p},k-1} \end{bmatrix} + \begin{bmatrix} \dfrac{-\eta \Delta t}{C_{\max}} \\ \mathbf{R}_{\mathrm{p}}\left(1-\mathrm{e}^{\frac{-\Delta t}{\tau}}\right) \end{bmatrix} \mathbf{I}_k + \mathbf{w} \\ \mathbf{U}_{\mathrm{L},k} = \mathbf{U}_{\mathrm{OC}}(\mathbf{SOC}_k, \mathbf{Q}_{\max}) - \mathbf{U}_{\mathrm{p},k} - \mathbf{I}_k \mathbf{R}_0 + \mathbf{v} \end{cases} \tag{4-79}$$

将模型参数辨识后的结果代入式（4-79）进行计算，得到需要的参数后，即可利用 EKF 流程将非线性的电池模型线性化，得到滤波后的实时更新状态值。在利用改进的 UKF 算法对锂离子电池进行 SOC 估算时，将电池的 SOC 值作为系统状态量之一并根据安时积分法和模型间的电压关系构建状态空间方程。在迭代过程中，对采样具有对称性的粒子群进行了两次 UT，这保证了协方差矩阵的半正定性，并且第二次 UT 目的是借助粒子群来表征最新的状态预估值及其概率分布。基于安时积分法和 SOC 的定义对电池 SOC 进行一步预测，并通过输出响应来反馈对一步预测得到的 SOC 值进行校正更新，通过实时地观测对先验估计值进行纠正，降低其随机性和噪声大小，达到基于最小方差原则的最优估计。

4.3.4　测量噪声对估算影响分析与校正

在传统的 SOC 估算模型中，系统误差设定为理想的高斯白噪声。然而在实际工程应用中，系统噪声往往非常复杂多变。为了消除多变的噪声误差带来的干扰，构造了一种自适应噪声统计估计器，对系统噪声进行自适应校正。这种算法可以与 UKF 算法结合，在对电池状态量进行迭代更新的同时利用系统后验信息对系统的噪声信息进行更新。基于 Sage-Husa 算法的噪声更新过程如下。

1）过程噪声值更新。

$$\hat{\mathbf{q}}_k = (1-\lambda_k)\hat{\mathbf{q}}_{k-1} + \lambda_k (\mathbf{x}_k - \hat{\mathbf{x}}_{k|k-1}) \tag{4-80}$$

式中，$\hat{\mathbf{q}}_k$ 为 k 时刻过程噪声的更新值；λ_k 为基于遗忘因子的权重；$\lambda_k = \dfrac{1-b}{1-b^k}$，为取值小于 1 的衰减因子，用于减小旧数据的权重，防止数据饱和。

2）过程噪声的协方差更新。

$$\mathbf{Q}_k = (1-\lambda_k)\mathbf{Q}_{k-1} + \lambda_k[\mathbf{K}_k(\mathbf{y}_k - \hat{\mathbf{y}}_{k|k})\mathbf{K}_k^{\mathrm{T}}] \tag{4-81}$$

式中，$\mathbf{Q}_k$ 为 k 时刻过程噪声协方差；$\mathbf{K}_k$ 为 k 时刻卡尔曼增益系数；$\mathbf{y}_k$ 为 k 时刻的实际输出；$\hat{\mathbf{y}}_{k|k}$ 为 k 时刻的滤波器后验估计。

3）测量噪声值的更新。

$$\hat{\mathbf{r}}_k = (1-\lambda_k)\hat{\mathbf{r}}_{k-1} + \lambda_k(\mathbf{y}_k - \mathbf{C}_k\hat{\mathbf{x}}_{k|k-1} - \mathbf{D}_k\mathbf{u}_k) \tag{4-82}$$

根据上一时刻的测量噪声值和此刻的测量误差可以估计得到这一时刻的测量噪声值。

4）测量噪声的协方差更新。

$$\mathbf{R}_k = (1-\lambda_k)\mathbf{R}_{k-1} + \lambda_k[(\mathbf{y}_k - \hat{\mathbf{y}}_k)(\mathbf{y}_k - \hat{\mathbf{y}}_k)^{\mathrm{T}}] \tag{4-83}$$

通过上述过程噪声及测量噪声迭代步骤，消除了算法设置系统噪声为固定值的理想假设，极大减少了未知噪声对系统造成的估算误差，符合工程实际需要。

4.3.5　典型工况下 SOC 估算结果及分析

为了验证所提算法的可行性和精确度，在不同模拟工况环境下测试算法的估计效果，将无噪声干扰、初值设定准确下的安时积分法测出的 SOC 值作为参照值，将间隔放电工况下的电流、电压数据作为验证模型输入，对电池状态估算算法进行验证，估算结果如图 4-8 所示。

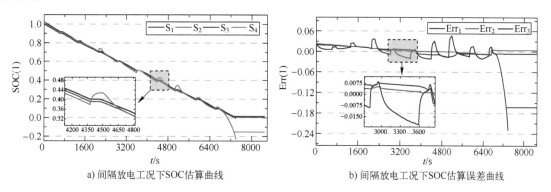

a) 间隔放电工况下SOC估算曲线　　　　b) 间隔放电工况下SOC估算误差曲线

图 4-8　间隔放电工况下状态估算结果

在图 4-8a 中，S_1 为 SOC 估算参考值，S_2 为使用 UKF 算法下的估算结果，S_3 为使用改进 AUKF 算法下的估算结果，S_4 为 EKF 算法下的估计结果。在图 4-8b 中，Err_1、Err_2、Err_3 分别对应使用 UKF 算法、改进 AUKF 算法和 EKF 算法下的估计误差，看出在同样的估计初值和噪声情况下，使用改进 AUKF 算法的估算均方根误差为 0.993%，相对于 EKF 算法的均方误差 3.07% 和 UKF 算法的 1.10%，大幅提高了估算精度和鲁棒性。

将获得的 BBDST 工况实验数据输入至本节中提出的 SOC 估算模型进行验证，实验验证结果如图 4-9 所示。

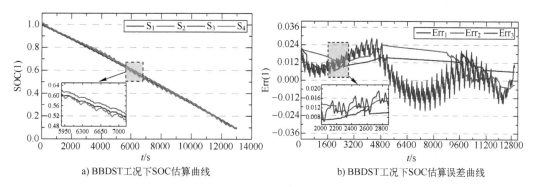

a) BBDST工况下SOC估算曲线　　　　b) BBDST工况下SOC估算误差曲线

图 4-9　BBDST 工况下状态估算结果

图 4-9a 和图 4-9b 分别是 BBDST 工况下 SOC 估算曲线和误差曲线。在图 4-9a 中，S_1 为 SOC 估算参考值，S_2 为 UKF 算法下的估算结果，S_3 为改进 AUKF 算法下的估算结果，S_4 为 EKF 算法下的估算结果。在图 4-9b 中，Err_1、Err_2、Err_3 分别对应 UKF 算法、改进 AUKF 算法和 EKF 算法下的估算误差。在同样的估算初值和噪声情况下，使用改进 AUKF 算法的估算均方根误差为 1.17%，而 EKF 算法和 UKF 算法估计下的均方误差分别为 1.64% 和 1.22%，均高于使用改进 AUKF 算法下的估计误差。

从间隔放电和 BBDST 两种工况下的 SOC 估算结果可以发现，在两种工况下所提出的改进 AUKF 算法在估算精度和收敛时间上均优于其他对比算法，在间隔脉冲放电下的估算结果优越性更为明显，这是由于在间隔脉冲放电工况下锂离子电池的内部特性较为活跃，电池非线性程度增加，此时运用舍去泰勒高阶项的扩展卡尔曼算法可能会导致最终滤波结果发散。

为了验证所提出算法在初始值与真实值偏离较大时的自校正能力，将状态估值设置与真值偏离 0.15，在恒流放电工况下验证所提算法的校正能力，实验结果如图 4-10 所示。

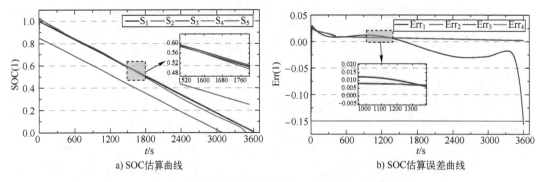

a) SOC估算曲线　　　　　　　　　b) SOC估算误差曲线

图 4-10　初始值偏差时恒流放电工况下 SOC 估算结果

图 4-10a 和图 4-10b 分别为利用所提出算法估算 SOC 的结果和误差，相对于前面两种验证工况，增加了使用安时积分法估算 SOC 的结果 S_5 及相应误差 Err_4。从图中可以看出，安时积分法没有自适应矫正能力，而基于 KF 的改进算法在 SOC 初始值与真值偏差超过 0.15 时，仍能在 5s 内快速修正估计值，使用改进 AUKF 算法在整个恒流放电工况下 SOC 估算的最大误差小于 0.05，均方根误差为 0.248%，证明了所提出算法的良好适应性和鲁棒性。

4.3.6　基于互联网+的电池 SOC 估算

准确的 SOC 估算是电池测控系统的核心功能，是供能系统剩余使用能量的唯一参考，对可靠的电池管理极为重要。传统测控系统往往将该功能放在硬件端，由于锂离子电池的强非线性会导致普通算法估算不准，本节将摒弃传统思路，利用"互联网+"平台思想，设计高精度的 SOC 估算模型。基于"互联网+"锂离子电池 SOC 估算的总体方案设计如图 4-11 所示。

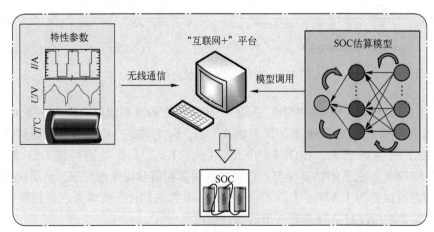

图 4-11　基于"互联网+"锂离子电池 SOC 估算的总体方案

图 4-11 描述了基于"互联网+"平台的 SOC 估算过程。从图中可以看出，电流和电压等外特性参数通过无线通信的方式传输到"互联网+"平台，平台则通过调用估算模型完成

SOC 的计算。本章后续将分析研究不同的神经网络对 SOC 估算的效果，并选出最优模型作为"互联网+"平台的 SOC 估算算法。

4.4　基于 BP 神经网络的 SOC 估算模型研究

BP（反向传播）神经网络是一种典型的人工神经网络算法，与传统的线性神经网络估算方法相比，它具有非线性映射能力，可解决非线性问题。除了线性神经网络，BP 神经网络同其他相对应的线性估算方法相比，其网络拓扑结构简单，精度相对较高，且易于实现。误差反向传播是 BP 神经网络最重要的学习方式，使其具有很强的非线性映射能力，可以解决诸多非线性问题。锂离子电池是一个十分复杂的非线性系统，BP 神经网络具有自学习和自适应性，对预测电池 SOC 具有重要意义。

4.4.1　BP 神经网络算法分析

BP 神经网络利用网络训练过程中的误差反向传播，根据前一次迭代的误差数据，对网络结构各层之间的连接权重和阈值进行调整，直至误差收敛到设定值以下。其网络拓扑结构如图 4-12 所示。

图 4-12 中，x_i 为网络输入数据，通过输入层乘以对应的隐含层权重，并加上相应的阈值，在激活函数的作用后，即得到隐含层的节点值 y_k。其计算公式为

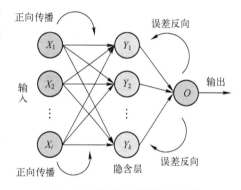

图 4-12　BP 神经网络拓扑结构

$$y_k = f^1 \left(\sum_{l=1}^{i} x_1 w_{k,1}^1 + b_k^1 \right) \tag{4-84}$$

式中，f^1 为作用于隐含层的激活函数；$w_{k,1}^1$ 为输入层节点与隐含层节点的连接权值；b_k^1 为输入层节点与隐含层节点之间的阈值。类似地，可以得到输出层每个网络节点的值 z_j。其计算公式为

$$z_j = f^2 \left(\sum_{l=1}^{k} y_1 w_{j,k}^2 + b_z^2 \right) \tag{4-85}$$

式中，f^2 为作用于输出层的激活函数；$w_{j,k}^2$ 为输出层节点与隐含层节点的连接权值；b_z^2 为隐含层和输出层节点之间的阈值。BP 神经网络的训练精度由平均二次方误差（MSE）来衡量，其计算公式为

$$\mathrm{MSE} = E(W, B) = \frac{1}{2N} \sum_{l=1}^{N} \sum_{n=1}^{j} (t_j^l - z_j^l) \tag{4-86}$$

式中，t_j^l 和 z_j^l 为样本数据中第 z 个样本在输出层第 j 个节点的预期输出和实际输出；N 为样本的数量。在训练迭代过程中，当误差精度不满足设定值时，信息由输出层经隐含层向输入层反向传递。通过偏差值的反向传递，各网络层之间的连接权重和阈值得以调整，经过反复的正反向传递过程交换，偏差逐渐减小，直到收敛至设定值以下。权重和偏差的计算公式为

$$\Delta w_{j,k}^2 = -\eta \frac{\partial E}{\partial w_{j,k}^2} = -\frac{\partial E}{\partial z_j} \frac{\partial z_j}{\partial w_{j,k}^2} \tag{4-87}$$

$$\Delta w_{j,k}^1 = -\eta \frac{\partial E}{\partial w_{k,i}^1} = -\frac{\partial E}{\partial z} \frac{\partial z}{\partial y_k} \frac{\partial y_k}{\partial w_{k,i}^1} \tag{4-88}$$

$$\Delta b_z^2 = \eta(t_j - z_j)f^2 \tag{4-89}$$

式中，η 为训练的梯度值。通过上述梯度算法，网络模型的训练误差得以收敛，误差值越小，则神经网络在该样本集上充分拟合，同时神经网络模型的精度越高。同时，为保证数据的随机性，应打乱训练数据的顺序，避免用固定的规则学习样本数据；训练数据中也可能存在噪声。顺序确定后，噪声将被混入标准数据中，以减少噪声数据的消极影响。

4.4.2 BP 神经网络 SOC 估算模型建立

影响锂离子电池 SOC 的因素有很多，例如电压、电流、电阻、温度、充放电容量、老化程度等。尽管丰富的数据对于神经网络模型的训练精度有相当大的影响，但内阻及老化等参数是不易测量的，并且大量的数据会消耗过多的训练时间和硬件算力。对于锂离子电池来说，电流和电压是最容易测量且更加直观影响 SOC 估算的参数，所以选择这两个参数作为神经网络模型的输入，电池的 SOC 值作为输出。图 4-13 所示为 BP 神经网络估算 SOC 的具体流程。

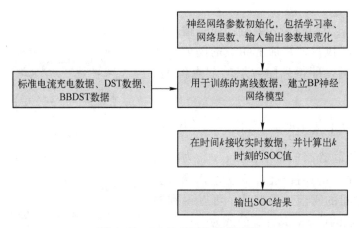

图 4-13　BP 神经网络估算流程

4.4.3 实验数据集预处理

预处理之前的数据包含各种数量的混合尺度属性，如本实验所需的电压、电流和温度，这些不同特征的数据之间有很大的数值差异。为了消除不同数据量纲差异对神经网络权重分配的影响，这些数据应该被缩放到一个合适的数据空间，例如 0~1。本小节采用归一化来处理数据，其表达式为

$$\bar{x}_i = \frac{x_i - x_{\min}}{x_{\max} - x_{\min}} \tag{4-90}$$

式中，$x_{\min}$ 为输入数据的最小值；$x_{\max}$ 为输入数据的最大值。该方法又称为离差标准化法，通过此方法可以将原始数据进行线性变换，以此消除不同量纲的影响。

4.4.4 仿真测试

为验证 BP 神经网络的估算效果，本小节沿用 2.3.3 节动态工况分析中的数据集，训练

集数据为 DST 工况数据，测试集为 BBDST 工况数据集。本小节的仿真测试工具为 MAT-LAB2021，实验系统为 Windows10，CPU 为 AMD-R6-2600，GPU 为 GTX1660。仿真测试结果如图 4-14 所示。

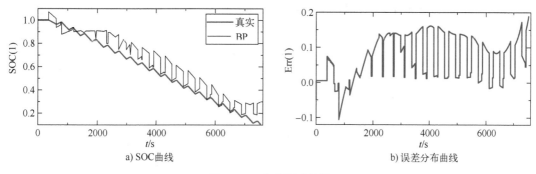

图 4-14　仿真测试结果

图 4-14a 为工况仿真的 SOC 曲线，图 4-14b 为工况仿真的误差分布曲线。从图中可以明显看出，BP 神经网络预测的 SOC 无法准确地跟随真实值的变化，最大误差甚至达到了20%。该仿真测试采用的是单隐含层结构，隐含层数为 20，为了进一步探索 BP 神经网络 SOC 估算效果，将网络结构改为双隐含层结构，各隐含层层数为 10，仿真测试结果如图 4-15 所示。

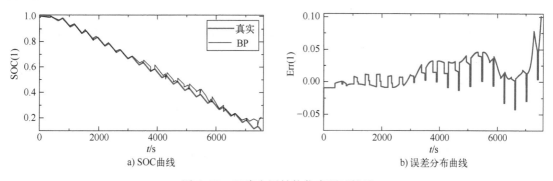

图 4-15　双隐含层结构仿真测试结果

如图 4-15 所示，在双隐含层结构下，BP 神经网络的 SOC 估算误差明显减小。然而，该结构的最大误差仍为 10%，并且误差主要分布在 5% ~ 10% 区间，无法满足高精度的 SOC 估算要求。

4.5　基于 NARX 神经网络的 SOC 估算模型研究

基于带外源输入的非线性自回归模型（Nonlinear Auto-Regressive Model with Exogenons Inputs，NARX）神经网络是一种有效的时间序列预测技术，可以用于建模非线性动态系统。本节研究基于 NARX 神经网络的 SOC 估算模型，分析其原理、结构和训练方法，并比较其与其他神经网络模型在 SOC 估算方面的优缺点。

4.5.1 NARX 神经网络算法分析

NARX 神经网络是非线性动态神经网络，该网络可以根据同一时间序列的先前值（反馈）和另一时间序列（外部时间序列）来学习预测下一个时间序列。NARX 神经网络结构如图 4-16 所示。

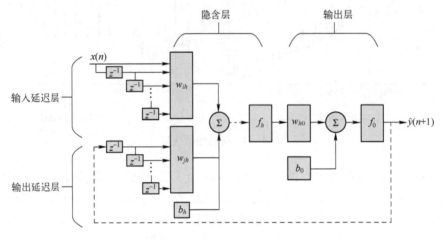

图 4-16　NARX 神经网络结构

由图 4-16 可知，NARX 神经网络相对于 BP 神经网络多了输入、输出延迟层，由此可见，该神经网络的核心是延迟层。NARX 神经网络包含两种不同的结构，如图 4-17 所示。

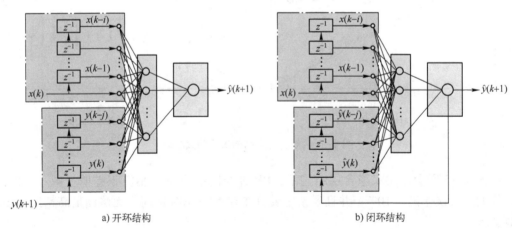

a) 开环结构　　　　　　　　　　　　　　b) 闭环结构

图 4-17　NARX 开环和闭环结构图

在开环结构中，输入和输出序列是已知的。真实的目标值直接输入延迟反馈单元，以计算和预测下一时刻的输出值。由于输出反馈延迟单元的输入是一个真实值，因此避免了误差的递归积累。这种模式没有反馈单元，使得网络模型向前发展，在训练过程中，网络收敛速度更快。在闭环结构中，延迟反馈单元的输入信号是 NARX 在最后时间的输出，这种模式用于目标变量未知时，反馈层的输入是神经网络在最后时间的预测值。两种模式的输入-输出关系式相同，都可以通过式（4-91）来描述。

$$y(t) = F[x(t), x(t-\Delta t), \cdots, x(t-n\Delta t), y(t), y(t-\Delta t), \cdots, y(t-m\Delta t)] \qquad (4-91)$$

式中，n 为输入的时间延迟步骤数；m 为反馈（输出）的时间延迟数。NARX 神经网络的构建从前馈感知器开始，以便通过使用输入 x_t 学习在 t 时刻的输出 y 的行为，并将 y 建模为一个回归模型的非线性函数形式。

$$y_t = \Phi\left(\beta_0 + \sum_{i=1}^{q} \beta_i h_{it}\right) \tag{4-92}$$

$$\hbar_{it} = \Psi\left(\overline{\gamma}_{i0} + \sum_{j=1}^{n} \overline{\gamma}_{ij} \overline{x}_{jt}\right) \tag{4-93}$$

式中，y_t 为输出的非线性函数形式；h_{it} 为隐含层输出的函数描述；Φ 为输出的激活函数；β_0 为输出偏置；β_i 为输出层的权重；$\overline{\gamma}_{i0}$ 为输入偏置；$\overline{\gamma}_{ij}$ 为输入层的权重；q 和 n 分别为神经元和输入的个数；Ψ 为隐藏神经元的激活函数，在本算法中即为逻辑函数，用来限制权重，其表达式为

$$\Psi(t) = \frac{1}{1+e^{-t}} \tag{4-94}$$

联立式（4-92）和式（4-93）即可得输出 y 更加具体的描述函数，如式（4-95）所示。

$$y_t = \Phi\left[\beta_0 + \sum_{i=1}^{q} \beta_i \Psi\left(\gamma_{i0} + \sum_{j=1}^{n} \gamma_{ij} x_{jt}\right)\right] \tag{4-95}$$

通过在输出上添加动态项即自回归，来描述一个递归网络。所以，隐含层可以通过式（4-96）来描述。

$$h_{it} = \Psi\left(\gamma_{i0} + \sum_{j=1}^{n} \gamma_{ij} x_{jt} + \sum_{r=1}^{q} \delta_{ir} h_{r,t-1}\right) \tag{4-96}$$

式中，δ_{ir} 为延迟 $h_{r,t-1}$ 反馈项的权重。将式（4-96）代入式（4-92），即可得到

$$y_t = \Phi\left[\beta_0 + \sum_{i=1}^{q} \beta_i \Psi\left(\gamma_{i0} + \sum_{j=1}^{n} \gamma_{ij} x_{jt} + \sum_{r=1}^{q} \delta_{ir} h_{r,t-1}\right)\right] \tag{4-97}$$

从式（4-97）可以看出网络的动态，通过过去时刻的反馈值以及多个输入便可得到输出。然而到目前为止，该模型只说明了一个隐藏的神经元层。在式（4-97）的基础上增加对象的索引值，即可将该模型扩展到 n 层，并且增加输出 y 的多维性质，如式（4-98）所示。

$$y_t^k = \Phi\left[\beta_0^k + \sum_{l=1}^{N} \sum_{i=1}^{q} \beta_i^l \Psi\left(\gamma_{i0}^l + \sum_{j=1}^{n} \gamma_{ij}^l x_{jt} + \sum_{r=1}^{q} \delta_{ir} h_{r,t-1}\right)\right] \tag{4-98}$$

式（4-98）描述了具体可实现的 NARX 神经网络，两种结构的网络是相同的，只是延迟单元中输出值获取的方式不同。对于开环网络，延迟单元中的输出值是网络的常规输入，而闭环网络通过将反馈回路获取的预测值送入延迟单元中。

4.5.2　网络超参数设计

NARX 神经网络的超参数设计包括选择网络的结构、激活函数、学习算法、延迟数、训练数据等。不同的超参数会影响网络的性能和泛化能力。一种常用的超参数优化方法是使用进化算法，如遗传算法或粒子群优化，来搜索最优的超参数组合。另一种方法是使用核正则化方法，来估计最佳的核函数和正则化参数。

通过 NARX 神经网络估算 SOC 时，网络延迟层、训练迭代以及隐含层的数量是影响网

络性能的关键参数。本小节将进行各种实验来探索这些参数对 NARX 神经网络的影响，以获取最佳的 SOC 估算模型。在第一个实验中，使用训练数据集（DST 数据）以及不同训练迭代周期对网络进行训练，然后在验证数据集（BBDST 数据）上测试其性能，各迭代次数下训练和验证的误差见表 4-2。

表 4-2　各迭代次数下训练和验证的误差

迭代次数	25	50	100	150	200	300	400	500	800	1000
t/s	60	121	242	363	486	717	960	1200	1929	2398
训练 RMSE(%)	0.95	0.81	0.36	0.26	0.36	0.09	0.18	0.23	0.13	0.13
训练 MAE(%)	0.49	0.41	0.23	0.16	0.25	0.06	0.12	0.16	0.09	0.09
验证 RMSE(%)	1.44	1.41	1.08	0.98	1.10	1.00	2.40	2.64	2.86	8.28
验证 MAE(%)	0.93	0.94	0.68	0.54	0.71	0.34	1.86	1.41	2.08	5.07

为保证实验的准确性和可靠性，避免初始值误差导致网络陷入局部最优，每个实验均进行 3 次重复测试，取其最优数据。如表 4-2 所示，总结了训练和验证集的训练时间、RMSE 和 MAE。为获得更加直观的比较，将表格数据绘制成曲线，如图 4-18 所示。

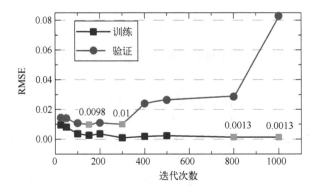

图 4-18　各迭代次数下训练和验证的 RMSE

如图 4-18 所示，训练过程的 RMSE 在前 150 个迭代平缓下降，随后下降趋势减小并慢慢达到平稳，在 800 次迭代后，训练结果达到了局部最优，RMSE 为 0.13%。对于验证过程，经过 150 次迭代时，到达效果最优，RMSE 为 0.98%，而后 RMSE 开始上升，这表明较大的迭代次数可能会导致过度拟合。通过对测试性能和训练时间进行权衡，训练时间与训练时期呈线性关系，150 个迭代为最佳选择。通过第一个实验可以得出，训练迭代次数会影响网络性能，除此之外，不同隐含层数也能在一定程度上影响网络性能。不同隐含层数训练和验证误差见表 4-3。

表 4-3　不同隐含层数训练和验证误差

隐含层数	5	7	9	10	11	13	15	20	25
训练 RMSE(%)	0.33	0.37	0.37	0.28	0.34	0.32	0.15	0.33	132.48
训练 MAE(%)	0.24	0.26	0.26	0.17	0.23	0.21	0.10	0.21	104.75
验证 RMSE(%)	1.17	1.11	1.33	1.18	1.26	1.32	1.50	7.78	136.49
验证 MAE(%)	0.70	0.70	0.64	0.73	0.82	0.82	1.04	2.16	105.70

　　表 4-3 详细地展示了不同隐含层数下训练和验证的 RMSE 和 MAE，从表中可以清晰地看出，不同隐含层数下训练和验证的具体性能参数，为了更加直观比较变化趋势，将表格数据绘制成曲线图，如图 4-19 所示。

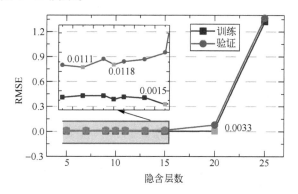

图 4-19　不同隐含层数训练和验证的 RMSE

　　在本次实验中，使用［5 7 9 10 11 13 15 20 25］之间变化的隐藏 NARX 神经元来测试网络的性能，RMSE 参数变化如图 4-19 所示。虽然使用更多的隐藏神经元会产生较小的训练误差，但过多也会导致过拟合即较大的测试误差。此外，较少的神经元将无法捕获潜在的动态，由此看来，7~15 个隐藏神经元对于网络是比较合适的。在最后一个测试中，使用控制变量法，通过改变输入或者输出的延迟层数对网络进行测试，得到最佳延迟层参数。不同延迟层数下训练和验证的参数见表 4-4。

表 4-4　不同延迟层数下训练和验证的参数

延迟层数（I-O）		2-2	3-2	4-2	5-2	6-2	7-2	8-2
t/s		55	195	211	224	234	256	271
训练	RMSE(%)	0.53	0.41	0.32	0.30	0.51	0.67	0.75
	MAE(%)	0.33	0.26	0.23	0.21	0.31	0.37	0.40
验证	RMSE(%)	1.30	1.18	1.18	1.22	1.34	1.49	1.67
	MAE(%)	0.83	0.74	0.74	0.61	0.86	0.94	1.08
延迟层数（I-O）		2-2	2-3	2-4	2-5	2-6	2-7	2-8
t/s		55	70	136	160	174	256	205
训练	RMSE（%）	0.53	0.69	0.54	0.54	0.67	15.15	26.90
	MAE（%）	0.33	0.42	0.38	0.33	0.41	11.25	19.75
验证	RMSE(%)	1.30	1.24	1.49	1.22	1.86	11.43	18.82
	MAE(%)	0.83	0.79	0.95	0.80	1.09	10.03	13.34

　　表 4-4 给出了不同输入、输出延迟层对网络性能影响的具体参数，表的上部分展示了输出延迟层数为 2，输入延迟层数由 2~8 变化时训练和验证的具体参数，表的下部分描述了输入延迟层数不变，输出延迟层数变化对网络性能的具体影响。图 4-20 直观地展示了性能变化趋势。

　　如图 4-20 所示，图 4-20a 展示了随着输入延迟层数的增加，训练和验证的 RMSE 趋势均是先下降后上升，图 4-20b 描述了一种随着输出延迟层数的增加，训练和验证的 RMSE

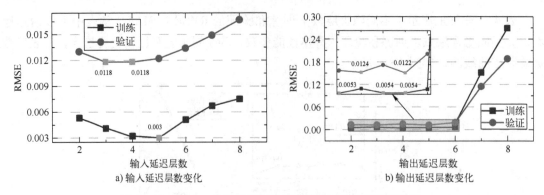

图 4-20　输入、输出延迟层数变化下训练和验证的 RMSE

均呈现出先振荡后急剧上升的现象。由此可见，随着延迟层数的增加，NARX 神经网络描述锂离子电池内部非线性的精确度在增加，但拥有过多延迟层数的复杂网络结构会导致过度拟合。由此建议将 2~4 个输入、输出延迟层数应用于网络。

4.5.3　基于 NARX 神经网络的 SOC 估算模型建立

在预测电池 SOC 的过程中，电压和电流可以由不同的传感器直接测量，作为神经网络的输入，而目标是每个时刻的 SOC 值。为了评估 NARX 神经网络在估算 SOC 方面的性能，本小节在两种模式下进行 SOC 估算，并进行比较和分析。图 4-21 所示为 NARX 神经网络 SOC 估算模型。

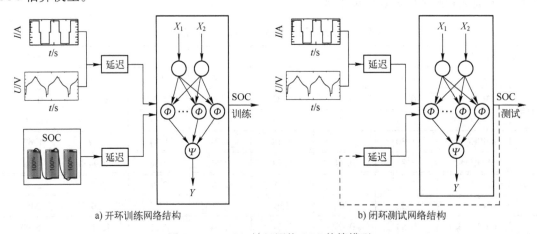

图 4-21　NARX 神经网络 SOC 估算模型

如图 4-21a 所示的训练过程中，电流、电压和 SOC 被用作输入变量，训练输出为 SOC，该网络中没有反馈结构，这大大节省了训练时间。图 4-21b 所示的测试过程中，反馈结构被添加，而训练目标被移除，在网络映射的作用下，通过输入电流和电压即可获得 SOC。

4.5.4　基于 NARX 的 SOC 估算模型评价指标选取与仿真测试

为了评价所建立的 SOC 估算模型，对预测数据和实际数据进行比较，本小节选择了 3 种统计指标：平均绝对误差（MAE）、平均绝对百分比误差（MAPE）和均方根误差（RMSE），各误差指标的具体计算表达式如下：

$$\text{RMSE} = \sqrt{\frac{1}{N} \sum_{i=1}^{N} |Y_i - \hat{Y}_i|^2} \qquad (4\text{-}99)$$

$$\text{MAE} = \frac{1}{N} \sum_{i=1}^{N} |Y_i - \hat{Y}_i| \qquad (4\text{-}100)$$

$$\text{MAPE} = \frac{1}{N} \sum_{i=1}^{N} \left| \frac{Y_i - \hat{Y}_i}{Y_i} \right| \qquad (4\text{-}101)$$

式中，Y_i 为 i 时刻的真实值，在本小节对应为 SOC 真实值；$\hat{Y}_i$ 为 i 时刻的预测值，在本小节对应为算法输出的 SOC 预测值；N 为数据样本的数量。

为了验证 NARX 神经网络在锂离子电池 SOC 估算中的可行性，4.5.3 节构建了一个精确的锂离子电池 SOC 估算模型，该模型的估计精度和收敛性需要在各种实验条件下得到验证。所以，为了探索循环工况下 NARX 神经网络的 SOC 估算的准确性，将在环境温度为 25℃ 时开展 100 次恒压恒流的循环充电和放电实验。实验数据集曲线如图 4-22 所示。

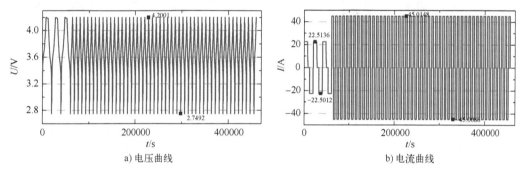

图 4-22 循环充放电实验数据集曲线

为避免电池过充电或过放电，整个循环充放电在安全阈值内进行。本次实验将数据集的 70% 用于开环 NARX 网络训练，剩余 30% 的数据通过闭环 NARX 网络验证。仿真结果如图 4-23 所示。

如图 4-23 所示，从图 4-23a 可以看出 NARX 神经网络在对于循环工况的测试中，具有良好的跟随性能，能够对不断变化的 SOC 进行准确估算。通过图 4-23b、c 可以得出，NARX 神经网络的最大误差约为 2.5%，远小于其他神经网络。在评价指标上，图 4-23d、e 和 f 显示的 RMSE、MAE、MAPE 仅为 1.4%、1.3% 和 4.5%，远远低于其他神经网络。

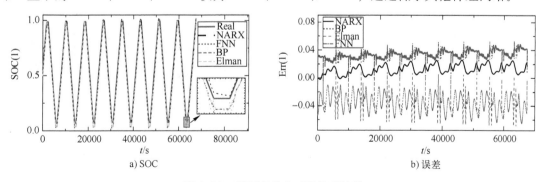

图 4-23 循环充放电工况仿真结果

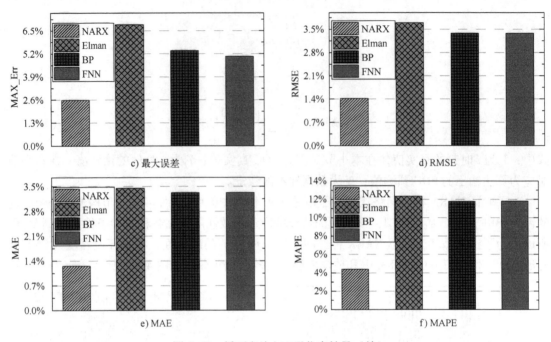

c) 最大误差 d) RMSE

e) MAE f) MAPE

图 4-23 循环充放电工况仿真结果（续）

通过开环网络训练、闭环网络测试获得 SOC 的方法具有精度高、时延低等特点，但该方法适用于数据变化不复杂的工况。为进一步验证 NARX 神经网络的泛用性，训练和测试均采用闭环 NARX 神经网络，在此基础上，增加工况复杂性，动态工况数据集曲线如图 4-24 所示。

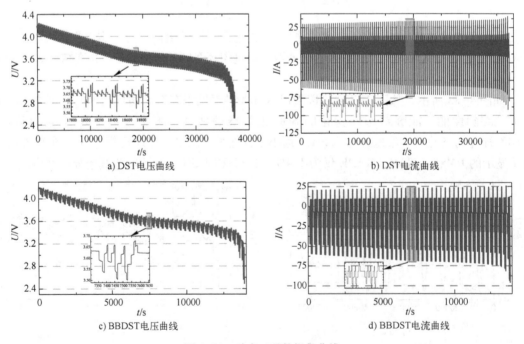

a) DST电压曲线 b) DST电流曲线

c) BBDST电压曲线 d) BBDST电流曲线

图 4-24 动态工况数据集曲线

图 4-24a 为 DST 工况电压，图 4-24b 为 DST 工况电流，二者为训练集输入变量，图 4-24c 和图 4-24d 为 BBDST 工况数据，作为测试集的输入变量。考虑到电池在实际应用环境中处于动态工况下运行，为验证 NARX 神经网络算法在复杂工况下对 SOC 跟随的效果和精度，使用 DST 工况数据作为训练集，BBDST 工况数据作为测试集。算法仿真如图 4-25 所示。

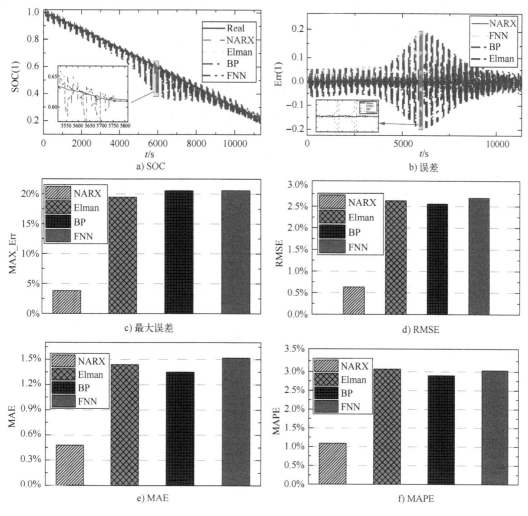

图 4-25　动态工况仿真

从图 4-25a 和图 4-25b 可以看出除 NARX 以外的其他神经网络在估算过程中均出现了较大的发散，而 NARX 能够稳定地跟随参考值，误差始终维持在 4% 以内，远低于其他神经网络。从图 4-25c 可以更直观地看出实验过程中的最大误差，在 Elman、BP、FNN 都出现发散导致误差极大的情况下，NARX 依然能够保持高精度，最大误差仅为 3.8%。最大误差有可能是随机的，图 4-25d、e 和 f 展示的评价指标则更具有公信力，从这 3 个分图可以看出 NARX 在不同评价指标下均能保持较小的值，仅为与之对比神经网络的 1/3，这体现了 NARX 神经网络在处理时序问题上的高精度和鲁棒性，也说明了该神经网络十分适用于锂离子电池的 SOC 估算。从数据上看，NARX 神经网络相对于其他神经网络具备更大的优势且精度较高，但从误差分布图的细节可以看出，网络模型会规律地出现尖端误差，该误差是由动态工况下数据变化频繁、不规律导致的噪声引起的。

4.5.5 基于 AEKF 优化 NARX 神经网络的 SOC 估算模型

4.5.4 节研究了 NARX 神经网络两种结构的 SOC 估算模型，通过了循环充放电工况和动态工况的验证，在两种工况下均能保持较好的精度。然而基本的 NARX 神经网络在复杂的工况下缺乏稳定性，无法处理测量数据无规律变化引起的噪声。所以，为了增强 NARX 神经网络的高精度性和鲁棒性，本小节将使用 AEKF 对 NARX 神经网络进行优化。

普通 KF 的噪声值通常是固定的，这与实际工况下噪声的统计特性不符合，易受噪声的影响而导致滤波结果不准确甚至发散。为了解决该问题，本节在扩展卡尔曼的基础上增加了一个对噪声统计特性的估计。通过测量数据 y_k 对噪声的均值 q_k、r_k 和方差 Q_k、R_k 进行实时估计，k 为离散时间，离散化采样周期 $T_s = 1\,\mathrm{s}$，再根据实时更新的均值和方差，修正当前的状态估计值，以提高算法精度、规避发散现象。过程噪声 w_k 和测量噪声 v_k 的均值为 $E[w_k] = q_k$ 和 $E[v_k] = r_k$，方差分别为 $D[w_k] = Q_k\delta_{kj}$，$D[v_k] = R_k\delta_{kj}$，过程噪声和测量噪声互不相关，且 q_k、r_k、Q_k 和 R_k 未知，估算步骤如下所述。

首先，对系统进行初始化，令 $k = 0$，则初始状态的估计值 x_0 和初始状态误差的协方差 P_0 如式（4-102）所示。

$$\begin{cases} \hat{\boldsymbol{x}}_0 = E[\boldsymbol{x}_0] \\ \boldsymbol{P}_0 = E[(\boldsymbol{x}_0 - \hat{\boldsymbol{x}}_0)(\boldsymbol{x}_0 - \hat{\boldsymbol{x}}_0)^{\mathrm{T}}] \end{cases} \tag{4-102}$$

接着，由 $k-1$ 时刻的状态和误差协方差矩阵，对 k 时刻不确定性的状态和误差协方差矩阵进行时间更新，计算过程如式（4-103）所示。

$$\begin{cases} \hat{\boldsymbol{x}}_k = \boldsymbol{A}_{k-1}\hat{\boldsymbol{x}}_{k-1} + \boldsymbol{B}_{k-1}\boldsymbol{u}_{k-1} + \boldsymbol{\Gamma}\boldsymbol{q}_{k-1} \\ \boldsymbol{P}_k = \boldsymbol{A}_k\boldsymbol{P}_{k-1}\boldsymbol{A}_k^{\mathrm{T}} + \boldsymbol{\Gamma}\boldsymbol{Q}_k\boldsymbol{\Gamma}^{\mathrm{T}} \end{cases} \tag{4-103}$$

式中，$\boldsymbol{A}^{\mathrm{T}}$ 为 $\boldsymbol{A}$ 的转置矩阵；$\hat{\boldsymbol{x}}_k$ 和 $\boldsymbol{P}_k$ 分别为 k 时刻状态和状态误差协方差的先验估计值。然后，计算卡尔曼增益矩阵 $\boldsymbol{K}_k$，如式（4-104）所示。

$$\boldsymbol{K}_k = \boldsymbol{P}_k\boldsymbol{C}_k^{\mathrm{T}}(\boldsymbol{C}_k\boldsymbol{P}_k\boldsymbol{C}_k^{\mathrm{T}} + \boldsymbol{P}_{k-1})^{-1} \tag{4-104}$$

若当前状态估计不确定性很高，$\boldsymbol{P}_k$ 会增大，$\boldsymbol{K}_k$ 相应地变大，导致系统大幅度地更新状态。此外，如果环境噪声很大，则 $\boldsymbol{P}_{k-1}$ 变大，会使 $\boldsymbol{K}_k$ 变小。进而，采用测量数据对下一时刻状态的估计量以及误差协方差进行不断更新，其表达式如式（4-105）所示。

$$\begin{cases} \hat{\boldsymbol{x}}_k = \hat{\boldsymbol{x}}_{k|k-1} + [\boldsymbol{y}_k - (\boldsymbol{C}\hat{\boldsymbol{x}}_{k|k-1} + \boldsymbol{D}\boldsymbol{u}_k + d - \boldsymbol{r}_{k-1})] \\ \boldsymbol{P}_k = (\boldsymbol{E} - \boldsymbol{K}_k\boldsymbol{C}_k)\boldsymbol{P}_{k|k-1} \end{cases} \tag{4-105}$$

下一时刻的状态估计等于该时刻状态的先验估计与测量值加权修正项之和。其中，$\boldsymbol{E}$ 是单位矩阵。由于测量值所提供的新信息，状态的不确定性通常会不断地减小，即 $\boldsymbol{P}_k$ 是一个不断变小的过程量。最后，采用测量数据不断地在线估计噪声的均值以及方差，使用更新后的状态不断地替换当前的状态估计值，实现对估计状态量和噪声统计量的交替更新，其表达式为

$$\begin{cases} \boldsymbol{q}_k = (1 - d_{k-1})\boldsymbol{q}_{k-1} + d_{k-1}\boldsymbol{G}(\hat{\boldsymbol{x}}_k - \boldsymbol{A}\hat{\boldsymbol{x}}_{k-1} - \boldsymbol{B}\boldsymbol{u}_{k-1}) \\ \boldsymbol{Q}_k = (1 - d_{k-1})\boldsymbol{Q}_{k-1} + d_{k-1}\boldsymbol{G}(\boldsymbol{L}_k\tilde{\boldsymbol{y}}_k\tilde{\boldsymbol{y}}_k^{\mathrm{T}}\boldsymbol{L}_k^{\mathrm{T}} + \boldsymbol{P}_k - \boldsymbol{A}\boldsymbol{P}_{k|k-1}\boldsymbol{A}^{\mathrm{T}})\boldsymbol{G}^{\mathrm{T}} \\ \boldsymbol{r}_k = (1 - d_{k-1})\boldsymbol{r}_{k-1} + d_{k-1}(\boldsymbol{y}_k - \boldsymbol{C}\hat{\boldsymbol{x}}_{k|k-1} - \boldsymbol{D}\boldsymbol{u}_{k-1} - d) \\ \boldsymbol{R}_k = (1 - d_{k-1})\boldsymbol{R}_{k-1} + d_{k-1}(\tilde{\boldsymbol{y}}_k\tilde{\boldsymbol{y}}_k^{\mathrm{T}} - \boldsymbol{C}\boldsymbol{P}_{k|k-1}\boldsymbol{C}^{\mathrm{T}}) \end{cases} \tag{4-106}$$

式中，$G = (\boldsymbol{\Gamma}^{\mathrm{T}} \boldsymbol{\Gamma}) \boldsymbol{\Gamma}^{\mathrm{T}}$；$d_{k-1} = (1-b)/(1-b^k)$；$b$ 为遗忘因子，$0 < b < 1$，取 $b = 0.96$。由以上分析，在线对 q_k、r_k、Q_k 和 R_k 进行实时估计，达到对状态变量 SOC 估计值不断修正的目标，从而实现自适应修正作用，以此来提高 SOC 估计精度。

在类似 BBDST 和 DST 等动态工况下，锂离子电池在短时间之内会经历大量的充电和放电，电压和电流的突降或者突升导致数据存在尖端噪声。尖端噪声使得 NARX 网络模型对复杂工况下的 SOC 估计缺乏稳定性，所以本节将使用 AEKF 对 NARX 网络模型加以改进，从而优化网络模型的估计性能。NARX-AEKF 模型如图 4-26 所示。

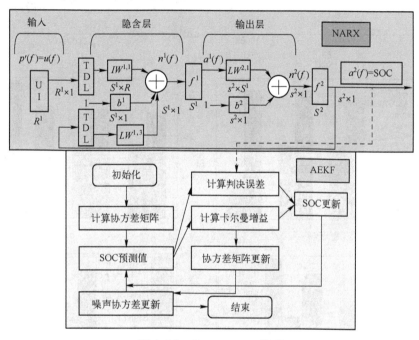

图 4-26 NARX-AEKF 模型

图 4-26 展示了 NARX-AEKF 锂离子电池 SOC 估算的整个流程。原始数据集中的电流和电压在经过 NARX 神经网络的映射下直接得到 SOC，由于此时的 SOC 值存在着尖端误差，所以将其当作输入送入自适应滤波器中进行滤波。

传统的 KF 估算方式通常是利用等效电路模型建立观测方程，系统离散状态空间方程则由安时积分的过程给出，本小节将 NARX 神经网络模型等效为观测方程，将网络估计的待优化 SOC 值输入 AEKF 模块中，通过滤波处理消除噪声和随机误差，进一步优化 SOC 的估计。式（4-107）和式（4-108）分别为 AEKF 的状态方程和测量方程。

$$\mathrm{SOC}_{k+1} = \mathrm{SOC}_k - \left(\frac{\eta \Delta t}{Q_{\mathrm{N}}} \right) i_k + w_k \tag{4-107}$$

$$E_k = \mathrm{SOC}_k + v_k \tag{4-108}$$

式中，i_k 为 k 时刻的电流；SOC_k 为 k 时刻的 SOC 状态估计值；η 为充放电效率；Q_{N} 为电池额定容量；w_k 和 v_k 为过程噪声和测量噪声；E_k 为 NARX 神经网络在 k 时刻的估计值。

4.5.6 基于 NARX-AEKF 的 SOC 估算模型仿真测试

1. 动态工况测试

为了验证 NARX-AEKF 模型相对于普通 NARX 神经网络的优势，本次动态工况测试的数据集沿用4.5.4节中NARX网络测试的动态工况数据集，并且所有的神经网络模型参数与之前保持一致。仿真结果如图4-27所示。

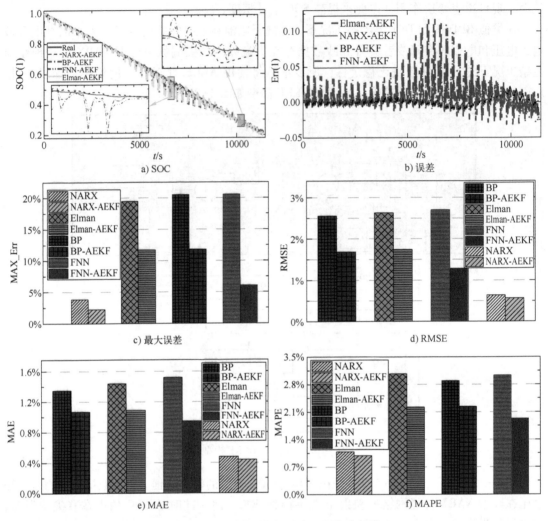

图4-27　NARX-AEKF动态工况仿真结果

图4-27a和图4-27b展示了不同神经网络在AEKF优化下的SOC估算曲线和误差曲线，可以看出在AEKF的优化下，NARX神经网络具有更高的精度，相比于其他神经网络优势十分明显。图4-27c～f描述了各神经网络优化前后的误差指标，从图4-27c可以看出，经过AEKF优化后，各神经网络的最大误差均减小了50%左右；图4-27d～f则更加可靠地说明了AEKF算法的优势，优化后各神经网络的误差指标均较大地减小，NARX-AEKF模型的误差指标相对于其他网络结构各指标依然维持着最低水平。总的来看，优化后各神经网络的误差显著降低，大大提高了算法的估算精度，这说明AEKF可以有效地维持网络的稳定性并且提高网络的估算精度。

2. 不同放电倍率的工况测试

为验证所提出的模型能否克服不同放电倍率对SOC估算的影响，使用0.5C放电倍率下的放电数据作为训练集，并通过0.3C和1C放电倍率下的数据进行验证。仿真结果如图4-28所示。

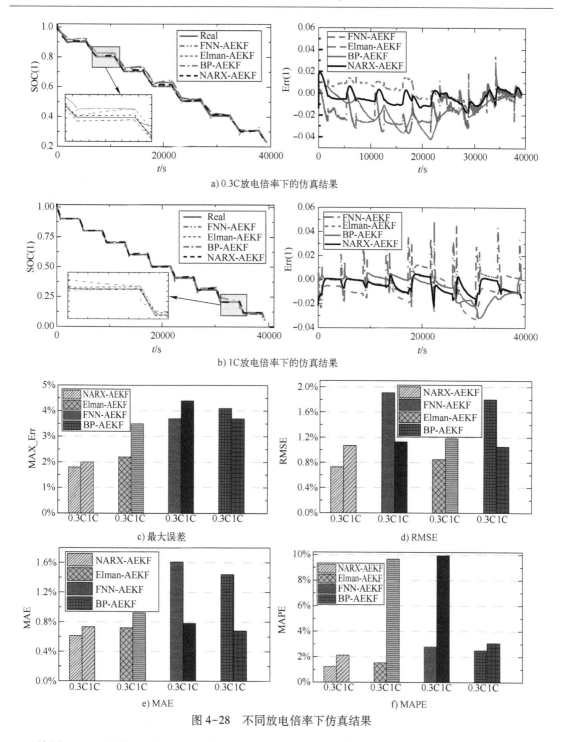

图 4-28　不同放电倍率下仿真结果

　　从图 4-28a 和图 4-28b 可以看出，NARX-AEKF 模型在高、低放电倍率下都能保持良好的收敛性，与其他模型相比误差较小，具有更强的鲁棒性。从图 4-28c～f 可以看出，NARX-AEKF 模型在高、低放电率下的最大误差都小于 2%，远远低于其他模型。NARX-AEKF 模型的 RMSE、MAE 和 MAPE 三个指标都明显优于其他模型，这证明了 NARX-AEKF 比其他模型有着更高的准确性，并证实了 NARX-AEKF 模型可以克服不同放电倍率对 SOC 估算的影响。

3. 不同温度下的动态工况测试

前文分析了不同环境温度对锂离子电池容量等重要参数的影响，所以本节将分别在高温和低温工况下进行实验，证明 NARX-AEKF 模型能够克服环境温度对 SOC 估算影响。本次实验将用环境温度为 25℃ 时收集的数据作为训练集，其他温度下收集的数据作为测试集。仿真结果如图 4-29 所示。

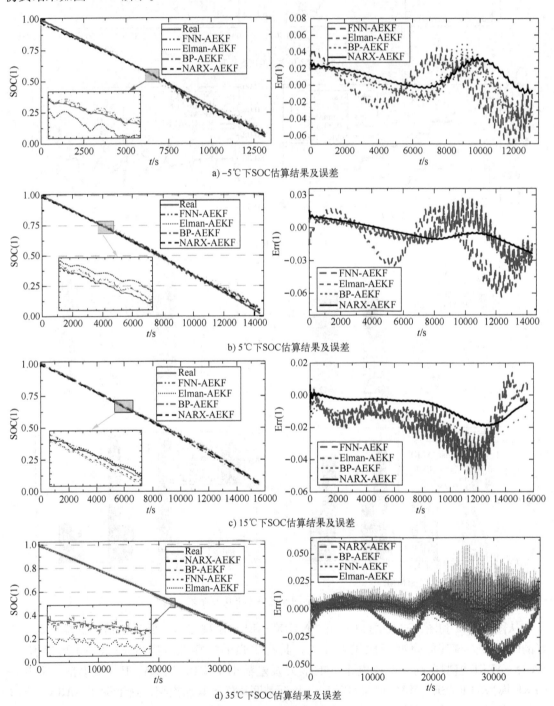

a) -5℃下SOC估算结果及误差

b) 5℃下SOC估算结果及误差

c) 15℃下SOC估算结果及误差

d) 35℃下SOC估算结果及误差

图 4-29　不同温度下 SOC 估算仿真

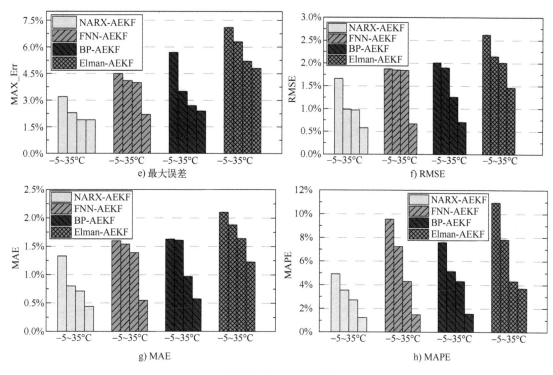

e) 最大误差   f) RMSE

g) MAE   h) MAPE

图 4-29 不同温度下 SOC 估算仿真（续）

从图 4-29a~d 可以看出，NARX-AEKF 模型能够平稳地跟随参考值变化，模型具有良好的收敛性，在低温条件下仍能对参考值的变化做出快速反应。图 4-29e~h 更直观地描述了不同模型的误差指标，从图中可以看出，NARX-AEKF 的最大绝对误差在低温和高温条件下都小于 3.5%，远远低于其他模型的误差，对于其他误差指标，所提出的方法有更明显的优势。所以，NARX-AEKF 模型在环境温度变化下 SOC 估算的准确性得到了验证，也进一步证明了该模型可以克服环境温度变化对 SOC 估算的影响。

4. 不同老化程度下工况测试

前文通过电池的老化实验分析，发现不同健康状态（SOH）下电池的特征参数发生了明显的变化，特征参数的变化将极大地影响 SOC 估算。为了验证 NARX-AEKF 模型是否能够适应老化程度的影响，使用未老化的数据作为训练集，将不同老化程度下的数据作为测试集。仿真结果如图 4-30 所示。

从图 4-30a~d 可以看出，在每个老化阶段，NARX-AEKF 模型与其他模型相比都具有更高的准确性和鲁棒性。图 4-30e~h 更直观地描述了不同模型的误差指标，当电池的 SOH 为 85% 时，NARX-AEKF 模型的最大绝对误差为 1.1%，模型的 RMSE、MAE 和 MAPE 分别为 0.53%、0.47% 和 8.2%。在经过进一步老化后，当 SOH 为 72% 时，SOC 估算的准确性下降，最大绝对误差增加到 2.1%，其他误差指标相应增加。当电池深度循环时，SOC 的准确性进一步下降，当 SOH 下降到 58% 时，最大绝对误差为 4.1%，RMSE 和 MAE 分别达到 2.6% 和 2.4%。然而，在所有健康状态下，NARX-AEKF 模型的最大绝对误差仍低于 4.5%。此外，所有的误差指标都明显优于其他模型。所以，NARX-AEKF 模型可以很好地解决不同程度的老化对锂离子电池的 SOC 估算的影响。

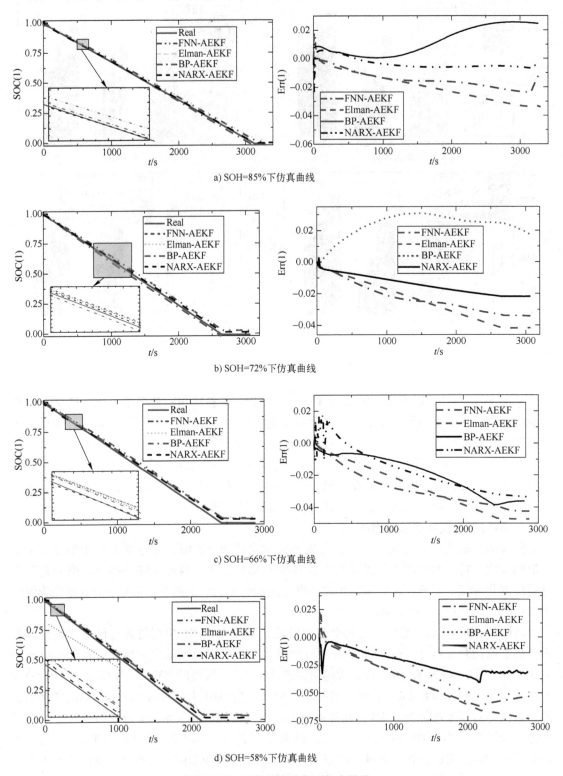

a) SOH=85%下仿真曲线

b) SOH=72%下仿真曲线

c) SOH=66%下仿真曲线

d) SOH=58%下仿真曲线

图 4-30　不同健康状态下仿真结果

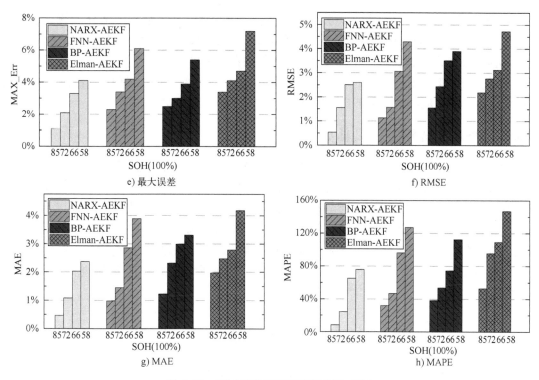

e) 最大误差　　　　　　　　　f) RMSE

g) MAE　　　　　　　　　h) MAPE

图 4-30　不同健康状态下仿真结果（续）

4.6　复杂工况下 SOC 估算性能分析

4.6.1　恒流放电实验的电池 SOC 估算

在 20℃的温度条件下，对额定容量为 72.5 A·h 的三元锂离子电池进行放电实验，得到电池的真实 SOC 变化数据；在 MATLAB/Simulink 中运用模型和算法对电池的 SOC 值进行仿真估算，随后将仿真估算结果与实验结果进行对比分析，计算仿真误差。所得结果如图 4-31 所示。

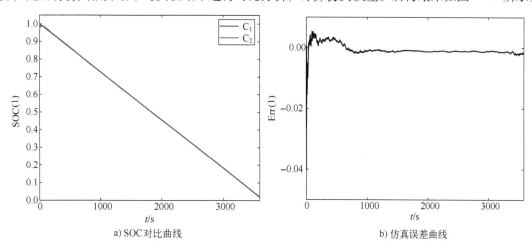

a) SOC 对比曲线　　　　　　　　　b) 仿真误差曲线

图 4-31　恒流放电实验电池 SOC 估算结果

如图 4-31 所示，C_1 为通过实验得出的真实 SOC 曲线，C_2 为 SOC 估算曲线。放电初期，由于电池的强非线性，SOC 仿真估算值与实验真实值误差较大，而随着实验过程的进行，算法逐渐进入运算状态，并在较短时间内使估算结果与真实值吻合，达到较好的跟踪效果。经计算，AFD-EKF 算法的容量估算绝对误差稳定在 0.485C，SOC 估算误差稳定在 0.67% 以内，在恒流放电工况下具有很高的 SOC 估算精度与稳定性。

4.6.2 DST 工况实验 SOC 估算

DST 工况是一种用于测试动力电池性能的方法，它可以模拟电池在实际工况下的充放电过程。通过对实际工况的拆分、裁剪、简化、功率分布统计、组合得成，得到一组便于充放电设备进行模拟的测试工况。针对电动汽车，通过对汽车进行匀速、加速、减速以及制动状态的模拟而设计汽车道路测试实验。利用 DST 工况模拟实验对电池进行测试，不仅可以检验上文提出的 AFD-EKF 算法的精确性能，更能通过此实验验证算法在真实公交车道路工况中的实用性以及稳定性。针对车载三元锂离子电池所设计的 DST 实验流程如图 4-32 所示。

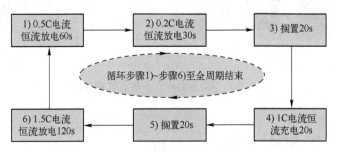

图 4-32 车载三元锂离子电池针对性 DST 实验流程

如图 4-32 所示，用放电倍率的高低与充放电时间对电动汽车的运行状态进行模拟，本实验的环境温度控制在恒定 25℃ 进行。图 4-33 所示为实验过程中电池的电压与电流变化曲线。

在进行仿真验证的同时，利用优化前后的算法进行相互比较，与 EKF 算法的估算结果对比，使得改进的效果得以突出，后续工况中也都会运用 EKF 算法作为比较。结果图如图 4-34 所示。

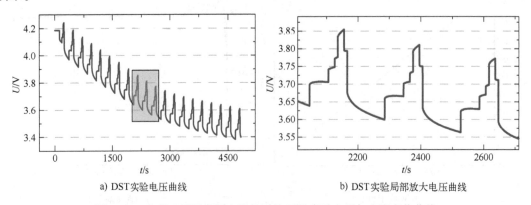

a) DST 实验电压曲线   b) DST 实验局部放大电压曲线

图 4-33 车载三元锂离子电池针对性 DST 实验电压与电流变化曲线

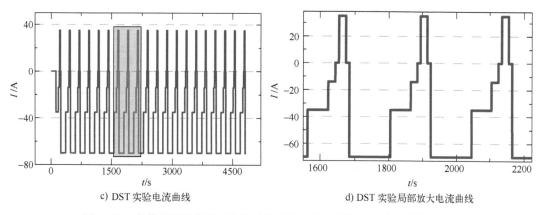

c) DST 实验电流曲线　　　　　　　　d) DST 实验局部放大电流曲线

图 4-33　车载三元锂离子电池针对性 DST 实验电压与电流变化曲线（续）

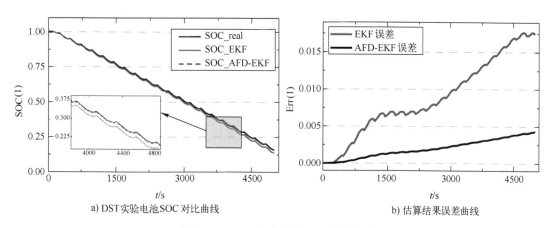

a) DST实验电池SOC对比曲线　　　　　　　b) 估算结果误差曲线

图 4-34　DST 实验电池 SOC 估算结果

　　实验结果表明，在 DST 实验条件下，EKF 算法的容量估算误差最大值为 1.28 A·h，SOC 估算误差最高达到 1.76%，而 AFD-EKF 算法对锂离子电池容量估算的最大误差为 0.36 A·h，SOC 估算误差稳定在 0.5% 以内。

4.6.3　BBDST 工况电池 SOC 估算实验分析

　　BBDST 是一种用于测试北京公交车动力电池性能的方法，它可以模拟公交车在不同运行时段电池组的电压、电流和车速等数据。BBDST 是一种基于 DST 工况实验的改进方法，它更贴近实际的公交车运行工况。为了进一步验证 AFD-EKF 算法 SOC 估算的准确性和稳定性，根据 BBDST 道路规则设计自主的汽车道路工况步骤，见表 4-5。

表 4-5　电池实验针对性 BBDST 工况表

步　　骤	P/kW		t/s		状态描述
	空调开启	空调关闭	完成步骤	累计	
1	45	37.5	21	21	起步
2	80	72.5	12	33	加速
3	12	4.5	16	49	滑行
4	-15	-15	6	55	制动

（续）

步　骤	P/kW		t/s		状态描述
	空调开启	空调关闭	完成步骤	累计	
5	45	37.5	21	76	加速
6	12	4.5	16	92	滑行
7	−15	−15	6	98	制动
8	80	72	9	107	加速
9	100	92.5	6	113	急加速
10	45	37.5	21	134	匀速
11	12	4.5	16	150	滑行
12	−15	−15	6	156	制动
13	80	72.5	9	165	加速
14	100	92.5	6	171	急加速
15	45	37.5	21	192	匀速
16	12	4.5	16	208	滑行
17	−35	−35	9	217	制动
18	−15	−15	12	229	制动
19	12	4.5	71	300	停车

　　参考 BBDST 工况的电车运行步骤，功率为正数表示放电过程，反之则为充电过程。根据每次步骤所需要的步骤，结合电池的具体容量，设计相应的充放电倍率，在每个步骤中采取与表 4-5 相同的工作时间，在 25℃ 恒温条件下对三元锂离子电池进行实验，得到如图 4-35 所示的电压、电流实验结果。

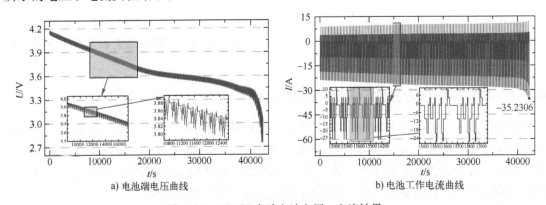

a) 电池端电压曲线　　　　　　　b) 电池工作电流曲线

图 4-35　BBDST 实验电池电压、电流结果

　　在实验中通过实时的数据传导，运用双在线算法体系对三元锂离子电池的 SOC 值进行估算，将实际 SOC 值与估计的 SOC 值进行比较，结果如图 4-36 所示。

　　如图 4-36 所示，AFD-EKF 算法的 SOC 估算平均误差保持为 0.88%，与文献中提到的算法相比，在相同的工况和实验温度条件下，平均误差减小了 1.86%，精确性方面有所提高。相比于传统 EKF 算法，AFD-EKF 算法的平均估算误差减小了 1.03%，最大估算误差减小 1.42%，根据估算效果评价指标，表明 AFD-EKF 算法相较于改进前的 EKF 算法，在估算精度与稳定性上都有一定提升。

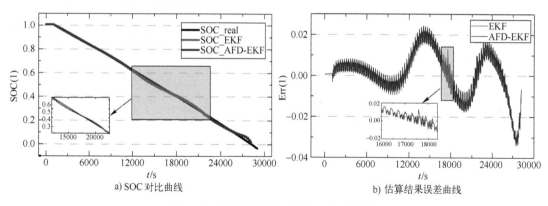

a) SOC 对比曲线　　　　　　　　　　b) 估算结果误差曲线

图 4-36　BBDST 实验电池 SOC 估算结果

4.6.4　多变温度下的 HPPC 实验电池 SOC 估算研究

多变温度下的 HPPC 实验是一种用于评估动力电池性能的方法，它可以测试电池在不同温度和 SOC 下的内阻、容量和能量等参数。为了进一步研究环境因素对算法估算电池 SOC 的影响，通过三层独立温控试验箱（BTT-331C）对电池进行变温 HPPC 实验。实验过程中，对温度施加随即变化函数与变化范围，以便能够对电池的工作环境温度进行真实模拟。以前期的电池温度特性与内阻特性研究成果，将温度变化范围设置为 10~20℃，实验过程中的其他流程与步骤以 HPPC 实验为准，不发生改变。记录实验中电池的工作电压与工作温度，如图 4-37 所示。

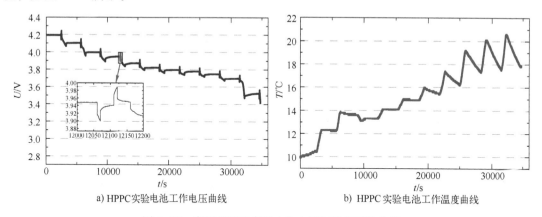

a) HPPC 实验电池工作电压曲线　　　　　b) HPPC 实验电池工作温度曲线

图 4-37　变温 HPPC 实验电池电压与温度变化曲线

从图 4-37 可以看出，在放电过程中，电池环境温度随时间波动；与恒温 HPPC 实验相比，电池电压也不平稳，并出现微小波动。这表明温度变化通过改变电池内阻而影响其工作电压。在环境干扰的情况下，运用双在线体系的渐消记忆法与 AFD-EKF 算法对工作中的电池进行实时的等效建模、参数辨识、参数递推以及 SOC 估算，并且依然运用传统的 EKF 算法以及模型参数函数计算的结合方法进行电池 SOC 估算对比，其结果如图 4-38 所示。

图 4-38 结果表明，改进算法的 SOC 估算平均误差为 0.9%，传统 EKF 算法的 SOC 估算

平均误差为 2.3%。改进算法的估计精度比原算法提高了 1.4%。此外，改进算法提高了 SOC 估算的稳定性。结果表明，即使在环境温度变化不定的环境中，算法的估算效果依然很稳定，这说明过程优化的等效模型与双在线系统的双重优化能够降低三元锂离子电池 SOC 估算过程中的误差波动，从而提高算法的精确度与稳定性。

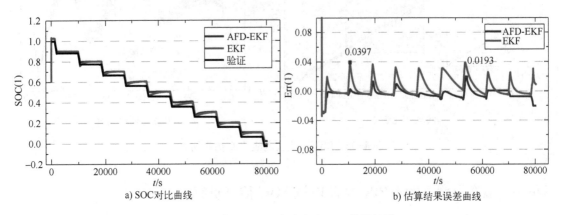

a) SOC 对比曲线　　　　　　　　　　　b) 估算结果误差曲线

图 4-38　变温 HPPC 实验电池 SOC 估算结果

4.6.5　大功率间歇性放电 SOC 估算实验验证

为了模拟电动汽车在崎岖道路上行驶时所需进行的加减速等适应性操作，设计了一套大功率间歇性放电实验。这套实验工况能够考察电池在不同放电功率下的 SOC 估算效果。当汽车突然加速时，需要高功率放电；当加速结束后，功率降低，并有短暂滑行阶段不需放电。以这些实际行驶情况为参考点，检验本节算法的综合性估算能力。具体实验流程图如图 4-39 所示。

图 4-39 中，以 300 W 恒功率放电模拟汽车的加速行驶过程，搁置 10 s 模拟汽车加速行驶后短暂的滑行过程，100 W 恒功率放电则模拟汽车滑行后进入正常匀速行驶的过程。对满电状态的电池进行 3 个工步的循环，直到电池放电至截止电压为止。将得到的实验数据进行整理，运用 AFD-EKF 算法对电池 SOC 进行在线估算，得到的结果如图 4-40 所示。

根据实验与仿真的对比结果可以看出，在以功率输出为主要内容的电池工作状态下，AFD-EKF 算法的容量估算平均误差为 $0.62\,A\cdot h$，SOC 估算平均误差为 0.86%，EKF 算法的容量估算平均误差为 $0.91\,A\cdot h$，SOC 估算平均误差为 1.26%，且从图中误差对比曲线可以看出，AFD-EKF 算法的整体估算误差曲线比较平稳，相较于 EKF 算法，无论是估算的稳定性、精确性，还是估算开始与末尾的收敛性都要更加完善。

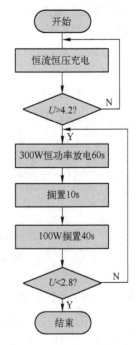

图 4-39　大功率间歇性
工况实验流程图

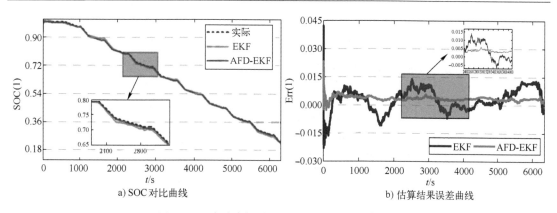

a) SOC 对比曲线　　　　　　　　　b) 估算结果误差曲线

图 4-40　大功率间歇性工况实验 SOC 估算结果

4.6.6　无人机定制工况下的 SOC 估算精度分析

1. 无人机定制工况实验设计思路

为验证改进算法在无人机锂离子电池上的应用精度，特对无人机锂离子电池定制全周期飞行工况仿真实验。工况内容包含飞行前检测、滑行、起飞、巡航、降落的全飞行过程，具体实验设计流程图如图 4-41 所示。

如图 4-41 所示，为了模拟无人机锂离子电池在实际飞行中的工作状态，设计了一套工况仿真实验。这套实验能够从多个角度展示锂离子电池在无人机飞行各个阶段所需提供的不同功率和续航时间。此外，实验还对电压进行了全程监测，以防止因为电池耗尽而导致无人机失去动力或其他故障。

2. SOC 估算精度验证分析

根据上述工况定制思路，使用实验室设备对电池进行安全范围内的工况控制、运行、监督和数据收纳，将收纳获取的实验数据代入算法进行无人机定制工况下的改进算法精度验证。得到的无人机定制工况仿真实验下 SOC 估算精度验证图及误差曲线图如图 4-42 所示。

如图 4-42a 所示，SOC_参考为实测仿真数据通过安时积分法计算得到的实际 SOC 参考值曲线，SOC_EKF 为使用 EKF 算法估算得到的 SOC 曲线，SOC_AEKF 为通过 AEKF 算法估算得到的 SOC 曲线，SOC_AFD-EKF 为通过 AFD-EKF 算法估算得到的 SOC 曲线，由图分析可知 AFD-EKF 算法可以高精度地估算锂离子电池 SOC；如图 4-42b 所示，Err_EKF 为 EKF 算法估算 SOC 的误差曲线，Err_AEKF 为 AEKF 算法估算 SOC 的误差曲线，Err_AFD-EKF 为 AFD-EKF 算法估算 SOC 的误差曲线。由图 4-42b 分析可知，改进后的算法估算误差远小于传统 EKF 算法。通过局部放大图分析可知，通过有限差分方法改进的 AFD-EKF 算法误差相较于 AEKF 算法的误差基本保持不变，证明了有限差分方法不会对估算精度造成影响。

为进一步直观快捷地对比两个估算算法之间的精度差异以及平均误差等方面的不同，分别使用同一时刻各估算算法计算得到的 SOC 值与实际 SOC 参考值相减得出估算误差，其中误差正值表示估算超出参考值的部分，误差负值表示估算低于参考值的部分，因此对误差取绝对值，再进一步计算估算误差的平均值、最大值及均方差值等表征特性，并使用表格的形式统一描述。描述结果见表 4-6。

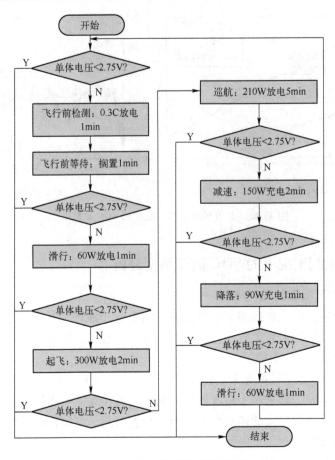

图 4-41　无人机定制工况流程图

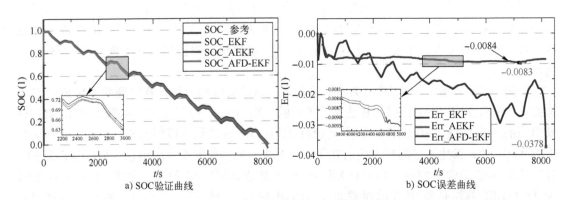

a) SOC验证曲线　　　　b) SOC误差曲线

图 4-42　无人机定制工况仿真实验下 SOC 估算精度验证图及误差曲线图

表 4-6　精度误差对比表

算　法	平 均 误 差	最 大 误 差	均方根误差
EKF	0.0152	0.0378	0.0168
AEKF	0.0083	0.0083	0.0085
AFD-EKF	0.0084	0.0084	0.0090

见表 4-6，在相同的实验运行工况下，AFD-EKF 算法和 AEKF 算法拥有近似相同的表征特性。AEKF 算法对于 SOC 的估算平均误差为 0.0083，相较于 EKF 算法对于 SOC 的估算平均误差 0.0152 减小了 0.0069。改进新算法的估算最大误差为 0.0084，相较于 EKF 算法的估算最大误差 0.0378 减小了 0.0294。且 AFD-EKF 算法估算结果的均方根误差为 0.0090，相较于 EKF 算法的均方根误差 0.0168 减小了 0.0078。以上统计特性说明改进后的 AFD-EKF 算法相比于传统 EKF 算法具有更高的 SOC 估算精度。

3. 估算实时性验证分析

为进一步论证改进算法在计算时间上的优势，分别获取两种算法在 MATLAB 上运行的时间消耗，可以进一步对比初始算法和改进算法消耗时间的差异。对比结果见表 4-7。

表 4-7　算法运行时间对比　　　　　　　　　　　　　　（单位：s）

工　　况	EKF	AFD-EKF	对　　比
无人机定制工况	3.8393	3.6511	−0.1882

见表 4-7，在其他影响因素保持相同的情况下，无人机定制工况 SOC 估算过程中，改进的 AFD-EKF 算法的运行时间为 3.6511 s，比传统的 EKF 算法估算 SOC 所需要计算消耗的时间 3.8393 s 减少了 0.1882 s，证明了改进的 AFD-EKF 算法在保证无人机定制工况 SOC 估算精度的前提下可以以更短的时间得出估算结果，充分说明了改进算法在估算实时性方面的优势。

综合上述分析可知，改进的 AFD-EKF 算法相较于传统 EKF 算法具有更加精确的估算精度；且在具有相同估算精度的前提下，改进的 AFD-EKF 算法表现出较为明显的估算实时性优势。

第5章 储能锂电池 SOP 估算方法研究

锂离子电池的功率状态（State of Power，SOP）通常用峰值功率来表示，是 BMS 和电动汽车的重要状态指标之一。动力电池大多工作于电动汽车加速和制动状态，而动力电池的 SOP 是电动汽车各项性能好坏的表征，影响电动汽车的安全行驶。因此，BMS 需要精确估算锂离子电池的 SOP。对于整车动力电池组功率来说，如果采用常规的电池功率来设计应用，会使得电池成本增加；如果功率设计偏小，则会使电池过充电、过放电，损害电池。电池峰值功率易受到外界环境温度、电池老化程度及 SOC 的影响，如果采用恒定的峰值功率，可能会使电动汽车电池出现故障。因而，锂离子电池的峰值功率在线高精度估算极其重要。

5.1 基于多约束条件下的锂离子电池 SOP 估算策略

锂离子电池的 SOP 是电动汽车确保安全性能和提高制动能量回收率的重要参数，可用于判断不同 SOC 下锂离子电池在充放电过程中能够吸收或释放的功率极值，并在保证电池系统正常运行的前提下，对电动汽车的动力性能进行优化，以更好地满足爬坡、加速、制动能量回收等功能需求。除此之外，SOP 估计可对电池的充放电过程进行约束，防止电池过充电、过放电现象的发生，对锂离子电池的合理使用和寿命延长有着重要的指导作用。

5.1.1 开路电压约束下的峰值电流

现有的二阶 RC 模型由于参数少且结构简单，所以经常用来作为锂离子电池整数阶的等效电路模型。欧姆内阻 R_o 反映的是电化学阻抗谱图中的高频区域，两个并联的 RC 电路用于模拟电化学阻抗谱图中的中频区域，但理想电容不能准确模拟双电层效应，固相扩散过程常被忽略；除此之外，没有物理元器件对电化学阻抗谱图中的低频区进行域表示。二阶 RC 等效电路模型无法完整模拟电池内部电化学反应，若要在此基础上提高模型的精度，需要增加更多的 RC 并联电路，但是高阶等效电路模型同时存在模型复杂度高、参数辨识困难、仿真时间长等问题。因此，本节用两个常相角元件（Constant Phase Element，CPE）来替代二阶 RC 模型中 RC 并联回路的整数阶电容，二阶分数阶等效电路模型如图 5-1 所示，图中 W 为分数阶 Warburg 元件。

基于开路电压限制的峰值电流估算，需要保证电池在工作过程中端电压在充放电截止电压范围内，即锂离子电池在工作过程中端电压不能大于充电截止电压 U_{max}，也不能小于放电截止电压 U_{min}。其中，充电电流为负，放电电流为正。可得锂离子电池开路电压计算公

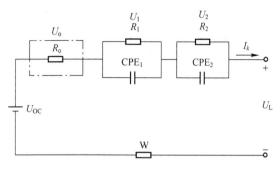

图 5-1　二阶分数阶等效电路模型

式为

$$U_{d,k} = U_{OCV,k}(SOC_k) - I_k R_o - U_{CPE1,k} - U_{CPE2,k} - U_{W,k} \tag{5-1}$$

式中，$U_{d,k}$ 为 k 时刻电路的端电压；$U_{OCV,k}$ 为 k 时刻电路的开路电压；$U_{W,k}$ 为 Warburg 元件的端电压。SOC_k 为以 I_k 为自变量的函数方程，所以式（5-1）不能直接计算峰值电流，需要使用泰勒公式进行解耦，即

$$U_{OCV,k}(SOC_k) = U_{OCV,k-1}(SOC_{k-1}) - I_k \frac{\eta \Delta t}{Q_c} \frac{\partial U_{OCV,k}(SOC_k)}{\partial SOC_k} \tag{5-2}$$

式中，η 为电池在充放电过程中的库伦效率；Q_c 为电池的额定容量；Δt 为采样时间。将式（5-2）代入式（5-1）中，并根据分数阶微积分定义进一步展开得到

$$U_{d,k} = U_{OCV,k-1}(SOC_{k-1}) - I_k \frac{\eta \Delta t}{Q_c} \frac{\partial U_{OCV,k}(SOC_k)}{\partial SOC_k} - I_k R_o -$$
$$\left[\left(\alpha - T^\alpha \frac{1}{R_1 C_1} \right) U_{CPE_1,k-1} + \frac{T^\alpha}{C_1} I_k \right] - \left[\left(\beta - T^\beta \frac{1}{R_2 C_2} \right) U_{CPE_2,k-1} + \frac{T^\beta}{C_2} I_k \right] - \tag{5-3}$$
$$\left[\gamma U_{W,k-1} - \frac{T^\gamma}{W} I_k \right]$$

式中，C_1、C_2 为 CPE_1、CPE_2 的电容；T 为计算周期；α、β、γ 分别为 CPE_1、CPE_2、Warburg 元件的分数阶阶数。

合并同类项后可得到

$$U_{d,k} = U_{OCV,k-1}(SOC_{k-1}) - \left(\alpha - T^\alpha \frac{1}{R_1 C_1} \right) U_{CPE_1,k-1} - \left(\beta - T^\beta \frac{1}{R_2 C_2} \right) U_{CPE_2,k-1} -$$
$$\gamma U_{W,k-1} - \left(\frac{\eta \Delta t}{Q_c} \frac{\partial U_{OCV,k}(SOC_k)}{\partial SOC_k} + R_o + \frac{T^\alpha}{C_1} + \frac{T^\beta}{C_2} - \frac{T^\gamma}{W} \right) I_k \tag{5-4}$$

则任意时刻基于分数阶模型的锂离子电池电流 I_k 可计算为

$$I_k = \frac{U_{OCV,k-1}(SOC_{k-1}) - \left(\alpha - T^\alpha \frac{1}{R_1 C_1} \right) U_{CPE_1,k-1} - \left(\beta - T^\beta \frac{1}{R_2 C_2} \right) U_{CPE_2,k-1} - \gamma U_{W,k-1} - U_{d,k}}{\left(\frac{\eta \Delta t}{Q_c} \frac{\partial U_{OCV,k}(SOC_k)}{\partial SOC_k} + R_o + \frac{T^\alpha}{C_1} + \frac{T^\beta}{C_2} - \frac{T^\gamma}{W} \right)} \tag{5-5}$$

考虑到锂离子电池的工作安全和寿命保障，需要对锂离子电池的端电压进行限制，$U_{d,min} \leqslant U_{d,k} \leqslant U_{d,max}$，则充放电过程中峰值电流可表示为

$$
\begin{cases}
I_U^{ch} = \dfrac{U_{OCV,k-1}(SOC_{k-1}) - \left(\alpha - T^\alpha \dfrac{1}{R_1 C_1}\right) U_{CPE_1,k-1} - \left(\beta - T^\beta \dfrac{1}{R_2 C_2}\right) U_{CPE_2,k-1} - \gamma U_{W,k-1} - U_{d,max}}{\left(\dfrac{\eta \Delta t}{Q_c} \dfrac{\partial U_{OCV,k}(SOC_k)}{\partial SOC_k} + R_o + \dfrac{T^\alpha}{C_1} + \dfrac{T^\beta}{C_2} - \dfrac{T^\gamma}{W}\right)} \\[6mm]
I_U^{dis} = \dfrac{U_{OCV,k-1}(SOC_{k-1}) - \left(\alpha - T^\alpha \dfrac{1}{R_1 C_1}\right) U_{CPE_1,k-1} - \left(\beta - T^\beta \dfrac{1}{R_2 C_2}\right) U_{CPE_2,k-1} - \gamma U_{W,k-1} - U_{d,min}}{\left(\dfrac{\eta \Delta t}{Q_c} \dfrac{\partial U_{OCV,k}(SOC_k)}{\partial SOC_k} + R_o + \dfrac{T^\alpha}{C_1} + \dfrac{T^\beta}{C_2} - \dfrac{T^\gamma}{W}\right)}
\end{cases}
\tag{5-6}
$$

将电池厂家提供的锂离子电池充放电的最大电流（最小充电电流 I_{min} 和最大放电电流 I_{max}）与上述两种峰值电流计算方法相结合，即可得到多状态下的峰值电流为

$$
\begin{cases}
I_{min}^{ch} = \max\left\{ I_{min}, I_{SOC}^{ch}, I_U^{ch} \right\} \\[3mm]
I_{max}^{dis} = \min\left\{ I_{max}, I_{SOC}^{dis}, I_U^{dis} \right\}
\end{cases}
\tag{5-7}
$$

式中，I_{SOC}^{ch}、I_{SOC}^{dis} 为一个采样周期内基于电池 SOC 限制下的最大充电、最大放电电流。

5.1.2 SOC 约束下的峰值电流

基于 SOC 限制的峰值电流估计，需要保证锂离子电池的 SOC 控制在合理的范围内，即在任意时刻 k 电池的 SOC 都应当满足 $SOC_{min} \leqslant SOC_k \leqslant SOC_{max}$，所以在 SOC 约束下，单个采样时间间隔内的峰值充放电电流分别为

$$
I_{SOC,min}^{ch,1} = \frac{SOC_k - SOC_{max}}{\dfrac{\Delta t}{C_{max}}}
\tag{5-8}
$$

$$
I_{SOC,max}^{dis,1} = \frac{SOC_k - SOC_{min}}{\dfrac{\Delta t}{C_{max}}}
\tag{5-9}
$$

式中，$I_{SOC,min}^{ch,1}$ 为在 SOC 限制下单个采样时间内最大充电电流；$I_{SOC,max}^{dis,1}$ 为在 SOC 限制下单个采样时间内最大放电电流；C_{max} 为电池在出厂时的额定电容量。在未来 $\Delta t L$ 时间段内的最大充电电流 $I_{SOC,min}^{ch,L}$ 和最大放电电流 $I_{SOC,max}^{dis,L}$ 分别为

$$
I_{SOC,min}^{ch,L} = \frac{SOC_k - SOC_{max}}{\dfrac{\Delta t L}{C_{max}}}
\tag{5-10}
$$

$$
I_{SOC,max}^{dis,L} = \frac{SOC_k - SOC_{min}}{\dfrac{\Delta t L}{C_{max}}}
\tag{5-11}
$$

基于锂离子电池 SOC 设计限值的峰值电流估计方法的优点在于，考虑了一段时间内符合安全规定的峰值电流，确保了实际电池充放电过程中的安全性。

5.1.3　在线多约束条件下的 SOP 估算

5.1.1 节与 5.1.2 节分别介绍了基于当前时刻开路电压和当前时刻 SOC 约束的锂离子电池充放电峰值电流估计，描述电池多约束条件下的功率状态估算，有助于充分表征电池能量供给与存储能力，提高电池状态的估算精度和鲁棒性。本小节综合考虑电池 SOP 估算的影响因素，搭建多因素约束下的储能锂电池持续峰值功率估算策略。

在任意 $k\sim k+n$ 时刻内的多因素约束下的储能锂电池峰值电流为

$$I_k^{\mathrm{ch,max}} = I_{k+n}^{\mathrm{ch,max}} = \min\{I_{\mathrm{SOC},k}^{\mathrm{ch,max}}, I_{U_T,k}^{\mathrm{ch,max}}, I_{\mathrm{design}}^{\mathrm{ch}}\} \tag{5-12}$$

$$I_k^{\mathrm{dis,max}} = I_{k+n}^{\mathrm{dis,max}} = \min\{I_{\mathrm{SOC},k}^{\mathrm{dis,max}}, I_{U_T,k}^{\mathrm{dis,max}}, I_{\mathrm{design}}^{\mathrm{dis}}\} \tag{5-13}$$

式中，$I_k^{\mathrm{ch,max}}$ 为任意 $k\sim k+n$ 时刻的最大持续充电电流；$I_k^{\mathrm{dis,max}}$ 为任意 $k\sim k+n$ 时刻的最大持续放电电流；$I_{U_T,k}^{\mathrm{ch,max}}$ 和 $I_{U_T,k}^{\mathrm{dis,max}}$ 为电池端电压约束条件下持续时间段内电池所能达到的最大充电电流和最大放电电流；$I_{\mathrm{design}}^{\mathrm{ch}}$ 和 $I_{\mathrm{design}}^{\mathrm{dis}}$ 为电池出厂时设定的充电截止电流和放电截止电流。

在任意 $k\sim k+n$ 时刻内的储能锂电池持续峰值充放电功率为

$$P_k^{\mathrm{ch,max}} = U_{T,k}I_k^{\mathrm{ch,max}} \tag{5-14}$$

$$P_k^{\mathrm{dis,max}} = U_{T,k}I_k^{\mathrm{dis,max}} \tag{5-15}$$

式中，$U_{T,k}$ 为任意 $k\sim k+n$ 时刻内储能锂电池端电压；$P_k^{\mathrm{ch,max}}$ 为任意 $k\sim k+n$ 时刻内多因素约束下储能锂电池持续峰值充电功率；$P_k^{\mathrm{dis,max}}$ 为任意 $k\sim k+n$ 时刻内多因素约束下储能锂电池持续峰值放电功率。可以看出，锂离子电池的功率状态实质上是对电池当前电压与电流及其影响因子的描述，其状态量的描述离不开对电池模型参数的分析。根据在线参数辨识算法，实现多约束条件下的锂离子电池 SOP 估算策略，其实现流程图如图 5-2 所示。

综上所述，在线多约束条件下 SOP 估算策略可以通过对参数的多重限制，实现更高精度的 SOP 估算，避免由模型参数噪声引起的误差。

5.1.4　储能锂离子电池 SOC 与 SOP 联合估算方法

根据以上 SOP 的推导过程，SOP 的在线估算需要对电池 SOC 进行准确预估，而电池 SOP 的变化也会导致电池的 SOC 发生变化，基于 SOC 约束下充放电电流的估算对电池 SOC 的估算值也要求很高的精度，因此将二者联合起来进行估算具有实际研究意义。本小节在使用改进 H∞ 滤波算法估算电池 SOC 的基础上，提出一种多参数约束下的储能锂电池 SOC 和 SOP 联合估算方法，联合估算流程图如图 5-3 所示。

SOC 约束值来自于自适应 H∞ 滤波算法，LM-MILS 算法得到的实时模型参数作为模型修正值，根据电池厂商提供的电池本身限制作为最后一项约束条件。该方法拟解决使用单一约束条件时，在某一阶段峰值电流的放电能力偏大和初始 SOC 存在较大误差时放电初始阶段 SOP 出现一定偏差的问题，实现峰值电流的高精度估算。

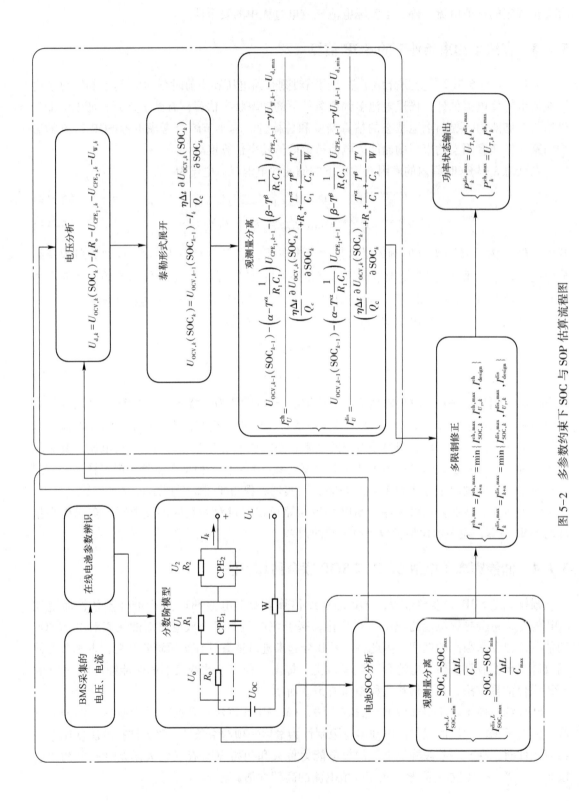

图 5-2 多参数约束下 SOC 与 SOP 估算流程图

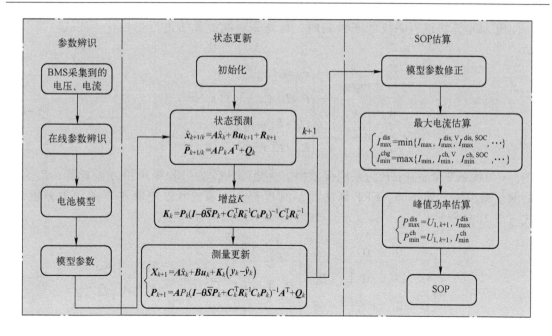

图 5-3　SOC 与 SOP 联合估算流程图

5.2　基于 SWMI-AEKF 算法的能量状态估算研究

电池能量状态（State of Energy，SOE）用于表征动力锂离子电池剩余电量，其定义为

$$\text{SOE}(t) = \text{SOE}(t_0) + \eta_e \int_{t_0}^{t} P(\tau) \mathrm{d}\tau / E_N \tag{5-16}$$

式中，$\text{SOE}(t)$ 为 t 时刻电池的剩余能量；$\text{SOE}(t_0)$ 为 t_0 时刻电池的剩余能量；$P(\tau)$ 为 τ 时刻电池的功率；E_N 为电池额定能量；η_e 为能量效率。

准确的 SOE 估算是电动汽车剩余续驶里程精确预估、电源系统能量分配的基础，可实现对电池进行精确控制与安全管理，避免电池出现过充电、过放电导致电池发生不可逆的损坏以及安全事故的发生。基于等效电路模型的 SOE 估算方法能消除采用功率积分法对 SOE 进行估算时带来的累积误差和初始误差，同时该方法也能避免神经网络方法需要大量的测试数据进行样本训练的缺点，基于等效电路模型的方法具有很强的泛化能力。EKF 算法是基于模型的估算方法中重要的方法之一，该算法具有计算量小与易于工程实现等优点。本节以二阶 RC 等效电路模型为基础，采用滑窗多新息（Sliding Window Multi-Innovation，SWMI）自适应方法对 EKF 算法进行优化，实现动力锂离子电池 SOE 的精确估算。

5.2.1　EKF 算法

锂离子电池属于强非线性系统，需采用 EKF 算法进行电池状态估算，EKF 算法通过泰勒展开将非线性系统进行线性处理，从而根据 KF 算法的原理实现对系统状态的预测。以二阶 RC 等效电路模型为例，基于 EKF 算法的 SOE 估算过程如下：

使用 EFK 算法进行系统状态预测时，首先需对滤波算法进行初始化，如式（5-17）所示。

$$\boldsymbol{x}_0 = \begin{bmatrix} \text{SOE} \\ U_1 \\ U_2 \end{bmatrix} \Rightarrow \begin{cases} \bar{\boldsymbol{x}}_0 = E[\boldsymbol{x}_0] \\ \boldsymbol{P} = E[(\boldsymbol{x}_0 - \bar{\boldsymbol{x}}_0)(\boldsymbol{x}_0 - \bar{\boldsymbol{x}}_0)^{\mathrm{T}}] \\ \boldsymbol{Q}_0 = E[\boldsymbol{\omega}_0 \boldsymbol{\omega}_0^{\mathrm{T}}] \\ \boldsymbol{R}_0 = E[\boldsymbol{v}_0 \boldsymbol{v}_0^{\mathrm{T}}] \end{cases} \tag{5-17}$$

式中，$\boldsymbol{x}$ 为状态变量矩阵；$\boldsymbol{P}$ 为系统误差协方差矩阵；$\boldsymbol{Q}_0$ 为过程噪声协方差矩阵；$\boldsymbol{R}_0$ 为系统的测量噪声协方差矩阵。EKF 算法的预测过程分为系统状态更新与误差协方差更新，如式（5-18）所示。

$$\boldsymbol{A}_k = \begin{bmatrix} 1 & 0 & 0 \\ 0 & \mathrm{e}^{-\frac{T}{\tau_1}} & 0 \\ 0 & 0 & \mathrm{e}^{-\frac{T}{\tau_2}} \end{bmatrix}, \quad \boldsymbol{B}_k = \begin{bmatrix} -\frac{T}{E_T} U_{\mathrm{L}}(k) \\ R_1(1-\mathrm{e}^{-\frac{T}{\tau_1}}) \\ R_2(1-\mathrm{e}^{-\frac{T}{\tau_2}}) \end{bmatrix} \Rightarrow \begin{cases} \boldsymbol{x}_{k|k+1} = \boldsymbol{A}_k \boldsymbol{x}_k + \boldsymbol{B}_k \boldsymbol{u}_k \\ \boldsymbol{P}_{k|k+1} = \boldsymbol{A}_k \boldsymbol{P}_k \boldsymbol{A}_k^{\mathrm{T}} + \boldsymbol{Q}_k \end{cases} \tag{5-18}$$

式中，$\boldsymbol{x}_{k|k+1}$ 为根据系统状态空间方程预测得到的系统状态；$\boldsymbol{u}_k$ 为系统的控制变量，此处为电池充放电电流；$\boldsymbol{A}_k$ 为系统转移矩阵；$\boldsymbol{B}_k$ 为控制矩阵；$\boldsymbol{P}_{k|k+1}$ 为预测的系统误差协方差矩阵。在系统的状态预测后，需要对系统的卡尔曼补偿增益与系统新息进行计算，从而实现对预测结果的修正。卡尔曼补偿增益与系统新息计算如式（5-19）所示。

$$\boldsymbol{C}_k = \begin{bmatrix} \dfrac{\partial U_{\mathrm{OC}}}{\partial \text{SOE}} & 1 & 1 \end{bmatrix} \Rightarrow \begin{cases} \boldsymbol{K}_k = \boldsymbol{P}_{k|k+1} \boldsymbol{C}_k^{\mathrm{T}} (\boldsymbol{C}_k \boldsymbol{P}_{k|k+1} \boldsymbol{C}_k^{\mathrm{T}} + \boldsymbol{R}_k)^{-1} \\ \boldsymbol{\zeta}_k = \boldsymbol{y}_{k+1} - (\boldsymbol{C}_k \boldsymbol{x}_{k|k+1} + \boldsymbol{D}_k \boldsymbol{u}_k) \end{cases} \tag{5-19}$$

式中，$\boldsymbol{K}_k$ 为估算时的卡尔曼补偿增益；$\boldsymbol{\zeta}_k$ 为系统的新息；$\boldsymbol{C}_k$ 为测量矩阵；$\boldsymbol{D}_k$ 为反馈矩阵；$\boldsymbol{y}_{k+1}$ 为系统观测值。根据得到的补偿增益与系统的新息，则可对系统的预测结果与协方差矩阵进行修正，如式（5-20）所示。

$$\begin{cases} \boldsymbol{x}_{k+1} = \boldsymbol{x}_{k|k+1} + \boldsymbol{K}_k \boldsymbol{\zeta}_k \\ \boldsymbol{P}_{k+1} = (\boldsymbol{E} - \boldsymbol{K}_k \boldsymbol{C}_k) \boldsymbol{P}_{k|k+1} \end{cases} \tag{5-20}$$

式中，$\boldsymbol{x}_{k+1}$ 为最终得到的系统状态；$\boldsymbol{P}_{k+1}$ 为系统误差协方差矩阵；$\boldsymbol{E}$ 为单位矩阵。根据以上的估算算法迭代计算，可实现系统状态估算。

5.2.2 基于先验噪声估算的改进 AEKF 算法

由于 EKF 算法在应用中的噪声要求难以满足，因此往往会导致估算的结果存在较大误差。为了降低噪声问题带来的 EKF 算法估算误差，本节对传统 EKF 算法进行优化，采用 AEKF 算法实现电池 SOE 的精确估计，即通过系统前一个时刻的新息与状态估算结果对系统噪声进行估算，从而实现当前时刻系统的观测噪声协方差与过程噪声协方差的修正。整体过程如下：

选择动力锂离子电池的 SOE 与等效电路模型的极化电压作为状态变量，则可以得到式（5-21）所示的状态空间方程。

$$\begin{cases} \begin{bmatrix} \mathrm{SOE}(k+1) \\ U_1(k+1) \\ U_2(k+1) \end{bmatrix} = \begin{bmatrix} 1 & 0 & 0 \\ 0 & \mathrm{e}^{-\frac{T}{\tau 1}} & 0 \\ 0 & 0 & \mathrm{e}^{-\frac{T}{\tau 2}} \end{bmatrix} \begin{bmatrix} \mathrm{SOE}(k) \\ U_1(k) \\ U_2(k) \end{bmatrix} + \begin{bmatrix} -\dfrac{T}{E_T}U_{\mathrm L}(k) \\ R_1\left(1-\mathrm{e}^{-\frac{T}{\tau 1}}\right) \\ R_2\left(1-\mathrm{e}^{-\frac{T}{\tau 2}}\right) \end{bmatrix} I(k) + \boldsymbol{\omega}(k) \\[4mm] U_{\mathrm L}(k) = U_{\mathrm{OC}}(k) + \begin{bmatrix} 0 \\ 1 \\ 1 \end{bmatrix}^{\mathrm T} \begin{bmatrix} \mathrm{SOE}(k) \\ U_1(k) \\ U_2(k) \end{bmatrix} + R_0 I(k) + \boldsymbol{v}(k) \end{cases} \tag{5-21}$$

式中，$\mathrm{SOE}(k)$ 为 k 时刻的电池能量状态；令 $\boldsymbol{x}_k = \begin{bmatrix} \mathrm{SOE}(k) & U_1(k) & U_2(k) \end{bmatrix}^{\mathrm T}$ 作为系统的状态矩阵，充放电电流 I 作为系统的控制变量 $\boldsymbol{u}(k)$，根据动力锂离子电池状态空间方程，将其进行泰勒展开并忽略高阶项后，动力锂离子电池状态空间方程可表示为式（5-22）所示的线性化系统。

$$\begin{cases} \boldsymbol{x}_{k+1} = \boldsymbol{A}\boldsymbol{x}_k + \boldsymbol{B}\boldsymbol{u}_k + \boldsymbol{\omega}_k \\ \boldsymbol{y}_{k+1} = \boldsymbol{C}\boldsymbol{x}_k + \boldsymbol{D}\boldsymbol{u}_k + \boldsymbol{v}_k \end{cases} \tag{5-22}$$

式中，$\boldsymbol{y}_k = U_{\mathrm L}$ 为动力锂离子电池测量端电压。系统转移矩阵 $\boldsymbol{A}$、控制矩阵 $\boldsymbol{B}$、测量矩阵 $\boldsymbol{C}$ 与反馈矩阵 $\boldsymbol{D}$ 为

$$\begin{cases} \boldsymbol{A} = \begin{bmatrix} 1 & 0 \\ 0 & \mathrm{e}^{-\frac{T}{\tau}} \end{bmatrix} \\[4mm] \boldsymbol{B} = \begin{bmatrix} -\dfrac{T}{E_T}U_{\mathrm L} \\ R_{\mathrm p}\left(1-\mathrm{e}^{-\frac{T}{\tau}}\right) \end{bmatrix} \\[4mm] \boldsymbol{C} = \begin{bmatrix} \dfrac{\partial U_{\mathrm{OC}}}{\partial \mathrm{SOE}} & 1 & 1 \end{bmatrix} \\[2mm] \boldsymbol{D} = R_{\mathrm o} \end{cases} \tag{5-23}$$

为提高 EKF 算法的泛化能力以及 SOE 的估算精度，通过系统前一个时刻的新息与状态估算结果对系统噪声进行估算，从而实现当前时刻系统的观测噪声协方差与过程噪声协方差的修正。根据系统的观测方程，可以得到 k 时刻的系统新息 $\boldsymbol{\zeta}$，如式（5-24）所示。

$$\boldsymbol{\zeta}_k = \boldsymbol{y}_{k+1} - \boldsymbol{C}\boldsymbol{x}_{k|k+1} - \boldsymbol{D}\boldsymbol{u}_k \tag{5-24}$$

将系统观测方程代入式（5-24），则可以得到式（5-25）所示的系统新息计算公式。

$$\boldsymbol{\zeta}_k = \boldsymbol{C}\boldsymbol{x}_k - \boldsymbol{C}\boldsymbol{x}_{k|k+1} + \boldsymbol{v}_k \tag{5-25}$$

设新息 $\boldsymbol{\zeta}_k$ 的协方差为 $\boldsymbol{H}$，根据协方差的计算公式 $\boldsymbol{E}\left[\boldsymbol{\zeta}_k\boldsymbol{\zeta}_k^{\mathrm T}\right]$，可得新息协方差 $\boldsymbol{H}$ 的计算公式为

$$\boldsymbol{H} = \left(\boldsymbol{C}\boldsymbol{x}_k - \boldsymbol{C}\boldsymbol{x}_{k|k+1} + \boldsymbol{v}_k\right)\left(\boldsymbol{C}\boldsymbol{x}_k - \boldsymbol{C}\boldsymbol{x}_{k|k+1} + \boldsymbol{v}_k\right)^{\mathrm T} \tag{5-26}$$

令 $\boldsymbol{R}_{k+1}$ 为系统观测噪声的协方差矩阵，可得到动力锂离子电池系统新息协方差矩阵 $\boldsymbol{H}$ 的计算公式，如式（5-27）所示。

$$\boldsymbol{H} = \boldsymbol{C}\boldsymbol{P}_{k|k+1}\boldsymbol{C}^{\mathrm T} + \boldsymbol{R}_{k+1} \tag{5-27}$$

因此，根据式（5-27）所示计算公式，可通过新息 $\boldsymbol{\zeta}_k$ 估算得到系统的观测噪声协方差矩阵，如式（5-28）所示。

$$R_{k+1} = H - CP_{k|k+1}C^{\mathrm{T}} \tag{5-28}$$

由于式（5-28）可能会导致噪声协方差矩阵出现非正定，且随着迭代计算，误差协方差趋近于 0，因此 R_{k+1} 主要受新息的影响。为了保证观测噪声协方差矩阵在前期的迭代过程中正定，式（5-28）可用式（5-29）代替，动力锂离子电池能量状态估算模型的观测噪声协方差矩阵估算如式（5-29）所示。

$$R_{k+1} = H + CP_{k|k+1}C^{\mathrm{T}} \tag{5-29}$$

除观测噪声的影响外，过程噪声也是影响 EKF 算法对动力锂离子电池 SOE 的重要因素。根据构建的动力锂离子电池系统状态空间方程，同时可以得到 k 时刻的系统过程噪声，如式（5-30）所示。

$$\boldsymbol{\omega}_k = \boldsymbol{x}_{k+1} - \boldsymbol{x}_{k|k+1} \tag{5-30}$$

根据 EKF 算法中系统状态估算公式与 EKF 算法对系统状态修正过程中的补偿增益 $\boldsymbol{K}_k$ 与系统新息 $\boldsymbol{\zeta}_k$，可以得到基于构建的等效电路模型对动力锂离子电池的能量状态估算时的过程噪声矩阵 $\boldsymbol{\omega}_k$，如式（5-31）。

$$\boldsymbol{\omega}_k = \boldsymbol{K}_k \boldsymbol{\zeta}_k \tag{5-31}$$

因此，根据式（5-31）所示的过程噪声与协方差计算定义，可得到 EKF 算法的过程噪声协方差矩阵，从而实现 EKF 算法中的过程噪声修正，过程噪声协方差矩阵为

$$\boldsymbol{Q}_{k+1} = \boldsymbol{K}_k \boldsymbol{\zeta}_k \boldsymbol{\zeta}_k^{\mathrm{T}} \boldsymbol{K}_k^{\mathrm{T}} \tag{5-32}$$

将式（5-29）与式（5-32）所示的噪声协方差矩阵计算公式代入 EKF 算法中，则可以实现对观测噪声与过程噪声协方差的自适应匹配，降低噪声问题带来的估算误差。

5.2.3 基于 SWMI-AEKF 算法的 SOE 估算

为了更好地对噪声协方差进行预测，采用滑窗构建新息序列，对噪声以及其协方差矩阵进行估算，设计滑窗多新息自适应扩展卡尔曼滤波（SWMI-AEKF）算法，基于滑窗多新息的噪声协方差匹配方法可提高算法的稳定性与 SOE 估算精度，更好地实现动力锂离子电池的 SOE 精确估算。

在 AEKF 算法中，新息的估算是通过系统的观测值 $\boldsymbol{y}_{k+1}$ 与对于系统观测值的预测结果 $\boldsymbol{y}_{k|k+1}$ 之间的偏差得到的，采用当前时刻的新息 $\boldsymbol{\zeta}_k$ 对噪声协方差矩阵预测，新息 $\boldsymbol{\zeta}_k$ 为

$$\boldsymbol{\zeta}_k = \boldsymbol{y}_{k+1} - \boldsymbol{y}_{k|k+1} \tag{5-33}$$

滑窗多新息方法通过开窗长度为 M 的滑动窗口构建新息序列，通过新息序列对观测噪声与过程噪声进行预测，将新息序列的均值作为当前时刻的系统新息，并根据得到的新息及协方差计算公式，则可得到新息的协方差计算公式为

$$H_k = \frac{1}{M} \sum_{i=k-M}^{k} \boldsymbol{\zeta}_i \boldsymbol{\zeta}_i^{\mathrm{T}} \tag{5-34}$$

将式（5-34）代入观测噪声估算公式（5-29）与过程噪声估算公式（5-32）中，可以得到基于 SWMI-AEKF 估算方法下的过程噪声协方差与测量噪声协方差估算公式，如式（5-35）所示。

$$\begin{cases} \boldsymbol{Q}_{k+1} = \boldsymbol{K}_k H_k \boldsymbol{K}_k^{\mathrm{T}} \\ \boldsymbol{R}_{k+1} = H_k + CP_{k|k+1}C^{\mathrm{T}} \end{cases} \tag{5-35}$$

将式（5-35）代入 AEKF 算法中，则可以得到基于滑窗多新息自适应噪声估算的扩展

卡尔曼滤波算法。基于 SWMI-AEKF 算法的动力锂离子电池 SOE 估算流程如图 5-4 所示。

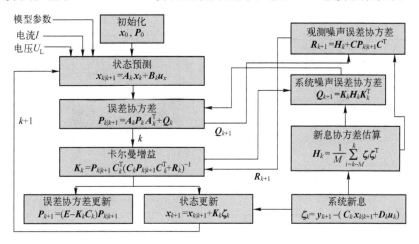

图 5-4　基于 SWMI-AEKF 算法的动力锂离子电池 SOE 估算流程

5.3　储能锂电池 SOE 估算验证

为了验证 SWMI-AEKF 算法对 SOE 估算的精度，采用 BBDST 工况与 DST 工况在 5℃、15℃、25℃与 35℃下展开动力锂离子电池测试实验，并通过实验数据和 SWMI-AEKF 算法进行验证。同时，为了体现 SWMI-AEKF 算法对锂离子电池 SOE 估算的准确性与可靠性等优越性能，采用 EKF 算法与 AEKF 算法对相同数据进行测试，并与 SWMI-AEKF 算法的估算效果进行比较分析。

5.3.1　BBDST 工况下 SOE 估算验证

本节在不同温度下 BBDST 工况实验得到的实验数据的基础上对采用基于 SWMI-AEKF 的 SOE 估算算法进行验证，并将其与同等环境条件下的 AEKF 算法、EKF 算法的 SOE 估算结果进行比较，分析说明 SWMI-AEKF 算法对 SOE 估算的有效性和优越性。为了验证 SWMI-AEKF 算法对 SOE 估算初始误差的修正效果，在真实初始 SOE 值为 100% 的前提下，将不同温度下的初始 SOE 值均设为 80%。在 BBDST 工况下所得到的 SOE 估算如图 5-5 所示。

图 5-5 分别为 5℃、15℃、25℃与 35℃时 BBDST 工况下动力锂离子电池 SOE 估算结果与 SOE 估算误差。图 5-5a、c、e 与 g 中，SOE_1、SOE_2、SOE_3与 SOE_4 分别为通过实验测试得到的真实 SOE 值、基于 SWMI-AEKF 算法得到的 SOE 估算结果、基于 AEKF 算法估算得到的 SOE 值与基于 EKF 算法估算得到的 SOE 值，从图中可以看出，在不同温度下，所得到的结果均是 SOE_2 的曲线与 SOE_1 的曲线基本贴合，说明基于 SWMI-AEKF 算法估算得到的 SOE 结果更贴近实验测得的真实结果，说明了该算法的有效性。在图 5-5b、d、f 与 h 中，E_1、E_2、E_3 分别为基于 SWMI-AEKF 算法在 BBDST 工况下的动力锂离子电池 SOE 估算误差、基于 AEKF 算法的 SOE 估算误差、基于 EKF 算法的 SOE 估算误差，E_1 曲线的波动起伏较小，说明 SWMI-AEKF 算法具有良好的稳定性。根据实验验证结果可以看出，3 种方法均能有效地修正 SOE 初始误差，解决初始误差导致 SOE 估算时存在偏差的问题。通过 SOE_2、

SOE$_3$、SOE$_4$与真实 SOE 值比较，基于 SWMI-AEKF 算法的 SOE 估算误差最小，能很好地实现 SOE 估算。BBDST 工况下 SOE 估算误差见表 5-1。

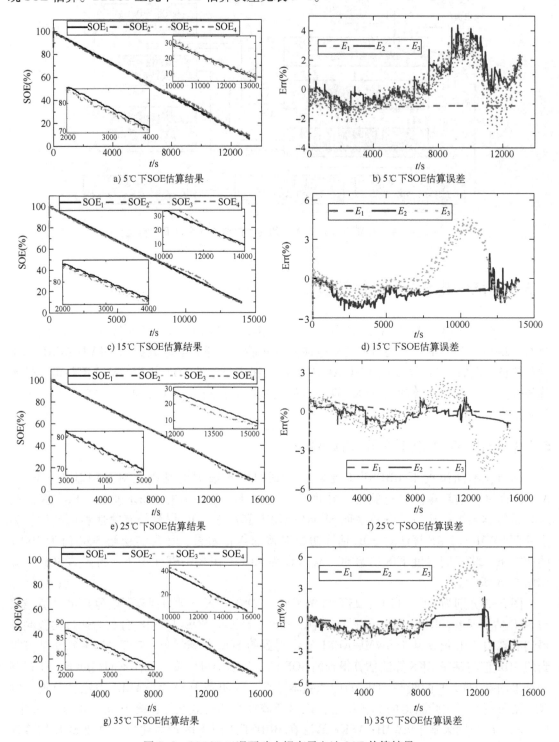

a) 5℃下SOE估算结果

b) 5℃下SOE估算误差

c) 15℃下SOE估算结果

d) 15℃下SOE估算误差

e) 25℃下SOE估算结果

f) 25℃下SOE估算误差

g) 35℃下SOE估算结果

h) 35℃下SOE估算误差

图 5-5　BBDST 工况下动力锂离子电池 SOE 估算结果

表 5-1　BBDST 工况下 SOE 估算误差

算　法	5℃		15℃		25℃		35℃	
	RMSE(%)	MAE(%)	RMSE(%)	MAE(%)	RMS(%)	MAE(%)	RMS(%)	MAE(%)
EKF	1.47	1.20	2.39	1.62	1.64	1.22	2.32	1.78
AEKF	1.44	1.05	1.23	1.13	0.54	0.46	1.33	1.03
SWMI-AE	1.06	1.03	0.70	0.62	0.36	0.24	0.34	0.28

通过 SWMI-AEKF 算法的估算结果及误差可以得出，采用滑窗多新息噪声自适应方法改进得到的 SWMI-AEKF 算法具有最好的 SOE 估算结果，优于 AEKF 算法与 EKF 算法下的 SOE 估算结果。在不同温度条件下，基于 SWMI-AEKF 算法所得到的 SOE 估算 RMSE 与 MAE 均小于基于 AEKF 算法、EKF 算法所得到的估算结果。RMSE 表示总体平均估计效果，在相同条件下，RMSE 的值越小，算法估计效果越好，进一步说明了 SWMI-AEKF 算法的优越性。BBDST 工况下 SWMI-AEKF 算法最大 RMSE 与 MAE 分别为 5℃时的 1.06% 与 1.03%。根据实验结果表明，AEKF 算法能一定程度地降低 EKF 算法的 SOE 估算误差，但单个时刻的新息值不能实现较好的系统噪声与观测噪声预测。实验结果表明 SWMI-AEKF 算法能很好实现动力锂离子电池 SOE 估算。

5.3.2　DST 工况下 SOE 估算验证

为了验证 SWMI-AEKF 算法在不同的测试工况下对能量状态的估算效果，同时分别在 5℃、15℃、25℃ 与 35℃ 下采用 DST 工况对电池进行测试，通过得到的实验数据对 SOE 进行不同算法的估算验证，并对不同估算算法的 SOE 估算结果进行对比分析。DST 工况下实验结果如图 5-6 所示。

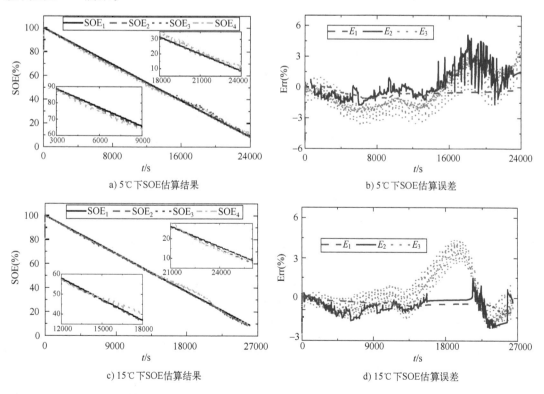

a) 5℃下SOE估算结果　　　　　　b) 5℃下SOE估算误差

c) 15℃下SOE估算结果　　　　　　d) 15℃下SOE估算误差

图 5-6　DST 工况下动力锂离子电池 SOE 估算结果

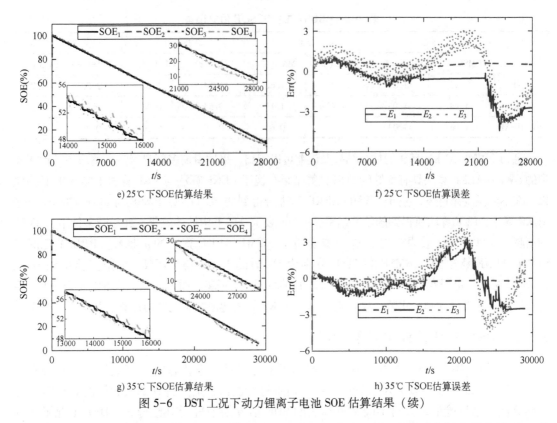

e) 25℃下SOE估算结果　　　　　　f) 25℃下SOE估算误差

g) 35℃下SOE估算结果　　　　　　h) 35℃下SOE估算误差

图 5-6　DST 工况下动力锂离子电池 SOE 估算结果（续）

图 5-6a、c、e 与 g 分别为 DST 工况在 5℃、15℃、25℃与 35℃时的动力锂离子电池 SOE 估算结果。DST 工况下的估算结果中，SOE_1 为实验测试得到的真实 SOE 值，SOE_2 为基于 SWMI-AEKF 算法估算得到的 SOE 值、SOE_3 为基于 AEKF 算法估算得到的 SOE 值，SOE_4 为基于 EKF 算法得到的 SOE 值。从图中可以发现，相比于 SOE_3 曲线与 SOE_4 曲线，SOE_2 与 SOE_1 更为贴合。图 5-6b、d、f 与 h 分别为 DST 工况下的 SOE 估算误差，误差曲线 E_1 为基于 SWMI-AEKF 算法在 DST 工况下的 SOE 估算误差，E_2 为基于 AEKF 算法进行 SOE 估算时与真实 SOE 之间的误差，E_3 为基于 EKF 算法在 DST 工况下进行 SOE 估算时与真实 SOE 之间的误差。从图中可以观察到，无论在何种温度条件下，E_1 曲线更为平缓，说明了 SWMI-AEKF 算法的稳定性。

在不同温度的验证中，动力锂离子电池真实初始 SOE 值为 100%，为了验证 SOE 估算算法对 SOE 初始误差的修正能力，本节将 SOE 估算时电池的初始 SOE 值同样均设为 80%。通过对比分析可以看出，在 DST 工况下 SWMI-AEKF 算法同样比其他两种方法具有更好的 SOE 估算结果，在不同温度时的误差均小于其他两种算法，说明了本节所设计的 SOE 估算算法能非常好地实现 SOE 估算。在 5℃、15℃、25℃与 35℃时，不同 SOE 估算算法在 DST 工况下 SOE 估算误差见表 5-2。

表 5-2　DST 工况下 SOE 估算误差

算　法	5℃		15℃		25℃		35℃	
	RMSE(%)	MAE(%)	RMS(%)	MAE(%)	RMS(%)	MAE(%)	RMSE(%)	MAE(%)
EKF	1.73	1.54	1.51	1.16	1.62	1.28	1.85	1.41
AEKF	1.41	1.09	0.95	0.75	1.50	1.06	1.46	1.22
SWMI-AEKF	0.56	0.63	0.58	0.51	0.57	0.55	0.20	0.16

在 DST 工况下不同温度时，SWMI-AEKF 算法对动力锂离子电池 SOE 进行估算时的
RMSE 与 MAE 均明显小于 EKF 算法与 AEKF 算法的估算结果。通过与 SWMI-AEKF 算法对
比表明，采用 SWMI 方法能更好地对噪声进行修正，提高算法对动力锂离子电池的 SOE 估
算精度。

在 BBDST 工况与 DST 工况的 SOE 估算结果中，动力锂离子电池的放电后期，SOE 估算
误差明显大于放电前期，这主要由于动力锂离子电池是非线性的，EKF 算法通过泰勒展开
式实现非线性系统线性化处理时忽略了高阶项。此外，在温度较低时 SOE 的估算误差较大，
这主要是由于低温时的动力锂离子电池具有更强的非线性。通过在不同温度时不同算法在
BBDST 工况与 DST 工况下的 SOE 估算 RMSE 与 MAE 可以看出，SWMI-AEKF 算法在不同温
度时均有最好的估算效果，估算误差明显小于 EKF 算法与 AEKF 算法。

根据实验结果对比分析可以得出，本节所采用的 SOE 估算算法具有很低的估算误差，
说明本节对 EKF 与 AEKF 算法的改进能显著提高动力锂离子电池的 SOE 估算精度。

5.3.3　不同参数辨识方法下 SOE 估算分析

等效电路模型的参数对电池的 SOE 估算十分重要，因此本小节将对不同参数辨识方法
下得到的参数对动力锂离子电池 SOE 估算影响展开分析。为了验证不同参数辨识方法对
SOE 估算的影响，采用 15℃ 下的 BBDST 工况与 DST 工况作为测试工况，通过实验数据采用
SWMI-AEKF 算法对不同参数辨识方法下的 SOE 估计结果进行对比分析。BBDST 工况下
SOE 估算结果如图 5-7 所示。

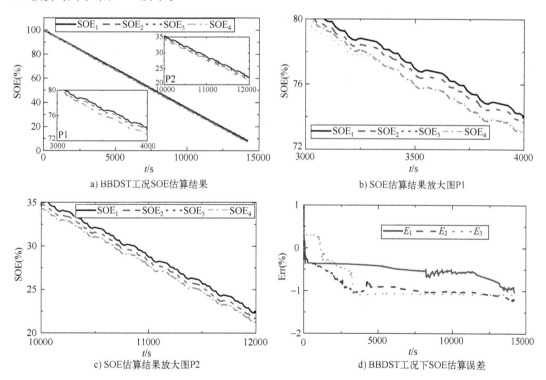

a) BBDST工况SOE估算结果　　　　　b) SOE估算结果放大图P1

c) SOE估算结果放大图P2　　　　　d) BBDST工况下SOE估算误差

图 5-7　BBDST 工况下 SOE 估算结果

图 5-7a 为不同参数辨识方法下基于 SWMI-AEKF 算法的 SOE 估算结果，其中，SOE_1 为真实 SOE 曲线，SOE_2 为 FFRELS 算法下 SWMI-AEKF 算法的 SOE 估算结果，SOE_3 为 RLS 算法下 SWMI-AEKF 算法的 SOE 估算结果，SOE_4 为离线参数辨识方法下 SWMI-AEKF 算法的 SOE 估算结果。图 5-7b、c 为 SOE 估算结果的局部放大图。图 5-7d 为不同参数辨识方法下的 SOE 估算误差，其中 E_1、E_2 与 E_3 分别为基于 FFRELS 算法的 SOE 估算误差、基于 RLS 算法的 SOE 估算误差与基于离线参数辨识方法的 SOE 估算误差。BBDST 工况下不同参数辨识方法的 SOE 估算误差见表 5-3。

表 5-3　BBDST 工况下不同参数辨识方法的 SOE 估算误差

参数辨识方法	RMSE（%）	MAE（%）
FFRELS	0.52	0.55
RLS	0.92	0.94
离线辨识	0.91	0.96

根据 SOE 估算结果，FFRELS 算法得到的参数代入 SWIM-AEKF 算法得到的 SOE 的 RMSE 与 MAE 分别为 0.52% 与 0.55%，均小于其他参数辨识方法。根据表 5-3 所示的不同参数辨识方法下 SOE 估算误差与图 5-7d 所示的误差曲线可以看出，基于 FFRELS 算法得到的参数代入 SWMI-AEKF 算法估算得到的 SOE 估算精度明显高于其他方法，说明了基于 FFRELS 参数辨识方法能更好地实现动力锂离子电池 SOE 精确估算。

图 5-8 为 DST 工况下，不同参数辨识方法得到的参数在 SWMI-AEKF 算法下的 SOE 估算结果。图中，SOE_1、SOE_2、SOE_3、SOE_4 分别为真实动力锂离子电池 SOE 曲线、FFRELS

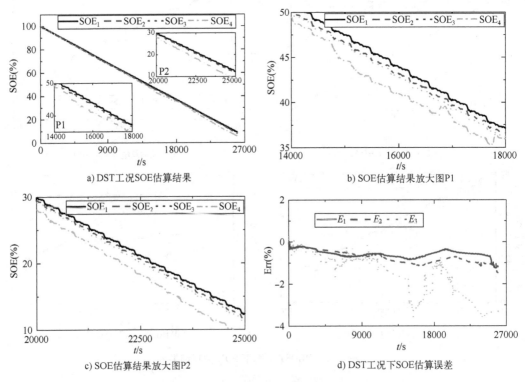

a) DST工况SOE估算结果　　b) SOE估算结果放大图P1
c) SOE估算结果放大图P2　　d) DST工况下SOE估算误差

图 5-8　DST 工况下基于不同参数辨识方法 SOE 估算结果

算法下 SWMI-AEKF 算法的动力锂离子电池 SOE 估算结果、RLS 算法下 SWMI-AEKF 算法的 SOE 估算结果、离线参数辨识方法下 SWMI-AEKF 算法的 SOE 估算结果。FFRELS 算法、RLS 算法与离线参数辨识方法下对应的动力锂离子电池 SOE 估算误差曲线分别为图 5-8d 中曲线 E_1、E_2 与 E_3，DST 工况下不同参数辨识方法 SOE 估算误差见表 5-4。

表 5-4 DST 工况下不同参数辨识方法 SOE 估算误差

参数辨识方法	RMSE（%）	MAE（%）
FFRELS	0.60	0.57
RLS	0.79	0.73
离线辨识	1.90	1.60

通过图 5-8 所示的 DST 工况下的估算结果与表 5-4 所示的估算误差可以看出，采用在 FFRELS 算法下的参数通过 SWMI-AEKF 算法对动力锂离子电池 SOE 进行估算时的估算误差最小，说明了准确的参数辨识方法能有效提高 SOE 估算精度。

5.4 储能锂电池 SOE 与峰值功率协同预估研究

动力锂离子电池峰值功率是表征电池在一定时间内持续充入或放出的最大功率。峰值功率估算能有效地优化电池管理系统对动力锂离子电池的管理。为了实现有效的峰值功率估算，在基于 SWMI-AEKF 算法的能量状态估算基础上，本节针对动力锂离子电池 SOE 与峰值功率展开协同预估研究。

5.4.1 基于模型的锂离子电池峰值功率估算

等效电路模型是反应动力锂离子电池工作状态的常用方法之一，可以有效表征动力锂离子电池电流与模型内部参数之间的关系。因此，可根据等效电路模型估算动力锂离子电池的峰值电流，从而实现充放电时的峰值功率估算。根据所构建的等效电路模型可得到模型的观测方程，如式（5-36）所示。

$$U_{\text{L},k}=U_{\text{OCV},k}+I_k R_\text{o}+U_{\text{p},k}+v_k \tag{5-36}$$

式中，$U_{\text{OCV},k}$ 为动力锂离子电池的开路电压；I_k 为电池工作时的充放电电流；$U_{\text{p},k}$ 为电池极化电压。根据模型的零输入与零状态响应可以得到极化电压 $U_{\text{p},k}$ 的计算公式，即

$$U_{\text{p},k}=U_{\text{p},k-1}\text{e}^{-\frac{T}{\tau}}+(1-\text{e}^{-\frac{T}{\tau}})I_k R_\text{p} \tag{5-37}$$

式中，T 为采样时间。在动力锂离子电池的观测方程中，开路电压 $U_{\text{OCV},k}$ 是与电池 SOE 存在耦合关系的内部参数，在对电池进行峰值电流的估算时需要对开路电压进行解耦。开路电压是一个与 SOE 存在必然联系的量，因此可通过泰勒展开式得到基于 SOE 的开路电压解耦方程为

$$U_{\text{OCV},k}=U_{\text{OCV},k-1}+I_k U_{\text{L},k}\frac{T}{E_0}\left.\frac{\partial U_{\text{OCV},k-1}}{\partial\text{SOE}}\right|_{\text{SOE}=\text{SOE}_{k-1}}+\Re \tag{5-38}$$

式中，E_0 为动力锂离子电池的最大可用能量；T 为电压、电流的采样时间；$\Re$ 为动力锂离子电池开路电压 $U_{\text{OCV},k}$ 解耦后的泰勒展开高阶余项，忽略解耦后的余项 $\Re$ 与系统的观测噪声，则可以得到解耦后的动力锂离子电池观测方程为

$$U_{L,k} = U_{OCV,k-1} + I_k U_{L,k} \frac{T}{E_0} \left. \frac{\partial U_{OCV,k-1}}{\partial SOE} \right|_{SOE=SOE_{k-1}} + \tag{5-39}$$

$$I_k R_o + U_{p,k-1} e^{-\frac{T}{\tau}} + (1 - e^{-\frac{T}{\tau}}) I_k R_p$$

电池在充电或放电过程中电压需在规定电压范围内,即电池的端电压不能小于最小值 $U_{L,min}$,也不能大于最大值 $U_{L,max}$。根据对端电压的限制,可得限制后的动力锂离子电池观测方程为

$$U_{limit} = U_{OCV,k-1} + I_k U_{L,k} \frac{T}{E_0} \cdot \left. \frac{\partial U_{OCV,k-1}}{\partial SOE} \right|_{SOE=SOE_{k-1}} + \tag{5-40}$$

$$I_k R_o + U_{p,k-1} e^{-\frac{T}{\tau}} + (1 - e^{-\frac{T}{\tau}}) I_k R_p$$

式中,U_{limit} 为动力锂离子电池的限制端电压,充电时 $U_{limit} = U_{L,max}$,放电时 $U_{limit} = U_{L,min}$。因此,可以得到 k 时刻的动力锂离子电池充放电峰值电流 $I_{k,max}$ 为

$$I_{k,max} = \frac{U_{limit} - U_{OCV,k-1} - U_{p,k-1} e^{-\frac{T}{\tau}}}{U_{L,k} \frac{T}{E_0} \left. \frac{\partial U_{OCV,k-1}}{\partial SOE} \right|_{SOE=SOE_{k-1}} + R_o + (1 - e^{-\frac{T}{\tau}}) R_p} \tag{5-41}$$

式中,$I_{k,max}$ 为当前时刻的电池充电或放电峰值电流。为了预测一段时间内的峰值电流,可由 SWMI-AEKF 算法估算得到的系统状态空间进行递推,估算 N 个时刻后的系统状态。根据系统状态空间方程,可得到以电流 I_k 进行充放电时 N 个时刻后的状态空间方程为

$$\begin{cases} \boldsymbol{x}_{k+N} = \boldsymbol{A}_k^N \boldsymbol{x}_k + \left(\sum_{j=0}^{N-1} \boldsymbol{A}_k^{N-1-j} \boldsymbol{B}_k \right) I_k \\ U_{L,k+N} = U_{OCV,k+N} + \begin{bmatrix} 0 \\ 1 \end{bmatrix}^T \left[\boldsymbol{A}_k^N \boldsymbol{x}_k + \left(\sum_{j=0}^{N-1} \boldsymbol{A}_k^{N-1-j} \boldsymbol{B}_k \right) I_k \right] + R_o I_k \end{cases} \tag{5-42}$$

根据泰勒展开式对开路电压进行解耦,可以得到 N 个采样时刻后的动力锂离子电池开路电压,忽略泰勒展开后的高阶项,开路电压为

$$U_{OCV,k+N} \approx U_{OCV,k} + I_k U_{L,k} \frac{TN}{E_0} \left. \frac{\partial U_{OCV,k}}{\partial SOE} \right|_{SOE=SOE_k} \tag{5-43}$$

根据充放电过程中的端电压限制与解耦后的开路电压及构建的等效电路模型与状态空间方程,可以得到需要预测 N 个采样时刻时的动力锂离子电池持续充放电峰值电流,即

$$\begin{cases} I_{k,min}^{ch,V} = \dfrac{U_{L,max} - U_{OCV,k} - [0 \quad 1] \boldsymbol{A}_k^N \boldsymbol{x}_k}{U_{L,k} \dfrac{TN}{E_0} \left. \dfrac{\partial U_{OCV}}{\partial SOE} \right|_{SOE=SOE_k} + [0 \quad 1] \sum_{j=0}^{N-1} \boldsymbol{A}_k^{N-1-j} \boldsymbol{B}_k + R_o} \\[4ex] I_{k,max}^{dis,V} = \dfrac{U_{L,min} - U_{OCV,k} - [0 \quad 1] \boldsymbol{A}_k^N \boldsymbol{x}_k}{U_{L,k} \dfrac{TN}{E_0} \left. \dfrac{\partial U_{OCV}}{\partial SOE} \right|_{SOE=SOE_k} + [0 \quad 1] \sum_{j=0}^{N-1} \boldsymbol{A}_k^{N-1-j} \boldsymbol{B}_k + R_o} \end{cases} \tag{5-44}$$

式中,$I_{k,max}^{ch,V}$ 为基于模型约束的持续充电峰值电流;$I_{k,min}^{dis,V}$ 为基于模型约束的持续放电电流。根据峰值电流与电压限制,可估算得到动力锂离子电池的充电峰值功率 $P_k^{ch,V}$ 与放电峰值功率 $P_k^{dis,V}$ 为

$$\begin{cases} P_k^{\mathrm{ch,V}} = I_{k,\min}^{\mathrm{ch,V}} U_{\mathrm{L},k}(I_{k,\min}^{\mathrm{ch,V}}) \\ P_k^{\mathrm{dis,V}} = I_{k,\max}^{\mathrm{dis,V}} U_{\mathrm{L},k}(I_{k,\max}^{\mathrm{dis,V}}) \end{cases} \tag{5-45}$$

5.4.2 基于 SOE 的锂离子电池峰值功率估算

SOE 是动力锂离子电池中十分重要的参数，表征电池的剩余电量，电池在充电或者放电的过程中是在一个规定范围内进行的，因此 SOE 也是一个对动力锂离子电池峰值功率估算存在限制的关键状态参数。假设已获取当前时刻 k 与下一时刻 $k+1$ 的 SOE 值，根据 SOE 的定义计算公式可以计算得出 k 时刻动力锂离子电池充放电电流 I，如式（5-46）所示。

$$I = E_0 \frac{\mathrm{SOE}_{k+1} - \mathrm{SOE}_k}{U_{\mathrm{L}} T} \tag{5-46}$$

在实际应用中，电池的 SOE 工作范围不能超过最大值 $\mathrm{SOE}_{\max}$，同时也不能低于最小值 $\mathrm{SOE}_{\min}$，即

$$\mathrm{SOE}_{\min} \leqslant \mathrm{SOE}_k \leqslant \mathrm{SOE}_{\max} \tag{5-47}$$

$\mathrm{SOE}_{\mathrm{limit}}$ 为能量状态的限制值，对充电时电池的峰值电流进行估算时 $\mathrm{SOE}_{\mathrm{limit}} = \mathrm{SOE}_{\max}$，估算放电峰值功率时为 $\mathrm{SOE}_{\mathrm{limit}} = \mathrm{SOE}_{\min}$。若将单个采样时刻拓展为 N，则可预测 N 个时刻的持续充放电峰值电流，基于 SOE 限制的动力锂离子电池充放电峰值电流估算公式为

$$\begin{cases} I_{k,\min}^{\mathrm{ch,SOE}} = E_0 \dfrac{\mathrm{SOE}_k - \mathrm{SOE}_{\max}}{U_{\mathrm{L},k} TN} \\ I_{k,\max}^{\mathrm{dis,SOE}} = E_0 \dfrac{\mathrm{SOE}_k - \mathrm{SOE}_{\min}}{U_{\mathrm{L},k} TN} \end{cases} \tag{5-48}$$

式中，$I_{k,\min}^{\mathrm{ch,SOE}}$ 与 $I_{k,\max}^{\mathrm{dis,SOE}}$ 分别为 k 时刻基于 SOE 限制下 N 个采样时刻的持续充电峰值电流与放电峰值电流。设 $P_k^{\mathrm{ch,SOE}}$ 与 $P_k^{\mathrm{dis,SOE}}$ 分别为基于 SOE 限制动力锂离子电池充电峰值功率与放电峰值功率，可以得到式（5-49）所示的基于 SOE 限制的峰值功率估算公式。

$$\begin{cases} P_k^{\mathrm{ch,SOE}} = I_{k,\min}^{\mathrm{ch,SOE}} U_{\mathrm{L},k}(I_{k,\min}^{\mathrm{ch,SOE}}) \\ P_k^{\mathrm{dis,SOE}} = I_{k,\max}^{\mathrm{dis,SOE}} U_{\mathrm{L},k}(I_{k,\max}^{\mathrm{dis,SOE}}) \end{cases} \tag{5-49}$$

5.4.3 SOE 与峰值功率协同预估策略

根据动力锂离子电池的 SOE，可以得到基于 SOE 约束的动力锂离子电池峰值功率，以及基于模型约束的动力锂离子电池峰值功率，从而可以实现动力锂离子电池的 SOE 与动力锂离子电池的峰值功率自适应协同预估，构建的峰值功率自适应协同预估方法如式（5-50）所示。

$$\begin{cases} P_k^{\mathrm{ch}} = \max\{P_k^{\mathrm{ch,SOE}}, P_k^{\mathrm{ch,V}}\} \\ P_k^{\mathrm{dis}} = \min\{P_k^{\mathrm{dis,SOE}}, P_k^{\mathrm{dis,V}}\} \end{cases} \tag{5-50}$$

根据采集得到的动力锂离子电池电压与电流，通过上述峰值功率估算模型可以估算得到动力锂离子电池的充电峰值功率与放电峰值功率。为了实现 SOE 与峰值功率的自适应协同估算，通过构建等效电路模型并进行在线参数估算，采用 SWMI-AEKF 算法对 SOE 进行估算并展开峰值功率预估研究。SOE 与峰值功率自适应协同预估模型框图如图 5-9 所示。

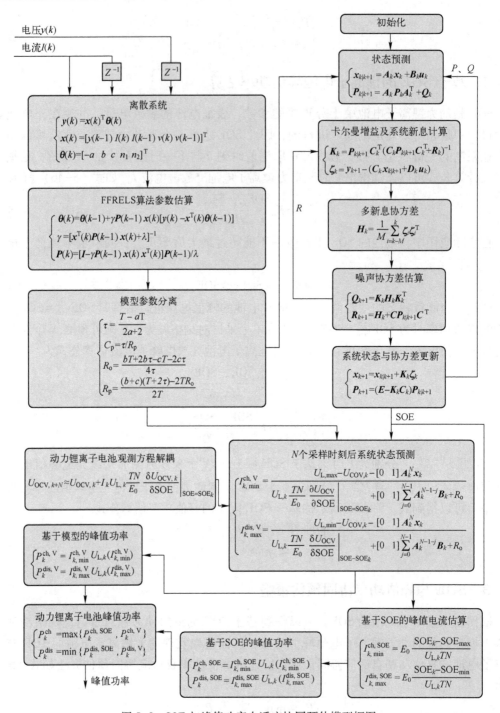

图 5-9　SOE 与峰值功率自适应协同预估模型框图

　　为了实现 SOE 与峰值功率协同预估，需获取等效电路模型参数，在模型参数辨识时，本节通过 SOE 与 OCV 之间的关系获取当前时刻动力锂离子电池的开路电压，并采用 FFRELS 算法对等效电路模型参数进行在线估算。通过 FFRELS 在线辨识算法得到的模型参数与 SWMI-AEKF 算法估算得到的 SOE，获取基于模型的峰值功率与基于 SOE 限制的峰值功率，从而实现动力锂离子电池 SOE 与峰值功率的协同预估。在 SOE 的估算过程中，通过

SWMI 自适应噪声估算方法对 EKF 算法观测噪声与过程噪声进行修正，实现高精度的 SOE 估算，该算法同时对动力锂离子电池系统状态预测结果进行了修正，从而提高了电池系统状态估算的稳定性，为准确的峰值功率估算提供基础。

5.5　基于 SOE 的储能锂电池峰值功率估算验证

为了验证构建的动力锂离子电池峰值功率预估的有效性，本节对不同测试工况下的峰值功率进行预测，同时展开 SOE 对电池峰值功率估算的影响分析，从而对采用的 SOE 与峰值功率协同预估方法进行验证。

5.5.1　BBDST 工况下持续峰值功率估算验证

本小节采用 15℃时 BBDST 工况用作持续峰值功率验证分析。在电动汽车进行起步、急加速、急制动等操作时，多在短时间内完成，所采用的动力锂离子电池进行持续峰值放电或持续峰值充电的时间通常在 10 s 内，因此针对动力锂离子电池 1 s、5 s 与 10 s 的持续峰值功率估算展开分析。BBDST 工况下动力锂离子电池的峰值功率估算结果如图 5-10 所示。

在图 5-10 所示的峰值功率估算结果中，P_1 为估算得到的不同持续时间下动力锂离子电池放电峰值功率估算曲线，P_2 为实验测得的放电峰值功率曲线，P_3 为不同持续时间下动力锂离子电池充电峰值功率估算曲线，P_4 为实验测得的充电峰值功率曲线，Err 为峰值功率的估算误差。BBDST 工况下动力锂离子电池的峰值功率估算误差见表 5-5。

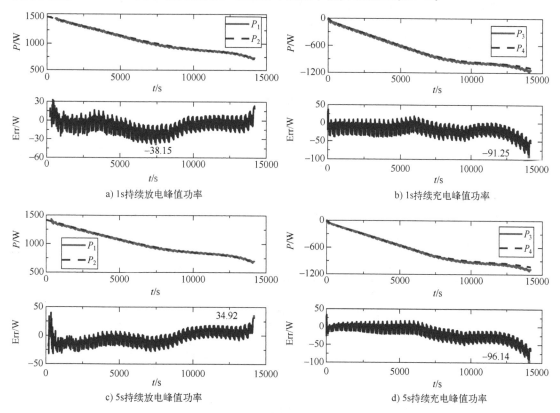

a) 1s持续放电峰值功率　　b) 1s持续充电峰值功率

c) 5s持续放电峰值功率　　d) 5s持续充电峰值功率

图 5-10　BBDST 工况下动力锂离子电池的峰值功率估算结果

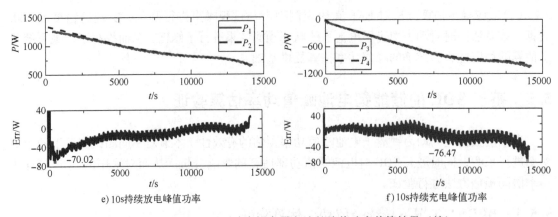

e) 10s持续放电峰值功率   f) 10s持续充电峰值功率

图 5-10   BBDST 工况下动力锂离子电池的峰值功率估算结果（续）

表 5-5   BBDST 工况下动力锂离子电池的峰值功率估算误差

持续时间 /s	BBDST 放电峰值功率			BBDST 充电峰值功率		
	RMSE/W	MAE/W	MAXE/W	RMSE/W	MAE/W	MAXE/W
1	16.13	11.38	38.15	25.57	20.27	91.52
5	13.00	10.30	34.92	26.37	19.69	96.14
10	22.77	16.83	70.02	21.02	15.97	76.47

在 BBDST 工况下的峰值功率估算结果中，不同持续时间下的峰值功率最大估算误差 96.14 W，最大 RMSE 为 26.37 W，最大 MAE 为 20.27 W。根据 BBDST 工况下不同持续时间的峰值功率估算结果表明，本节所建立的估算模型能有效地对动力锂离子电池充放电峰值功率进行预测。

5.5.2   DST 工况下持续峰值功率估算验证

为了验证不同测试工况下的动力锂离子电池峰值功率估算，同时采用 DST 工况对不同预测时间下的动力锂离子电池的峰值功率估算进行验证。DST 工况下动力锂离子电池峰值功率估算结果如图 5-11 所示。

根据图 5-11 所示的动力锂离子电池峰值功率估算结果与误差曲线可以得出，本节所采用的动力锂离子电池峰值功率估算方法能有效地实现峰值功率估算。DST 工况下动力锂离子电池峰值功率估算误差见表 5-6。

表 5-6   DST 工况下动力锂离子电池峰值功率估算误差

持续时间 /s	DST 放电峰值功率			DST 充电峰值功率		
	RMSE/W	MAE/W	MAXE/W	RMSE/W	MAE/W	MAXE/W
1	18.11	12.74	35.60	26.97	19.73	115.78
5	11.95	9.06	35.37	24.05	18.02	85.34
10	24.47	21.11	65.32	15.01	10.90	65.41

在 DST 工况下，持续峰值功率估算最大误差为 115.78 W，最大 RMSE 为 26.97 W，最大 MAE 为 21.11 W。根据估算结果可以发现，最大误差主要出现在放电后期，由于电池在放电

后期存在较大的非线性,采用泰勒展开对峰值功率估算时开路电压进行解耦时忽略了高阶项会导致误差的产生。根据表 5-6 与图 5-11 所示的实验结果表明,本节构建的估算模型在 DST 工况下能有效地实现持续峰值功率预测。

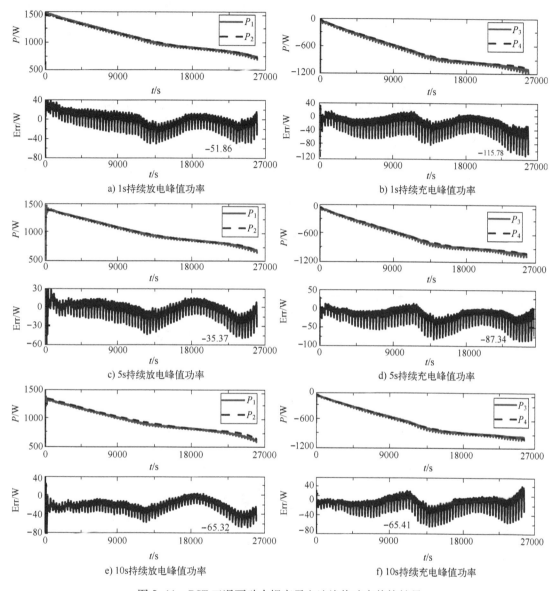

图 5-11　DST 工况下动力锂离子电池峰值功率估算结果

5.5.3　初始 SOE 对峰值功率估算影响分析

在动力锂离子电池的峰值功率估算过程中,SOE 的初始误差也是影响峰值功率估算的重要因素,SOE 的初始误差将会导致峰值功率估算出现误差。为了验证 SWMI-AEKF 算法对初始峰值功率估算的修正效果,分别将初始 SOE 设为 60%、80% 与 120%,采用 BBDST 工况与 DST 工况下 5 s 放电峰值功率对初始 SOE 的影响进行分析,实验结果如图 5-12 所示。

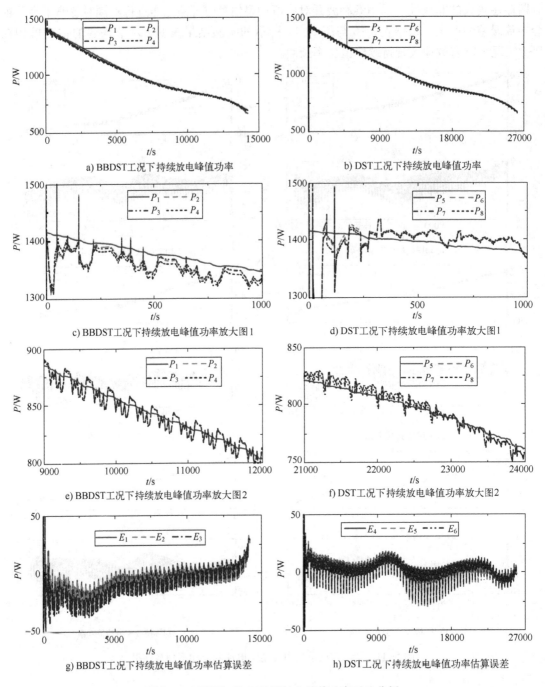

图 5-12　不同初始 SOE 下放电峰值功率对比分析

图 5-12a、b 分别为基于不同初始 SOE 下得到的动力锂离子电池峰值功率预测结果，图中 P_1 与 P_5 为根据实验得到的峰值功率参考值，P_2、P_3 与 P_4 分别为初始 SOE 为 120%、80% 与 60% 时 BBDST 工况下动力锂离子电池的放电峰值功率，P_6、P_7 与 P_8 分别为初始 SOE 为 120%、80% 与 60% 时 DST 工况下的放电峰值功率。图 5-12c、d、e 与 f 为估算峰值功率局部放大图。图 5-12g、h 中，E_1、E_2 与 E_3 分别为初始 SOE 为 120%、80% 与 60% 时基于

BBDST 工况的峰值功率估算误差曲线，E_4、E_5 与 E_6 分别为初始 SOE 为 120%、80% 与 60% 时基于 DST 工况的峰值功率估算误差曲线。电池放电峰值功率估算误差见表 5-7。

表 5-7　不同初始 SOE 下放电峰值功率估算误差

初始 SOE	BBDST 放电峰值功率			DST 放电峰值功率		
	RMSE/W	MAE/W	MAXE/W	RMSE/W	MAE/W	MAXE/W
$SOE_0 = 60\%$	12.82	9.78	43.68	9.99	6.73	27.55
$SOE_0 = 80\%$	13.32	10.34	35.45	9.96	6.41	29.59
$SOE_0 = 120\%$	15.91	12.65	43.92	9.70	6.30	27.21

根据实验结果表明，SWMI-AEKF 算法能快速修正 SOE 从而使得峰值功率估算结果不受初始 SOE 误差的影响，说明了本节采用的动力锂离子电池 SOE 与峰值功率协同预估方法具有高稳定性的优点，能有效实现电池的峰值功率估算。

5.6　考虑 SOC 和端电压的 SOP 评估分析

为解决动力电池估计算法的应用难题，本章重点研究动力电池 SOP 的在线估计方法，并最终实现动力电池峰值功率能力在不确定性应用环境中的精确估计。针对瞬时峰值功率和持续峰值功率能力估计方法在电动汽车上应用受限的问题，提出多约束动态持续峰值功率能力估计方法，主要包括考虑 SOC 和端电压，从而满足电动汽车加速、爬坡和制动能量回收等工况的需要。针对动力电池电压与 SOC 和 SOP 之间无直接映射关系从而难以通过电流和电压直接推算动力电池功率状态的问题，本节设计一种考虑电池 SOC 和端电压的锂离子电池 SOP 估算策略，旨在提高算法的适应性和精度。

5.6.1　功率参考数据获取及特例分析

功率参考数据的分析获取是验证所提方法精确性的重要参考。本小节依据美国混合动力汽车监测手册所提 HPPC 方法对不同温度和持续时间下的功率输出进行分析。锂离子电池功率输出能力见表 5-8。

表 5-8　锂离子电池功率输出能力

温度/℃	时间/s	状态	P/W									
			SOC（1）									
			1.0	0.9	0.8	0.7	0.6	0.5	0.4	0.3	0.2	0.1
5	1	充电	12	164	289	400	506	609	651	673	683	717
		放电	167	991	912	837	768	692	651	620	580	503
	5	充电	16	155	271	376	473	581	622	642	653	680
		放电	114	939	861	790	721	659	623	592	549	468
	10	充电	18	148	260	361	452	565	602	622	632	659
		放电	976	902	826	755	689	636	603	573	532	446

（续）

温度 /℃	时间 /s	状态	P/W SOC（1）									
			1.0	0.9	0.8	0.7	0.6	0.5	0.4	0.3	0.2	0.1
10	1	充电	28	233	411	572	723	866	917	950	991	1066
		放电	1502	1374	1260	1151	1048	954	908	867	810	690
	5	充电	26	218	383	533	671	819	871	899	940	1000
		放电	1417	1294	1183	1079	979	907	863	825	766	641
	10	充电	25	209	366	508	637	789	840	861	902	960
		放电	1358	1236	1126	1022	926	874	831	795	735	608
35	10	充电	23	378	680	952	1211	1496	1579	1649	1752	1856
		放电	2594	2305	2055	1863	1682	1626	1557	1481	1326	1108

从表 5-8 中可以看出，当电池所处环境温度较低时，其充电或放电功率相较于环境温度较高时出现明显降低；且在相同温度下随着充电或放电持续时间的增加，其充放电功率也出现降低。以下充放电功率参考数值是通过曲线拟合复现形成的。

锂离子电池电压限制和 SOC 不受安全充放电范围限制，其估算数值往往不能用于应用参考。因此，当电池处于某一温度时，其在线多约束条件下的功率估算往往只依赖于电池安全放电范围的指导。以下以锂离子电池 35℃下 BBDST 工况为例，对其 SOP 估算策略演示，如图 5-13 所示。

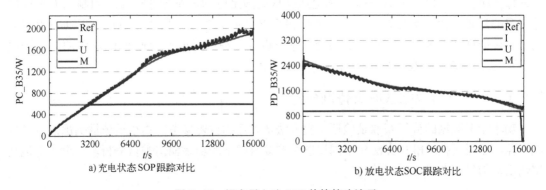

a) 充电状态 SOP 跟踪对比　　　　b) 放电状态 SOC 跟踪对比

图 5-13　锂离子电池 SOP 估算策略演示

图 5-13 中，Ref 为通过 HPPC 方法辨识分析的参考值，I 为由峰值电流限制的功率表示，U 为由电压限制的功率表示，M 为由融合模型跟踪分析的功率表示。从图 5-13b 可以看出，当温度过高时，电池的功率输出能力得到大幅提高，其基于电压限制的功率往往在整个周期内大于峰值电流限制。此外，由于 SOC 限制作用的影响，当电池 SOC 较低时其功率会出现骤减。因此，融合模型曲线仅依靠电流限制和 SOC 限制进行限定。

5.6.2　BBDST 工况验证

为了验证储能锂电池受温度的影响，本小节选择第 1 组测试对照组对 SOP 估算策略进行分析，以验证锂离子电池对温度影响的修正效果。锂离子电池基于 BBDST 工况的 SOP 估算策略对比如图 5-14 所示。

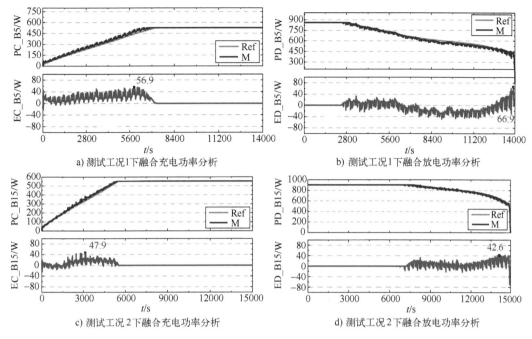

图 5-14 锂离子电池基于 BBDST 工况的 SOP 估算策略对比

从图 5-14a、c 可以发现，该策略能够对充电状态有较好的跟踪效果，功率误差低于 56.9 W；结合图 5-14b、d 可以看出，该策略能够对放电状态有较高的跟踪效果，功率误差低于 66.9 W。由此，整个系统观测周期内 SOP 估算策略性能对比见表 5-9。

表 5-9 锂离子电池基于 BBDST 工况的 SOP 估算策略性能对比

温度/℃	不同方法	MAE（1）	RMSE（1）
5（λ=0.99, g=0.5）	充电（2C）	11.72	17.43
	放电（5C）	13.80	20.27
15（λ=0.96, g=0.6）	充电（2C）	4.29	8.38
	放电（5C）	6.78	23.51

从表 5-9 可以看出，所设计的峰值功率估算策略能够实现高精度的 SOP 估算，能够对 BBDST 工况下电池状态进行较高的跟踪分析，该策略最大 MAE（5℃）低于 13.80，最大 RMSE（5℃）低于 20.27。

5.6.3 DST 工况验证

为了验证锂离子电池受工况的影响，以下选择第 2 组测试对照组对 SOP 估算策略进行分析，以验证锂离子电池对工况影响的修正效果。锂离子电池基于 DST 工况的 SOP 估算策略对比如图 5-15 所示。

从图 5-15a、c 可以看出，该策略能够对充电状态有较好的跟踪效果，功率误差低于 57.2 W；从图 5-15b、d 可以看出，该策略能够对放电状态有较高的跟踪效果，功率误差低于 68.7 W。由此，整个系统观测周期内 SOP 估算策略性能对比见表 5-10。

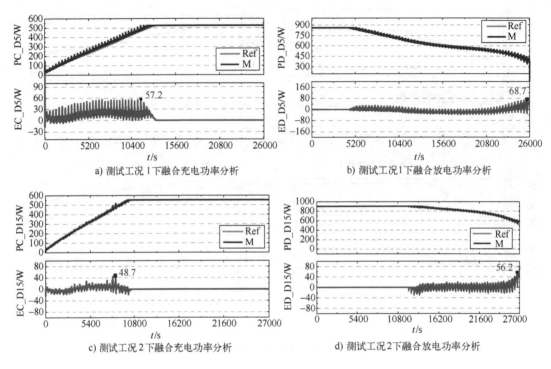

图 5-15　锂离子电池基于 DST 工况的 SOP 估算策略对比

表 5-10　锂离子电池基于 DST 工况的 SOP 估算策略性能对比

温 度/℃	不 同 方 法	MAE（1）	RMSE（1）
5（$\lambda = 0.99$, $g = 0.5$）	充电（2C）	11. 30	15. 37
	放电（5C）	13. 55	18. 86
15（$\lambda = 0.96$, $g = 0.6$）	充电（2C）	2. 81	5. 97
	放电（5C）	6. 55	17. 14

从表 5-10 可以看出，该峰值功率估算策略能够实现高精度的 SOP 估算，能够对 BBDST 工况下电池状态进行较高的跟踪分析，该策略最大 MAE（5℃）低于 13. 55，最大 RMSE（5℃）低于 18. 86。

5.6.4　不同持续时间下验证分析

为了验证锂离子电池受持续时间的影响，以下选择第 3 组测试对照组对 SOP 估算策略进行分析，以验证锂离子电池对持续时间影响的修正效果。锂离子电池不同持续时间下的 SOP 估算策略演示如图 5-16 所示。

从图 5-16a、c 可以看出，该策略能够对充电状态有较好的跟踪效果，最大功率误差低于 55. 3 W；从图 5-16b、d 可以看出，该策略能够对放电状态有较高的跟踪效果，最大功率误差低于 64. 7 W。由此，整个系统观测周期内 SOP 估算策略性能对比见表 5-11。

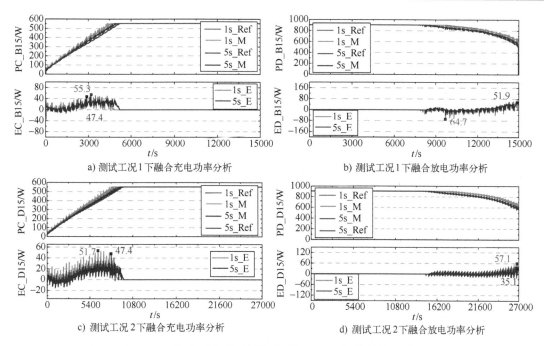

a) 测试工况 1 下融合充电功率分析　　　　b) 测试工况 1 下融合放电功率分析

c) 测试工况 2 下融合充电功率分析　　　　d) 测试工况 2 下融合放电功率分析

图 5-16　锂离子电池不同持续时间下的 SOP 估算策略演示

表 5-11　锂离子电池不同持续时间下的 SOP 估算策略性能对比

工　　况	不同持续时间/s	不同方法	MAE (1)	RMSE (1)
BBDST	1	充电 (2C)	5.10	11.10
		放电 (5C)	5.96	15.86
	5	充电 (2C)	5.17	10.67
		放电 (5C)	5.26	16.56
DST	1	充电 (2C)	4.47	9.72
		放电 (5C)	3.77	8.73
	5	充电 (2C)	3.82	7.84
		放电 (5C)	3.69	7.99

　　从表 5-11 可以看出，该峰值功率估算策略能够实现不同持续时间下高精度的 SOP 估算，能够对 BBDST 及 DST 工况下电池状态进行较高的跟踪分析，该策略最大 MAE 低于 5.96，最大 RMSE 低于 16.56。

　　综上所述，锂离子电池 SOC 和 SOP 联合估算策略，能够有效分析基于不同温度下的工况数据，能够分析电池参数变化特性，能够实现对不同持续时间下 SOP 的高精度跟踪辨识，具有较高的适用性。

第6章　储能锂电池 SOH 估算方法研究

6.1　储能锂电池 SOH 估算策略分析

能源和环境的双重压力将电动汽车推向社会发展的舞台，但是电动汽车续驶里程短这个缺陷制约着其市场化的脚步。动力电池组作为电动汽车的能量储备源直接决定着电动汽车的续驶里程。因此，监测并估计电动汽车动力电池组的 SOH 是一项长期且有重要意义的研究。

蓄电池组 SOH 的精确估计具体有以下几个方面的意义：

1）精确估计电池组的 SOH 可以及时对电池组 SOC 的估计进行修正，使得电池组的预测更加接近实际情况。

2）电池组的精确预测可以为其自身的检测与诊断提供依据，有助于及时了解电池组各单体电池的 SOH，及时更换老化的单体电池，提高电池组的整体寿命。

3）电池组的 SOH 关系到电动汽车的动力性能，因此对电池组的进行预测，对提高电动汽车的性能有重要意义。

6.1.1　SOH 定义及其数学描述

锂离子电池在使用过程中，除了内部发生的氧化还原反应还伴随着一系列的副反应，这些副反应会导致电池内部材料发生不可逆的结构改变，表现为电池实际容量下降、内阻增大等。除此之外，过充电、过放电等不良使用习惯会加速这种变化，导致电池循环寿命大幅下降，极大增加使用成本。目前电池 SOH 定义的数学表达形式主要有以下 3 种方式。

1）SOH 直观反映出电池的寿命状态，是一个相对的量，从电池容量的角度出发，其数学表达式为

$$\text{SOH} = \frac{C_{\text{now}}}{C_{\text{new}}} \times 100\% \tag{6-1}$$

式中，C_{new} 为电池标称容量；C_{now} 为目前测量得到的电池容量。SOH 以百分比的形式反映电池目前的容量能力。就新电池而言，其 SOH 一般大于或等于 100%，伴随电池的使用和老化，其 SOH 将渐渐降低，标准 IEEE Std 1188—1996 中指出在电池容量降低到 80% 即 SOH<80% 时，电池需要进行更换。

2）从剩余电量的角度出发去定义其数学表达式，如式（6-2）所示。

$$\text{SOH} = \frac{Q_{\text{aged}}}{Q_{\text{new}}} \tag{6-2}$$

式中，Q_{aged} 为电池当前可用的最大电量；Q_{new} 为电池未使用时的最大电量。

3）电池的循环使用中，电池的内阻会发生一定的变化。从电池内阻的角度出发，认为 SOH 与内阻是对应变化的，其数学表达式为

$$SOH = \frac{R_{now} - R_{new}}{R_{old} - R_{new}} \tag{6-3}$$

式中，R_{now} 为电池当前状态欧姆内阻；R_{new} 为电池出厂状态欧姆内阻；R_{old} 为电池容量下降到 80% 时电池的欧姆内阻。

根据电池内阻的变化，判断电池的 SOH、检测电池的性能，进而预测电池的故障是非常有效的。以大量的试验结果为依据，关于电池内阻和电池故障有这样的经验结论：当电池内阻值增大 25% 左右时，预示电池有潜在的故障；当电池内阻值增大 50% 左右时，电池已有严重故障；当电池内阻值增大 100% 及以上时，电池失效。

6.1.2　SOH 估算存在的问题及局限性分析

目前常用的 SOH 估算方法分为两种：一种方法不需要对锂离子电池进行建模，采用数据驱动的方法从历史数据中挖掘电池的老化特征；另一种方法是在分析电池老化特性和电化学反应特性的基础上建立等效模型，得到老化的状态空间描述。结合电池运行过程中端电压、电流、温度等外部参数的实际测量，跟踪内阻、容量等老化特征参数，由老化特征参数与 SOH 的关系得到实时、准确的 SOH 估计值。实现电池 SOH 的估算有多种估计算法，现有的大多数算法为实验分析法，利用欧姆内阻、可用容量等直接或间接老化特征参数来描述电池的 SOH 变化，计算简单但泛化性不强。

锂离子电池 SOH 的估算一直是行业内的热点和难点，许多人也在这个热点话题上取得了一系列成果。但是这些成果大都是在实验数据集的基础上用大量的算法堆砌出来的，很少有人真正对实车的 SOH 进行研究，并且论文中基于实验数据的高级算法在面临实车工况时几乎失效。因此，电池一旦装车，电池组的容量几乎很难得知。

再者，在现有的 SOH 估算方法中，绝大多数具有较高精度输出的方法都具有对电池型号依赖性高的缺点。经过大量实验构建出的模型仅仅适用于某一型号，使得这样的方法除专为某些应用中的专用电池构建模型，难以具有较高的经济效益，尤其在退役电池性能评估上，若针对化学成分和型号各不相同的电池分别进行大量实验构建模型，无疑是既耗时又耗力的低效方案。因此，未来对电池的 SOH 估算研究，应当向普适化（例如，增加数学方法优化能普适于所有电池的安时积分法的输出精度）、高精度和算法简化的方向发展，以迎合市场需求。

6.2　基于粒子滤波理论的改进算法

相对于时下常见的卡尔曼算法，粒子滤波是一种新颖的完全非线性滤波技术，它把贝叶斯学习技术和重要性采样结合在一起，提供了良好的状态跟踪性能。针对非线性动态模型的应用，它不需要像卡尔曼算法那样将模型线性化，并且对非高斯分布的噪声也具有非常好的适应性，所以粒子滤波在解决非线性非高斯分布的问题上有很大的优势。

6.2.1　粒子滤波算法改进策略分析

粒子滤波算法基于蒙特卡罗方法，针对系统的状态空间模型，利用粒子集来表示概率，其核心思想是通过从后验概率中抽取的随机状态粒子来表达其分布，是一种顺序重要性采样法。通过寻找一组在状态空间传播的随机粒子对概率密度函数进行近似，以样本均值代替积分运算，从而获得状态最小方差分布。以非线性动态离散系统为研究对象，来说明粒子滤波算法的原理和应用方法。定义非线性离散系统的状态空间模型为

$$\begin{cases} \boldsymbol{x}_{r,k}=f(\boldsymbol{x}_{r,k-1},\boldsymbol{\gamma}_{k-1})\leftrightarrow p(\boldsymbol{x}_{r,k},\boldsymbol{x}_{r,k-1}) \\ \boldsymbol{y}_{r,k}=h(\boldsymbol{x}_{r,k},\boldsymbol{\varphi}_{k})\leftrightarrow p(\boldsymbol{y}_{r,k},\boldsymbol{x}_{r,k}) \end{cases} \tag{6-4}$$

式中，$\boldsymbol{x}_{r,k}$ 为 k 时刻系统的状态变量，是不可观测的马尔可夫过程；$\boldsymbol{y}_{r,k}$ 为 k 时刻系统的测量值，与状态变量是相互独立的；$\boldsymbol{\gamma}_{k}$ 为系统的过程噪声序列；$\boldsymbol{\varphi}_{k}$ 为系统的测量噪声序列；$p(\boldsymbol{x}_{r,k},\boldsymbol{x}_{r,k-1})$ 为状态转移概率密度函数，与系统状态方程 $f(\ )$ 相对应；$p(\boldsymbol{y}_{r,k},\boldsymbol{x}_{r,k})$ 为观测似然概率密度函数，与系统输出方程 $h(\ )$ 相对应。

粒子滤波利用先验知识和实际的测量数据，通过计算得到系统状态的后验概率密度函数。根据判断是否有新的测量输入，粒子滤波可以分为状态预测和测量更新两个部分。

（1）状态预测 在 k 时刻，首先根据前一时刻的状态 $x_{r,k-1}$ 和该状态的概率分布生成 N 个采样点，这些采样点就称为粒子。粒子在状态空间中的分布就是 $x_{r,k-1}$ 的概率分布，然后依据获得状态转移方程和输入量，得到预测粒子。

（2）测量更新 通过条件概率 $p(\boldsymbol{y}_{r,k},\boldsymbol{x}_{r,k})$，即状态 $x_{r,k}$ 取第 i 个粒子 $x_{r,k}^{i}$ 时获得观测 $y_{r,k}$ 的概率。条件概率对各预测粒子的观测值 $y_{r,k}$ 的概率进行判断。越接近真实状态的粒子，获得观测值 $y_{r,k}$ 的概率越大。这样预测信息融合在粒子的分布中，测量信息又融合在每一个粒子的权重中。

采用重采样算法，去除权值低的粒子，复制权值高的粒子，就可以得到所需的状态 $x_{r,k}$。经过重采样后的粒子，就表示待估计状态的概率分布。粒子的重采样示意图如图 6-1 所示。

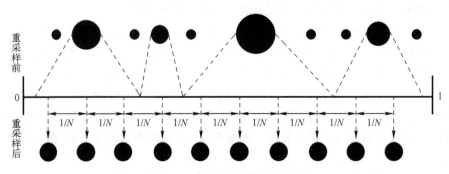

图 6-1　粒子的重采样示意图

如图 6-1 所示，上方的圆圈代表重采样前的粒子，圆圈的直径与粒子的权重大小成正比；而下方的圆圈代表重采样后的粒子，重采样后各粒子的权重相同。可以看出，重采样是指按比例复制权重较大的粒子并舍弃权重较小的粒子，在维持粒子总数不变的同时保证粒子拥有合理的权重。求解重采样的算法有多项式重采样、残差重采样、系统重采样和随机重采样等，算法各有利弊，在使用时可以根据实际需要选择不同的重采样算法。

重采样后，粒子分布在高概率密度区域，且权重分布更均匀，避免了粒子退化问题，降低了粒子退化的程度。粒子滤波算法和参数选择方法步骤如下：

1）初始化。$k=0$ 时，确定初始先验概率密度 $p(x_0)$，并根据先验概率密度随机得到 N 个粒子 $\{x_0^i\}_{i=1}^{N}$。

2）重要性采样。$k=1,2,\cdots$ 时，对于 $i=1,2,\cdots,N$ 个粒子，根据重要性概率密度 $x_k^i\sim$

$q(x_k^i|x_{0:k-1}^i,y_{1:k})$，得到新样本 $x_{0:k}^i=\{x_k^i,x_{0:k-1}^i\}$。其中，$x_k^i$ 为状态在 k 时刻的第 i 个粒子；$q(x_k^i|x_{0:k-1}^i,y_{1:k})$ 为重要性概率密度，一般不能直接得到，在实际使用过程中，通常选择 $q(x_k^i|x_{0:k-1}^i,y_{1:k})=p(x_k^i|x_{k-1}^i)$，即用第 i 个粒子的状态转移概率密度代替重要性概率密度。

3）更新权值。根据当前的观测值 y_k，每个粒子的权值为

$$\omega_k^{*,i}=\omega_{k-1}^{*,i}\frac{p(\boldsymbol{y}_k|\boldsymbol{x}_k^i)p(\boldsymbol{x}_k^i|\boldsymbol{x}_{k-1}^i)}{q(\boldsymbol{x}_k^i|\boldsymbol{x}_{0:k-1}^i,\boldsymbol{y}_{1:k})} \tag{6-5}$$

式中，$\omega_k^{*,i}$ 为第 i 个粒子的权值。随后，对所有粒子的权值根据式（6-6）做归一化处理。

$$\omega_k^i=\frac{\omega_k^{*,i}}{\sum_{i=1}^N\omega_k^{*,i}} \tag{6-6}$$

式中，ω_k^i 为 k 时刻第 i 个粒子归一化后的权值。

4）重采样。设 N_{eff} 为有效粒子数，其定义为

$$N_{\mathrm{eff}}\approx\frac{1}{\sum_{i=1}^N(\omega_k^i)^2} \tag{6-7}$$

根据粒子退化程度，设定粒子阈值为 N_{th}，在每次迭代结束时将 N_{eff} 与 N_{th} 进行比较，若 $N_{\mathrm{eff}}<N_{\mathrm{th}}$，则进行重采样，得到新粒子集 $\left\{\left(x_{0:k}^i,\frac{1}{N}\right)\right\}$，否则不进行重采样。重采样之后粒子总数仍为 N，且所有粒子权重相等，即 $\omega_k^i(x_{0:k}^i)=\frac{1}{N}$。

5）根据式（6-8）输出状态估计值与方差。

$$\begin{cases}\hat{\boldsymbol{x}}_k\approx\sum_{i=1}^N\omega_k^i\boldsymbol{x}_k^i\\\boldsymbol{P}_k=\sum_{i=1}^N\omega_k^i(\boldsymbol{x}_k^i-\hat{\boldsymbol{x}}_k)(\boldsymbol{x}_k^i-\hat{\boldsymbol{x}}_k)^{\mathrm{T}}\end{cases} \tag{6-8}$$

6）最后判断算法是否结束，若结束则退出，否则返回步骤2）。

由以上的基本流程可知，相比与卡尔曼滤波，粒子滤波算法在处理非高斯和非线性电池 SOH 方面有优势，因而受到许多学者的关注和重视。然而，粒子滤波算法存在粒子多样性退化的问题，为解决这一问题，可以采取的主要策略有两种：一是改进重采样技术，虽然重采样技术可以在一定程度上解决粒子数量不足的问题，但是会导致粒子的多样性缺失；二是选择更合理的粒子建议分布。近年来，随着生物智能算法的出现和发展，采用智能群体优化算法优化粒子滤波来解决粒子退化贫化问题具有非常好的应用价值。而遗传算法中选择、交叉、变异的过程既可以产生新的个体，同时又可以保证种群的优越性，可将遗传算法引入粒子滤波理论中来提高粒子集的多样性，从而提高 SOH 预测的精度。

6.2.2　基于改进粒子滤波的电池 SOH 估算

因为遗传算法反映的是一种进化思想，而且粒子滤波中存在的主要问题就是粒子的退化问题，所以，用遗传算法中进化的思想去解决粒子滤波中的退化问题具有可行性。粒子滤波

算法与遗传算法的相似之处就是它们都有一个初始化的群体（采样集），每个个体代表系统的一个可行解，并且这些个体都依据一定的规则进行状态转换，它们都是对适应度值较大的个体进行了复制（在粒子滤波算法中，重采样阶段就可以看作是个体的复制过程）。

遗传粒子滤波（Genetic Particle Filtering, GPF）算法着重考虑把遗传算法中选择、交叉和变异的进化思想融入粒子滤波中，替代传统重采样的方法，进行算法的改进优化。GPF算法中的选择、交叉、变异操作实现步骤如下：

（1）选择操作 对 k 时刻加权粒子群 $\{x_k^i, \omega_k^i\}_{i=1}^N$，$\omega_k^i$ 视为粒子群中对应该粒子的种群适应度，计算适应度的方差，即粒子重要性权值的方差。因为粒子的重要性权值的方差最小时，对状态的估计最接近真实的状态，所以，以适应度方差的大小为基准来判断是否执行选择的操作。假如方差的大小满足要求，则执行粒子选择操作，保留所有粒子，并且不再进行交叉和变异操作，而是直接进入预测的阶段；假如方差的大小不满足要求，则略过选择操作，直接进行交叉和变异操作。

（2）交叉操作 对粒子集合中随机选取得到的两个粒子 $(x_k^m, x_k^n)_{m,n=1}^N$，按照式（6-9）进行交叉操作。

$$\begin{cases} \widetilde{x}_k^m = \alpha x_k^m + (1-\alpha) x_k^n + \eta \\ \widetilde{x}_k^n = \alpha x_k^n + (1-\alpha) x_k^m + \eta \end{cases} \tag{6-9}$$

式（6-9）中，$\eta \sim N(0, \Sigma)$ 为正态分布，$\alpha \sim U(0,1)$ 为均匀分布。交叉准则为：假如 $p(z_k | \widetilde{x}_k^m) > \max\{p(z_k | x_k^m), p(z_k | x_k^n)\}$，那么接受粒子，否则接受概率 $p(z_k | \widetilde{x}_k^m)/\max\{p(z_k | x_k^m), p(z_k | x_k^n)\}$ 的粒子。接受和放弃粒子 $\widetilde{x}_k^n$ 的方法与 $\widetilde{x}_k^m$ 相同，其中，$\max\{\cdot, \cdot\}$ 表示两者中的较大值。

（3）变异操作 从粒子集中随机选取一个粒子 $(x_k^j)_{j=1}^N$，根据式（6-10）进行变异操作。

$$\widetilde{x}_k^j = x_k^j + \eta \qquad \eta \sim N(0, \Sigma) \tag{6-10}$$

变异的准则为：如果 $p(z_k | \widetilde{x}_k^j) > p(z_k | x_k^j)$，那么接受粒子 $\widetilde{x}_k^j$，否则接受概率值为 $p(z_k | \widetilde{x}_k^j)/p(z_k | x_k^j)$ 的粒子。

在SOH估算时，将电池的实时最大可用容量作为状态变量进行估算，电池电流和SOC估算值作为估算模型的输入，构建GPF估算模型电池最大可用容量进行实时估计。在迭代过程中，等效电路模型的KVL关系结合输出电压形成一次估计后的校正环节，因此建立的 OCV-SOC-Q_{max} 函数关系相对一般的 OCV-SOC 曲线，可以减小电池老化造成的模型误差，从而间接提高了状态估计的精度。根据电池等效电路模型及电池容量变换趋势，建立基于最大可用容量 Q_{max} 的状态方程及观测方程，如式（6-11）所示。

$$\begin{cases} \boldsymbol{Q}_{max,N} = \boldsymbol{Q}_{max,N-1} + \boldsymbol{r}_{N-1} \\ \boldsymbol{U}_{L,N} = G(\mathrm{SOC}_N, \boldsymbol{Q}_{max}) - \boldsymbol{U}_{p,N} - I_N \boldsymbol{R}_N \end{cases} \tag{6-11}$$

由于在相邻采样间隔，电池最大可用容量一般变化极小，GPF算法的实现步骤如下：

1）初始化。依据先验概率 $p(x_0)$ 得到粒子群 $\{x_0^i\}_{i=1}^N$，并且令所有粒子的权值为 $\frac{1}{N}$。

2）权值更新。在 k 时刻，根据式（6-12）更新粒子的权值。

$$\omega_k^{*,i} = \omega_{k-1}^{*,i} \frac{p(\boldsymbol{z}_k | \boldsymbol{x}_k^i) p(\boldsymbol{x}_k^i | \boldsymbol{x}_{k-1}^i)}{q(\boldsymbol{x}_k^i | \boldsymbol{x}_{0:k-1}^i, \boldsymbol{z}_{0:k})} \tag{6-12}$$

然后按式（6-6）进行权值归一化操作。

3）遗传操作。

① 选择操作。对粒子权值的方差进行计算，假如方差满足要求，则保留粒子 $\{\tilde{\pmb{x}}_k^i,$ $\overline{\omega}_k^i\}_{i=1}^N$，转到第 4）步，如果方差不满足要求，则直接进行下一步的操作。

② 采用上述的方法对粒子进行交叉及变异操作，进而得到新的粒子集 $\{\tilde{\pmb{x}}_k^i,\overline{\omega}_k^i\}_{i=1}^N$。

4）按照式（6-13）进行状态估计与方差计算。

$$\begin{cases} \hat{\pmb{x}}_k \approx \sum_{i=1}^{N} \overline{\omega}_k^i \tilde{\pmb{x}}_k^i \\ \pmb{P}_k = \sum_{i=1}^{N} \overline{\omega}_k^i (\tilde{\pmb{x}}_k^i - \hat{\pmb{x}}_k)(\tilde{\pmb{x}}_k^i - \hat{\pmb{x}}_k)^{\mathrm{T}} \end{cases} \tag{6-13}$$

5）最后判断算法是否结束，若结束则退出，否则返回步骤2）。

由上述步骤可以看出，因为遗传算法拥有独特寻优的能力，可以提高粒子使用的效率，使得逼近后验概率分布最大值所需要的粒子数明显减少，并且回避了重采样，这在一定程度上使得算法的复杂程度降低，减少了算法的计算量，有效地提高了算法的实时性。而且，由于遗传算法可以有效地增加粒子多样性，解决粒子的退化问题，进而提高 GPF 算法的精度，则可以有效地防止滤波过程中的发散现象，提高 SOH 估算精度并减少算法收敛时间。

6.3　基于不同迭代周期的 SOC-SOH 协同估算

6.3.1　SOC-SOH 协同估算模型构建

考虑到 SOC 和 SOH 的不同尺度，设置采用两种采样间隔的 AUKF-UPF 算法实现 SOC 和 SOH 的协同估算，从中获取 SOC 和 SOH 的关键参数，实现对剩余功率和循环寿命的准确预测。建立锂离子电池的 SOC 和 SOH 的估算模型，如图 6-2 所示。

如图 6-2 所示，在 SOC 进行估算时，在等效电路表征和状态描述的基础上，对电池的电流和电压进行实时采集，以电流数据作为模型输入，电压数据作为观测输出。分别建立以 SOC 和 SOH 为状态变量的状态空间模型，通过两条协同的迭代路径进行实时估算，并将 SOC 的估算结果作为输入变量加入 SOH 的迭代过程。在 SOH 估算时，将电池的实时最大可用容量作为状态变量进行估算，电池电流和 SOC 估算值作为估算模型的输入，构建无迹粒子滤波估算模型对电池最大可用容量进行实时估算。在迭代过程中，等效电路模型的 KVL 关系结合输出电压形成一次估计后的校正环节，因此建立的 OCV-SOC-Q_{max} 函数关系相对一般的 OCV-SOC 曲线，可以减小电池老化造成的模型误差，从而间接提高了状态估计的精度，状态空间方程如式（6-14）所示。

$$\begin{cases} \pmb{X}_k = \begin{bmatrix} \dfrac{R_{\mathrm{p}}C_{\mathrm{p}}}{R_{\mathrm{p}}C_{\mathrm{p}}+1} & 0 \\ 0 & 1 \end{bmatrix} X_{k-1} + \begin{bmatrix} \dfrac{R_{\mathrm{p}}}{R_{\mathrm{p}}C_{\mathrm{p}}+1} \\ -\dfrac{\eta T}{Q_N} \end{bmatrix} I_{k-1} + \begin{bmatrix} w_{0,k} \\ w_{1,k} \end{bmatrix}, \pmb{X}_k = \begin{bmatrix} U_{\mathrm{p},k} \\ \mathrm{SOC}_k \end{bmatrix} \\ U_{\mathrm{L},k} = G(\mathrm{SOC}_{k-1}, Q_{\mathrm{max},N-1}) - U_{\mathrm{p},k} - I_k R_{\mathrm{o},k} \end{cases} \tag{6-14}$$

式中，$G(\mathrm{SOC}_{k-1}, Q_{\mathrm{max},N-1})$ 为锂离子电池 OCV、SOC、Q_{max} 间的耦合函数关系。通过函数关

系定量表征了随着电池老化，电池模型参数和OCV-SOC之间时变映射关系的改变。基于SOH的定义，选择最大可用容量作为待估状态量，建立状态空间方程，如式（6-15）所示。

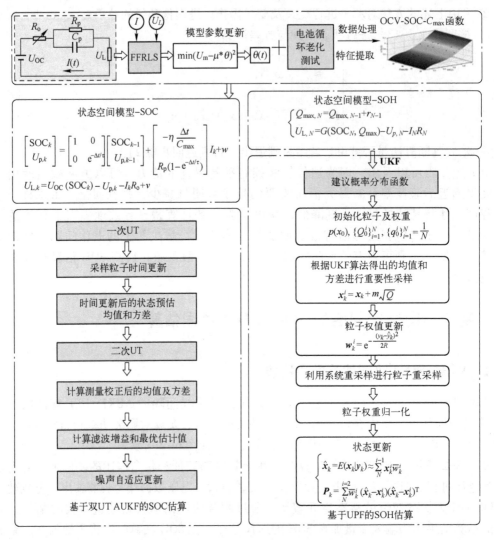

图6-2 改进AUKF-UPF算法迭代更新流程图

$$\begin{cases} Q_{\max,N} = \dfrac{SOC_{N-1} - SOC_N}{\int I\mathrm{d}t} + r_{N-1} \\ U_{L,N} = G(SOC_N, Q_{\max}) - U_{p,N} - I_N R_N \end{cases} \tag{6-15}$$

关于$Q_{\max}$的状态方程是根据电池SOC与$Q_{\max}$的关系建立的，观测方程是根据等效电路模型间的KVL关系建立的。基于状态空间方程和改进UPF算法，可实现SOH的实时估算。

6.3.2 SOC-SOH协同迭代估算流程

建立电池SOC-SOH协同在线估算模型，整个完整迭代流程包含两个不同更新周期的状态更新过程。首先对系统进行初始化，在两个不同尺度迭代估算的滤波模型中，根据先验信息对 SOC 和 SOH 估算初值进行设置。首先通过建立关于 SOC 的状态空间模型，基于改进 AUKF 算法对 SOC 进行估算，其流程如下。

对状态值 $\boldsymbol{X}=[\text{SOC}\ U_\text{p}]$ 进行 UT 获得 $2n+1$ 个采样点，如式（6-16）所示。

$$\boldsymbol{X}^i(k-1)=\begin{bmatrix} \boldsymbol{X}(k-1) \\ \boldsymbol{X}(k-1)+\sqrt{(n+\lambda)\boldsymbol{P}(k-1)} \\ \boldsymbol{X}(k-1)-\sqrt{(n+\lambda)\boldsymbol{P}(k-1)} \end{bmatrix} \tag{6-16}$$

在获得采样粒子后，获得状态量的权值和相应的方差权值。通过状态方程对采样的粒子进行时间更新，如式（6-17）所示。

$$\hat{\boldsymbol{X}}^i(k)=f(X^i(k-1),Q_\text{max})=\begin{bmatrix} \dfrac{R_cC_\text{p}}{R_cC_\text{p}+1} & 0 \\ 0 & 1 \end{bmatrix}\boldsymbol{X}^i(k-1)+\begin{bmatrix} \dfrac{R_c}{R_cC_\text{p}+1} \\ -\dfrac{\eta T}{Q_N} \end{bmatrix}I_{k-1} \tag{6-17}$$

通过采样粒子的一步预测值获得状态矩阵的一步预测值及预测方差，如式（6-18）所示。

$$\begin{cases} \boldsymbol{X}(k|k-1)=\sum_{i=0}^{2n}\omega^{(i)}\hat{\boldsymbol{X}}^{(i)}(k|k-1) \\ \boldsymbol{P}(k|k-1)=\sum_{i=0}^{2n}\omega^{(i)}[\boldsymbol{X}(k|k-1)-\hat{\boldsymbol{X}}^{(i)}(k)][\boldsymbol{X}(k|k-1)-\hat{\boldsymbol{X}}^{(i)}(k)]^\text{T}+Q \end{cases} \tag{6-18}$$

得到时间更新后的状态值及协方差之后，考虑到测量方程的强非线性，再次对状态量进行一次 UT 以获得符合预测状态量均值和协方差的粒子，UT 过程及权重计算过程如式（6-18）所示。在获得新的采样粒子后，将根据测量方程计算各采样粒子下的估算输出电压，如式（6-19）所示。

$$\hat{U}_\text{L}^i(k)=g(X^i(k-1),Q_\text{max})=G(\boldsymbol{X}^i(k-1,1),Q_\text{max})-\boldsymbol{X}^i(k-1,2)-R_cI_{k-1} \tag{6-19}$$

进而，通过采样粒子下的估算输出电压可获得预测状态值下的输出电压值。通过预测输出电压值与真实电压输出值的差异，可获得所需要的方差值，如式（6-20）所示。

$$\begin{cases} U_\text{L}(k|k-1)=\sum_{i=0}^{2n}\omega^{(i)}\hat{U}_\text{L}^{(i)}(k) \\ \boldsymbol{P}_{U_\text{L}(k)U_\text{L}(k)}=\sum_{i=0}^{2n}\omega^{(i)}[\hat{U}_\text{L}^{(i)}(k)-U_\text{L}(k|k-1)][\hat{U}_\text{L}^{(i)}(k)-U_\text{L}(k|k-1)]^\text{T}+\boldsymbol{R} \\ \boldsymbol{P}_{X(k)U_\text{L}(k)}=\sum_{i=0}^{2n}\omega^{(i)}[\boldsymbol{X}(k|k-1)-\hat{\boldsymbol{X}}^{(i)}(k)][\hat{U}_\text{L}^{(i)}(k)-U_\text{L}(k|k-1)]^\text{T} \end{cases} \tag{6-20}$$

通过以上几步递推式，即可获得该算法中卡尔曼增益 K 的值及最优状态估算值和估算误差协方差，如式（6-21）所示。

$$\begin{cases} \boldsymbol{K}(k) = \boldsymbol{P}_{X(k)U_{\mathrm{L}}(k)} \boldsymbol{P}_{U_{\mathrm{L}}(k)U_{\mathrm{L}}(k)}^{-1} \\ \boldsymbol{X}(k) = \boldsymbol{X}(k|k-1) + \boldsymbol{K}(k)\left[U_{\mathrm{L}}(k) - U_{\mathrm{L}}(k|k-1) \right] \\ \boldsymbol{P}(k) = \boldsymbol{P}(k|k-1) - \boldsymbol{K}(k)\boldsymbol{P}_{U_{\mathrm{L}}(k)U_{\mathrm{L}}(k)}\boldsymbol{K}^{\mathrm{T}}(k) \end{cases} \tag{6-21}$$

对 SOC 进行预测并校正后，将 SOC 的估算结果作为输入条件，进入 SOH 的迭代过程求解。SOH 的估计过程以最大可用容量 $Q_{\max}$ 为状态变量，其状态空间模型如式（6-22）所示。

$$\begin{cases} Q_{\max,N} = \dfrac{\mathrm{SOC}_{N-1} - \mathrm{SOC}_N}{\int I \mathrm{d}t} + r_{N-1} \\ U_{\mathrm{L},N} = G(\mathrm{SOC}_N, Q_{\max}) - U_{\mathrm{p},N} - I_N R_N \end{cases} \tag{6-22}$$

其中，下标 N 为 SOH 更新标度下的采样周期，在本节中为 20 s。基于 $Q_{\max}$ 的状态空间方程及 SOC 的估算结果，采用 UPF 算法对锂离子电池 SOH 进行迭代更新。首先根据先验概率获得状态初值。

在接下来的重要性采样步骤中，先利用 UKF 算法获得状态均值与协方差，并采样与该概率分布相符合的粒子群，如式（6-23）所示。

$$\boldsymbol{x}_k^i = \boldsymbol{x}_k + m\sqrt{Q} \tag{6-23}$$

其中，m 为 $[0,1]$ 之间的随机数，在对粒子群进行重要性采样后，计算粒子的相应权值，此处假定状态量为高斯分布，则可得粒子群权值为

$$\boldsymbol{w}_k^i = \mathrm{e}^{-\frac{(y_k - \hat{y}_k)^2}{2R}} \tag{6-24}$$

利用系统重采样机制对粒子群进行重采样，防止粒子退化。经重采样后得到一群新的粒子，其权值均被置为 $1/N$，此时可得滤波后的最优状态估计值为

$$\hat{\boldsymbol{X}}_k = E(\boldsymbol{X}_{\mathrm{set}}) = \frac{1}{N}\sum_{N}^{i=1} \boldsymbol{w}_i \boldsymbol{x}_i \tag{6-25}$$

在每个微观-宏观时间尺度的迭代计算过程之后，可以实时估计电池的 SOC 及最大可用容量，并基于电池 SOH 的定义实时估算电池 SOH。状态协同估计形成的闭环逻辑可以使状态量之间相互反馈校正，实现了对高能量密度锂离子电池多种关键状态量的高可靠性实时监测。

6.3.3 典型工况下 SOH 估算结果及分析

在 BBDST 工况下对所提出的 SOH 估算模型进行验证，验证结果如图 6-3 所示。

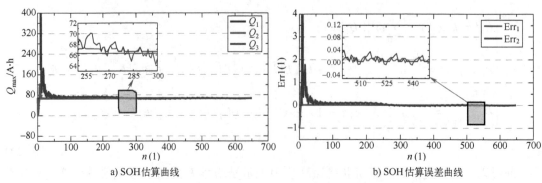

a) SOH 估算曲线　　　　　　　　b) SOH 估算误差曲线

图 6-3　BBDST 工况下 SOH 估算验证结果

将获得的间隔脉冲放电工况下实验数据输入至对本节提出的 SOC-SOH 估算模型进行验证，验证结果如图 6-4 所示。

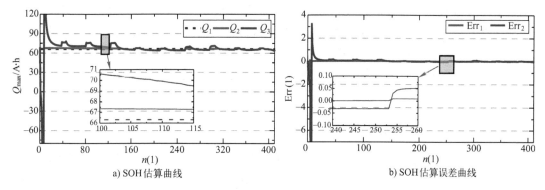

图 6-4　间隔脉冲放电工况下 SOC-SOH 估算验证结果

图 6-3、图 6-4 中，横轴 n 代表迭代次数，纵轴分别为最大可用容量 Q_{max} 和相应误差。在 SOH 的估算迭代过程中，以锂离子电池最大可用容量作为状态量估算，由于电池 SOH 不是一个瞬时变化的量，所以在迭代过程中设计更新时间为 20 s。在图 6-3a、图 6-4a 中，Q_1 为离线情况下通过大型电池充放电测试箱对电池从满电放电至截止电压测出的 Q_{max} 参考值，Q_2 和 Q_3 分别为使用本节提出的算法和根据 SOC 衰减规律计算出的 SOH 值，可以看出，本节所提出的算法精度明显高于没有校正环节的方法。

此外，可以从图 6-3a、图 6-4a 中观察到，在滤波刚开始时，两种算法均有一段波动明显的时刻，这是由于前期 SOC 估算波动导致的，两条曲线对比可以发现本节所提出的改进 AUKF-UPF 算法可以更快地修正这种误差并回归真实值附近。这种波动在实际运用中可以使用阈值条件进行消除。在不计入前面 20 次偏差较大的估算结果的情况下，BBDST 工况下 Q_2 和 Q_3 的 RMSE 分别为 1.50% 和 6.84%；间隔脉冲放电工况下 Q_2 和 Q_3 的 RMSE 分别为 1.127% 和 5.53%，实现了 SOH 估算的实时性和准确性。

6.4　基于 AEKF 的 SOH 估算

卡尔曼滤波（KF）是一种利用线性系统状态方程，通过系统输入、输出观测数据，对系统状态进行最优估算的算法。由于观测数据中包括系统中的噪声和干扰的影响，所以最优估算也可看作是滤波过程。

数据滤波是去除噪声、还原真实数据的一种数据处理技术，KF 在测量方差已知的情况下能够从一系列存在测量噪声的数据中，估算动态系统的状态。由于它便于计算机编程实现，并能够对现场采集的数据进行实时更新和处理，KF 是目前应用最为广泛的滤波方法，在通信、导航、制导与控制等多领域得到了较好的应用。

6.4.1　EKF 迭代运算分析

扩展卡尔曼滤波（EKF）算法在卡尔曼算法的原理基础上，主要增加了泰勒级数展开模块，使算法可以对非线性系统进行处理。通过泰勒级数展开状态空间方程，丢弃高阶项，将非线性系统线性化。EKF 算法与 KF 算法在特点上很相似，均利用最小方差原理实现未知量的最优估算，只是 EKF 算法结合了概率论的数学原理，使其能够处理更多的未知量问题。当 KF 算法估计电池的 SOC 值时，它使用安时积分方法来计算 SOC 值，并使用测量的电压值结合观察方程来连续修改通过安时积分方法获得的 SOC 值。由于电池在工作过程中是一个强非线性系统，而 KF 的应用对象是一个线性系统，因此有必要对电池进行线性化以适应 KF 即 EKF 算法，该方法通常基于系统的状态方程和测量方程。预测状态方程包括 SOC 计算的安时积分法，观测方程表示锂离子电池的等效模型。EKF 算法估算 SOC 的精度很大程度上取决于等效模型的精度，因此建立合适的电池等效模型非常重要。

6.4.2 噪声 AEKF 算法分析

EKF 算法虽然经过泰勒展开并且将高阶项忽略的方法将 KF 算法成功的应用到锂离子电池的非线性系统中，便捷、精确地估算出了实时 SOC 值，但是 EKF 算法在估算锂离子电池 SOC 的过程中，将状态噪声 w_k 和观测噪声 v_k 视为两个相互不相关的高斯白噪声，默认其在估算过程中不会对估算结果造成实质性的影响，而将其从估算过程中忽略掉。然而在锂离子电池的实际应用场景中，由于外部环境的多变性以及采集芯片的限制等多方面因素的影响，实际的估算过程中会不可避免地受到各种噪声信号的干扰。因此，需要判断分析噪声对估算精度的影响机制，并进一步尽可能地消除或减小噪声对精度的影响。

本节将在 Sage-Husa 自适应理论的基础上，引用其方法对 SOC 估算系统中的噪声进行自适应迭代估计，从而弱化噪声对精度的影响，实时 SOC 估算精度也会随之提升。基于 Sage-Husa 自适应方法改进的估算（AEKF）算法的具体过程为：

1）确定估算系统的状态空间以及观测方程，如式（6-26）所示。

$$\begin{cases} \boldsymbol{x}_{k+1}=f(\boldsymbol{x}_k,\boldsymbol{u}_k)+\boldsymbol{w}_k \\ \boldsymbol{y}_k=h(\boldsymbol{x}_k,\boldsymbol{u}_k)+\boldsymbol{v}_k \end{cases} \tag{6-26}$$

2）首先将估算系统的状态参量以及协方差矩阵初始化，如式（6-27）所示。

$$\begin{cases} \hat{\boldsymbol{x}}_0=E[\boldsymbol{x}_0] \\ \boldsymbol{P}_0=E[(\boldsymbol{x}_0-\hat{\boldsymbol{x}}_0)(\boldsymbol{x}_0-\hat{\boldsymbol{x}}_0)^{\mathrm{T}}] \\ \hat{\boldsymbol{Q}}_0=\boldsymbol{Q}_0 \\ \hat{\boldsymbol{R}}_0=\boldsymbol{R}_0 \end{cases} \tag{6-27}$$

3）对下一阶段的各个状态参量及协方差矩阵进行预测，如式（6-28）所示。

$$\begin{cases} \hat{\boldsymbol{x}}_{k+1\mid k}=A\hat{x}_k+\boldsymbol{B}\boldsymbol{u}_k+\boldsymbol{q}_k \\ \boldsymbol{P}_{k+1\mid k}=A_k\boldsymbol{P}_kA^{\mathrm{T}}+\boldsymbol{Q}_k \end{cases} \tag{6-28}$$

4）确定并计算参量误差新息，如式（6-29）所示。

$$\boldsymbol{m}_k=\boldsymbol{y}_k-\boldsymbol{h}_x-\boldsymbol{r}_k \tag{6-29}$$

由于在非线性系统中，新进数据会对对应的估算系统造成较大的影响波动，因此在估算过程中，需要引入指数加权系数 d_k，增加新数据计算结果的影响比重，指数加权系数需满足的函数条件为

$$d_k=\frac{1-b}{1-b^{k+1}} \quad i=0,1,\cdots,k \tag{6-30}$$

式中，b 为遗忘因子。

5）通过已获取的参数对该阶段的卡尔曼增益进行计算，如式（6-31）所示。

$$\boldsymbol{K}_k = \boldsymbol{P}_k \boldsymbol{C}_k^{\mathrm{T}} \left[\boldsymbol{C}_k \boldsymbol{P}_k \boldsymbol{C}_k^{\mathrm{T}} + \boldsymbol{R}_k \right]^{-1} \tag{6-31}$$

6）对下一阶段的状态参值及协方差矩阵进行测量并更新，如式（6-32）所示。

$$\begin{cases} \boldsymbol{x}_{k+1} = \boldsymbol{x}_{k \mid k-1} + \boldsymbol{K}_k \boldsymbol{m}_k \\ \boldsymbol{P}_{k+1} = (\boldsymbol{I} - \boldsymbol{K}_k \boldsymbol{C}_k) \boldsymbol{P}_{k+1 \mid k} \end{cases} \tag{6-32}$$

7）对测量导致的噪声以及系统本身的噪声协方差进行迭代更新，如式（6-33）所示。

$$\begin{cases} \boldsymbol{r}_k = (1 - d_{k-1}) \boldsymbol{r}_{k-1} + d_{k-1} (\boldsymbol{y}_k - \boldsymbol{C} \boldsymbol{x}_{k-1} - \boldsymbol{D} \boldsymbol{u}_{k-1}) \\ \boldsymbol{R}_k = (1 - d_{k-1}) \boldsymbol{R}_{k-1} + d_{k-1} (\boldsymbol{m}_k \boldsymbol{m}_k^{\mathrm{T}} - \boldsymbol{C}_k \boldsymbol{P}_k \boldsymbol{C}_k^{\mathrm{T}}) \\ \boldsymbol{q}_k = (1 - d_{k-1}) \boldsymbol{q}_{k-1} + d_{k-1} (\boldsymbol{x}_k - \boldsymbol{A} \boldsymbol{x}_{k-1} - \boldsymbol{B} \boldsymbol{u}_{k-1}) \\ \boldsymbol{Q}_k = (1 - d_{k-1}) \boldsymbol{Q}_k + d_{k-1} (\boldsymbol{K}_k \boldsymbol{m}_k \boldsymbol{m}_k^{\mathrm{T}} \boldsymbol{K}_k^{\mathrm{T}} + \boldsymbol{P}_k - \boldsymbol{A} \boldsymbol{P}_{k-1} \boldsymbol{A}^{\mathrm{T}}) \end{cases} \tag{6-33}$$

6.4.3　建立基于容量估算的状态空间方程

锂离子电池的 SOH 可以通过容量的衰减来定义。当电池容量小于出厂额定容量的 80% 时，电池被看作已经达到失效状态，不再适合做动力电池。在用 EKF 算法估计锂离子电池容量时，考虑到在 SOC 的定义式中含有电池容量，且 SOC 可以通过算法进行准确估算，所以在选择估算容量的观测方程时，SOC 定义式为比较适合的选择。因此，在估算锂离子电池的容量时，其 SOC 是一个需要进行同时或提前预估的参量。锂离子电池的 SOC 定义为

$$\mathrm{SOC}_t = \mathrm{SOC}_{t_0} - \frac{\displaystyle\int_{t_0}^{t} \boldsymbol{I}(t) \eta \, \mathrm{d}t}{\boldsymbol{Q}_{\mathrm{N}}} \tag{6-34}$$

式中，SOC_t 和 SOC_{t_0} 分别为当前时刻和初始时刻的 SOC 值；$\boldsymbol{Q}_{\mathrm{N}}$ 为电池额定的容量；I 为放电电流；η 为电池库伦效率，因为本节估算的为电池实际容量，因此可认为 $\eta = 1$。结合容量变化缓慢规律和相关定义式（6-34），可以得到估计容量的状态空间方程，如式（6-35）所示。

$$\begin{cases} \boldsymbol{Q}_{\mathrm{N}}(k) = \boldsymbol{Q}_{\mathrm{N}}(k-1) + \boldsymbol{c}(k) \\ \mathrm{SOC}(k) = \mathrm{SOC}(k-1) + \displaystyle\int_{N} \frac{\boldsymbol{I}}{\boldsymbol{Q}_{\mathrm{N}}(k-1)} \mathrm{d}t + \boldsymbol{d}(k) \\ \boldsymbol{c}(k) \sim (\boldsymbol{g}_k, \boldsymbol{G}_k) \\ \boldsymbol{d}(k) \sim (\boldsymbol{z}_k, \boldsymbol{Z}_k) \end{cases} \tag{6-35}$$

式中，由于电池容量在短时间使用中变化缓慢，所以添加外部噪声 $\boldsymbol{c}$ 来模拟其缓慢变化，$\boldsymbol{d}$ 为观测噪声。$\boldsymbol{c}$、$\boldsymbol{d}$ 为均值为零的高斯白噪声，方差矩阵分别是 $\boldsymbol{G}$ 和 $\boldsymbol{Z}$。

基于以上建立的状态空间方程，其中容量 $\boldsymbol{Q}_{\mathrm{N}}$ 为状态变量，SOC 为观测变量。结合 EKF 迭代运算，可以进行容量的迭代计算，进而实现对 SOH 的预估。但是，使用 EKF 对容量进行估算时，变量 SOC 是作为已知量输入的，而在 BMS 中，SOC 也是一个需要进行预测的状态，所以单纯使用 EKF 对 SOH 进行估算的前提是已经对 SOC 完成了有效估算。

6.5 基于双时间尺度 ADEKF 算法的 SOH 估算

6.5.1 双扩展卡尔曼滤波算法用于 SOH 估算

使用双扩展卡尔曼滤波（Dual Extended Kalman Filter，DEKF）算法对 SOH 进行估算，也包括了对 SOC 的估算，因为要准确估算锂离子电池 SOH 的前提是准确估算其 SOC，该算法可以实现两个状态的协同估算。在进行状态估算之前，需要根据等效电路模型和相关定义建立状态空间方程。估算 SOC 的状态空间方程与式（6-35）估计容量的状态空间方程结合，可获得基于 DEKF 算法估算的状态空间方程，如式（6-36）所示。

$$
\begin{cases}
\begin{bmatrix} \mathrm{SOC}(k) \\ \boldsymbol{U}_1(k) \end{bmatrix} = \begin{bmatrix} 1 & 0 \\ 0 & \mathrm{e}^{-\frac{\Delta t}{\tau}} \end{bmatrix} \begin{bmatrix} \mathrm{SOC}(k-1) \\ \boldsymbol{U}_1(k-1) \end{bmatrix} + \begin{bmatrix} -\dfrac{\Delta t}{Q} \\ \boldsymbol{R}_1(1-\mathrm{e}^{-\frac{\Delta t}{\tau}}) \end{bmatrix} \boldsymbol{I}(k-1) + \boldsymbol{w}(k) \\
\boldsymbol{U}_\mathrm{L}(k) = \boldsymbol{U}_\mathrm{OC}(k-1) - \boldsymbol{U}_1(k-1) - \boldsymbol{I}(k-1)R_\mathrm{o} + \boldsymbol{v}(k) \\
\boldsymbol{Q}_\mathrm{N}(k) = \boldsymbol{Q}_\mathrm{N}(k-1) + \boldsymbol{c}(k) \\
\mathrm{SOC}(k) = \mathrm{SOC}(k-1) + \displaystyle\int_N \frac{\boldsymbol{I}}{\boldsymbol{Q}_\mathrm{N}(k-1)}\mathrm{d}t + \boldsymbol{d}(k)
\end{cases}
\tag{6-36}
$$

式中，前两个公式为估算 SOC 的状态空间方程，后两个公式为估算容量的状态空间方程。根据式（6-36），结合各系数矩阵的含义，在估算 SOC 和容量时它们的具体表达式分别为

$$
\begin{cases}
\boldsymbol{A}_k^x = \begin{bmatrix} 1 & 0 \\ 0 & \mathrm{e}^{-t/\tau} \end{bmatrix} \\
\boldsymbol{A}_k^Q = 1 \\
\boldsymbol{B}_k^x = \begin{bmatrix} -\dfrac{t}{\boldsymbol{Q}_\mathrm{N}} \\ R_1(1-\mathrm{e}^{-t/\tau}) \end{bmatrix} \\
\boldsymbol{C}_k^x = \left(\dfrac{\partial \boldsymbol{U}_\mathrm{OC}}{\partial \mathrm{SOC}} \quad -1 \right) \Big|_{x_k = \hat{x}_k} \\
\boldsymbol{C}_k^Q = -\dfrac{1}{\boldsymbol{Q}_\mathrm{N}^2} \displaystyle\int_N \boldsymbol{I}\mathrm{d}t
\end{cases}
\tag{6-37}
$$

式中，上标 x 表示与估算 SOC 的相关变量和参数，上标 Q 表示与估算容量相关的变量和参数，下文出现的上标含义同上。根据式（6-37）中的各系数矩阵，DEKF 迭代过程如下：

（1）初始化

$$
\begin{cases}
\hat{\boldsymbol{x}}_0 = E[\boldsymbol{x}_0] \\
\hat{\boldsymbol{Q}}_{\mathrm{N},0} = E[\boldsymbol{Q}_{\mathrm{N},0}] \\
\boldsymbol{P}_0^x = E[(\boldsymbol{x}_0 - \hat{\boldsymbol{x}}_0)(\boldsymbol{x}_0 - \hat{\boldsymbol{x}}_0)^\mathrm{T}] \\
\boldsymbol{P}_0^Q = E[(\boldsymbol{Q}_{\mathrm{N},0} - \hat{\boldsymbol{Q}}_{\mathrm{N},0})(\boldsymbol{Q}_{\mathrm{N},0} - \hat{\boldsymbol{Q}}_{\mathrm{N},0})^\mathrm{T}]
\end{cases}
\tag{6-38}
$$

（2）时间更新

$$\begin{cases} \hat{\boldsymbol{x}}(k+1\,|\,k)=\boldsymbol{A}_k^x\hat{\boldsymbol{x}}(k\,|\,k)+\boldsymbol{B}_k^x\boldsymbol{I}(k) \\ \hat{\boldsymbol{Q}}_n(k+1\,|\,k)=\boldsymbol{Q}_n(k\,|\,k) \\ \boldsymbol{P}_x(k+1\,|\,k)=\boldsymbol{A}_k^x\boldsymbol{P}_x(k\,|\,k)\boldsymbol{A}_k^{x\mathrm{T}}+\boldsymbol{Q}(k) \\ \boldsymbol{P}_Q(k+1\,|\,k)=\boldsymbol{P}_Q(k\,|\,k)+\boldsymbol{G}(k) \end{cases} \tag{6-39}$$

（3）卡尔曼增益更新

$$\begin{cases} \boldsymbol{K}_x(k+1)=\boldsymbol{P}_x(k+1\,|\,k)\boldsymbol{C}_{k+1}^{x\ \mathrm{T}}\big[\boldsymbol{C}_{k+1}^x\boldsymbol{P}_x(k+1\,|\,k)\boldsymbol{C}_{k+1}^{x\ \mathrm{T}}+\boldsymbol{R}(k+1)\big] \\ \boldsymbol{K}_Q(k+1)=\boldsymbol{P}_Q(k+1\,|\,k)\boldsymbol{C}_{k+1}^{Q\ \mathrm{T}}\big[\boldsymbol{C}_{k+1}^Q\boldsymbol{P}_Q(k+1\,|\,k)\boldsymbol{C}_{k+1}^{Q\ \mathrm{T}}+\boldsymbol{H}(k+1)\big] \end{cases} \tag{6-40}$$

（4）测量更新

$$\begin{cases} \hat{\boldsymbol{x}}(k+1\,|\,k+1)=\hat{\boldsymbol{x}}(k+1\,|\,k)+\boldsymbol{K}_x(k+1)\big[\boldsymbol{y}_{k+1}^x-\boldsymbol{h}^x(\hat{\boldsymbol{x}}(k+1\,|\,k))\big] \\ \hat{\boldsymbol{Q}}_c(k+1\,|\,k+1)=\hat{\boldsymbol{Q}}_c(k+1\,|\,k)+\boldsymbol{K}_Q(k+1)\big[\boldsymbol{y}_{k+1}^Q-\boldsymbol{h}^Q(\hat{\boldsymbol{x}}(k+1\,|\,k))\big] \\ \boldsymbol{P}_x(k+1)=\boldsymbol{I}-\boldsymbol{K}_x(k+1)\boldsymbol{C}_{k+1}^x\boldsymbol{P}_x(k+1\,|\,k) \\ \boldsymbol{P}_Q(k+1)=\boldsymbol{I}-\boldsymbol{K}_Q(k+1)\boldsymbol{C}_{k+1}^Q\boldsymbol{P}_Q(k+1\,|\,k) \end{cases} \tag{6-41}$$

根据上述步骤，使用 DEKF 算法预测锂离子电池的 SOC 和容量时，需要不断循环步骤（2）~（4），对 SOC 和容量的估算值进行迭代更新，获得每个时刻的最优估算，但是 DEKF 算法未考虑噪声的变化以及容量变化缓慢，应该与 SOC 估算时间尺度有所不同。为更准确实现航空锂离子电池的 SOH 估算，研究了双时间尺度 ADEKF 算法。

6.5.2　双时间尺度 ADEKF 算法用于 SOH 估算

由于在采用 DEKF 算法估算容量时，需要以 SOC 作为估算容量的 EKF 的输入，如式（6-36）所示，观测方程为 SOC 定义式，因此容量的估算很大程度上受 SOC 估算效果的影响。因此要准确估算锂离子电池容量，就需要先准确估算 SOC。为了能更准确估算电池 SOC，本研究引入自适应方法，将自适应扩展卡尔曼滤波（AEKF）算法用于估算 SOC，减少由于噪声影响带来的估算误差。

锂离子电池的使用次数越多，其容量呈下降趋势，但是在短暂的使用过程中其变化非常缓慢，经过 100 次充放电循环后容量可能只衰减一点。因此，在估算容量时，可以考虑选择较大的时间尺度来减少算法的计算量，可以节省时间，提高算法的快速性。另外，由于容量受 SOC 影响较大，而在估算 SOC 时由于其变化较快，使用的采样时间很小，估计结果不可避免会存在波动，如果以该时间尺度同时估算容量，会导致容量误差较大且估算不准确。在此基础上，引入双时间尺度的思想，研究了双时间尺度自适应双扩展卡尔曼滤波（Adaptive Dual Extended Kalman Filter，ADEKF）算法，用另一个较大时间尺度 AEKF 算法来估计容量，以缓解由于 SOC 估算产生的波动而带来的估算不准确问题。双时间尺度 ADEKF 算法中，变化显著的 SOC 采用小时间尺度进行估算，变化缓慢的容量采用大时间尺度估算。结合 RLS 在线参数辨识方法，双时间尺度 ADEKF 算法流程如图 6-5 所示。

图 6-5 中，N 表示需要经过 N 次 SOC 估算循环才进行一次容量估算。双时间尺度 ADEKF 算法由两个不同时间尺度的 AEKF 算法组成。小时间尺度 AEKF 以 SOC 作为状态变量，使用较小的时间尺度估算 SOC，本节选择采样时间 0.1 s 作为估算 SOC 的时间尺度。大时间尺度自适应扩展卡尔曼滤波器以小时间尺度算法估算的 SOC 作为算法的输入，电池容

量作为状态变量，在较大的时间尺度下通过迭代计算预测电池容量，具体时间尺度根据实际情况而定，进而获得当前状态下的 SOH，本章将对不同时间间隔进行对比分析，具体结果见 6.7.2 节。该算法详细程序如下：

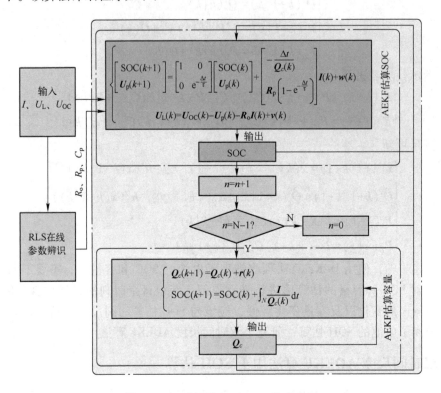

图 6-5   双时间尺度 ADEKF 算法流程

第一步，初始化：对两个状态变量和协方差矩阵进行初值设定。

$$\begin{cases} \hat{\boldsymbol{x}}_0 = E[\boldsymbol{x}_0] \\ \hat{\boldsymbol{Q}}_{n,0} = E[\boldsymbol{Q}_{n,0}] \\ \boldsymbol{P}_{x,0} = E[(\boldsymbol{x}_0 - \hat{\boldsymbol{x}}_0)(\boldsymbol{x}_0 - \hat{\boldsymbol{x}}_0)^{\mathrm{T}}] \\ \boldsymbol{P}_{Q,0} = E[(\boldsymbol{Q}_{n,0} - \hat{\boldsymbol{Q}}_{n,0})(\boldsymbol{Q}_{n,0} - \hat{\boldsymbol{Q}}_{n,0})^{\mathrm{T}}] \end{cases} \qquad (6\text{-}42)$$

第二步，小时间尺度下的 AEKF 算法对 SOC 进行估算，如下所述：

1）小时间尺度 AEKF 算法时间更新。

$$\begin{cases} \hat{\boldsymbol{x}}(k+1 \mid k) = \boldsymbol{A}_{k+1}^x \hat{\boldsymbol{x}}(k \mid k) + \boldsymbol{B}_{k+1}^x \boldsymbol{I}(k) \\ \boldsymbol{P}_x(k+1 \mid k) = \boldsymbol{A}_{k+1}^x \boldsymbol{P}_x(k \mid k) \boldsymbol{A}_{k+1}^{x\,\mathrm{T}} + \boldsymbol{Q}(k) \end{cases} \qquad (6\text{-}43)$$

2）小时间尺度 AEKF 算法状态噪声更新。

$$\begin{cases} \boldsymbol{\varepsilon}_{1,k+1} = \boldsymbol{y}_{k+1}^x - \boldsymbol{h}^x(\hat{\boldsymbol{x}}(k+1 \mid k)) \\ \boldsymbol{R}_{k+1} = \alpha \boldsymbol{R}_k + (1-\alpha) \boldsymbol{\varepsilon}_{1,k+1} \boldsymbol{\varepsilon}_{1,k+1}^{\mathrm{T}} \end{cases} \qquad (6\text{-}44)$$

式中，α 为加权系数，用于在算法迭代过程中对过程噪声和观测噪声的自适应修正，通常取值为 0.9~1。

3）小时间尺度 AEKF 算法卡尔曼增益更新和测量更新。

$$\begin{cases} \boldsymbol{K}_x(k+1) = \boldsymbol{P}_x(k+1\,|\,k)\boldsymbol{C}_{k+1}^{x\,\mathrm{T}}\big[\boldsymbol{C}_{k+1}^{x}\boldsymbol{P}_x(k+1\,|\,k)\boldsymbol{C}_{k+1}^{x\,\mathrm{T}}+\boldsymbol{R}(k+1)\big] \\ \hat{\boldsymbol{x}}(k+1\,|\,k+1) = \hat{\boldsymbol{x}}(k+1\,|\,k)+\boldsymbol{K}_x(k+1)\big[\boldsymbol{y}_{k+1}^{x}-\boldsymbol{h}^x(\hat{x}(k+1\,|\,k))\big] \\ \boldsymbol{P}_x(k+1) = (\boldsymbol{I}-\boldsymbol{K}_x(k+1)\boldsymbol{C}_{k+1}^{x}\boldsymbol{P}_x(k+1\,|\,k)) \end{cases} \tag{6-45}$$

4）小时间尺度 AEKF 算法测量噪声更新。

$$\begin{cases} \boldsymbol{\varepsilon}_{2,k+1} = \boldsymbol{y}_{k+1}^{x}-\boldsymbol{h}^x(\hat{\boldsymbol{x}}(k+1\,|\,k+1)) \\ \boldsymbol{Q}_{k+1} = \alpha\boldsymbol{Q}_k+(1-\alpha)\big[\boldsymbol{K}_x(k+1)\boldsymbol{\varepsilon}_{2,k+1}\boldsymbol{\varepsilon}_{2,k+1}^{\mathrm{T}}\boldsymbol{K}_x^{\mathrm{T}}(k+1)\big] \end{cases} \tag{6-46}$$

第三步，大时间尺度下的 AEKF 算法对容量进行估算，如下所述：

1）大时间尺度 AEKF 算法时间更新。

$$\begin{cases} \hat{\boldsymbol{Q}}_n(k+1\,|\,k) = \boldsymbol{Q}_n(k\,|\,k) \\ \boldsymbol{P}_Q(k+1\,|\,k) = \boldsymbol{P}_Q(k\,|\,k)+\boldsymbol{G}(k) \end{cases} \tag{6-47}$$

2）大时间尺度 AEKF 算法状态噪声更新。

$$\begin{cases} \boldsymbol{\varphi}_{1,k+1} = \boldsymbol{y}_{k+1}^{Q}-\boldsymbol{h}^Q(\hat{\boldsymbol{x}}(k+1\,|\,k)) \\ \boldsymbol{Z}_{k+1} = \beta\boldsymbol{Z}_k+(1-\beta)\boldsymbol{\varphi}_{1,k+1}\boldsymbol{\varphi}_{1,k+1}^{\mathrm{T}} \end{cases} \tag{6-48}$$

式中，β 为加权系数，用于在算法迭代过程中对过程噪声和观测噪声的自适应修正，通常取值为 0.9~1。

3）大时间尺度 AEKF 算法卡尔曼增益更新和测量更新。

$$\begin{cases} \boldsymbol{K}_Q(k+1) = \boldsymbol{P}_Q(k+1\,|\,k)\boldsymbol{C}_{k+1}^{Q\,\mathrm{T}}\big[\boldsymbol{C}_{k+1}^{Q}\boldsymbol{P}_Q(k+1\,|\,k)\boldsymbol{C}_{k+1}^{Q\,\mathrm{T}}+\boldsymbol{H}(k+1)\big] \\ \hat{\boldsymbol{Q}}_c(k+1\,|\,k+1) = \hat{\boldsymbol{Q}}_c(k+1\,|\,k)+\boldsymbol{K}_Q(k+1)\big[\boldsymbol{y}_{k+1}^{Q}-\boldsymbol{h}^Q(\hat{\boldsymbol{x}}(k+1\,|\,k))\big] \\ \boldsymbol{P}_Q(k+1) = \boldsymbol{I}-\boldsymbol{K}_Q(k+1)\boldsymbol{C}_{k+1}^{Q}\boldsymbol{P}_Q(k+1\,|\,k) \end{cases} \tag{6-49}$$

4）大时间尺度 AEKF 算法测量噪声更新。

$$\begin{cases} \boldsymbol{\varphi}_{2,k+1} = \boldsymbol{yy}_{k+1}^{Q}-\boldsymbol{h}^Q(\hat{\boldsymbol{x}}(k+1\,|\,k+1)) \\ \boldsymbol{G}_{k+1} = \beta\boldsymbol{G}_k+(1-\beta)\big[\boldsymbol{K}_Q(k+1)\boldsymbol{\varphi}_{2,k+1}\boldsymbol{\varphi}_{2,k+1}^{\mathrm{T}}\boldsymbol{K}_Q^{\mathrm{T}}(k+1)\big] \end{cases} \tag{6-50}$$

通过不断循环上述第二步，对 SOC 进行迭代更新，每当迭代更新 N 次后，对容量进行一次迭代更新，以得到当前容量的准确估算。估计过程中，每 0.1 s 对 SOC 进行一次估算，对容量的估算在较大的时间间隙进行，可以实现两个状态量的协同估算。

6.6　基于融合双因子的 SOH 估算方法研究

6.6.1　欧姆内阻估算 SOH

锂离子电池的 SOH 可由欧姆内阻决定，基于建立的等效模型，采用 RLS 参数辨识方法可以获得当前电池的欧姆内阻。结合相关特性实验，可以得到电池的初始额定内阻值和电池完全老化时的欧姆内阻，根据这两个时刻的欧姆内阻值以及电池此刻由参数辨识得来的内阻值，再结合定义式可以从欧姆内阻角度获得对锂离子电池 SOH 的预估。

由于锂离子电池欧姆内阻受环境变化的影响非常明显，尤其是温度的影响，导致使用欧姆内阻来估算 SOH 时，保持 3 个时间点的测试环境条件一致是一个重要前提，但在实际运用中很难达到这样严格的前提。所以使用欧姆内阻为参考量估算 SOH 时,可能会产生受环境变化而带来的误差,导致不理想的估算效果。

由以上分析,本书主要从容量角度对锂离子电池 SOH 进行估算,同时,为分析通过欧姆内阻实现 SOH 估算的效果,本节也利用欧姆内阻对 SOH 进行估算。最后,进一步研究了 SOH 估算修正方法。

6.6.2 融合双因子估算 SOH

为了更准确地获得 SOH 的值,在利用具有双时间尺度的 ADEKF 算法估算得到 SOH 值和通过欧姆内阻获得的 SOH 值的基础上,将两者进行有效结合,提出融合双因子的方法,将两个估算结果进行加权融合,结合估算结果的优势与劣势,以修正具有双时间尺度的 ADEKF 算法的估算效果,获得更有效的 SOH 值。基于融合双因子的 SOH 估算流程图如 6-6 所示。

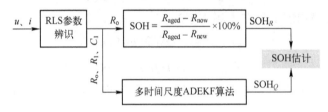

图 6-6　基于融合双因子的 SOH 估算流程图

该方法的具体融合原理如式(6-51)所示。

$$SOH = \theta SOH_Q + (1-\theta) SOH_R \tag{6-51}$$

式中,SOH_R 为根据欧姆内阻估算得到的 SOH 值;SOH_Q 为使用具有双时间尺度的 ADEKF 算法估算容量而估算得到的 SOH 值;θ 为权重因子,通过相应的权重比,获得最优 SOH 估算值。

6.7　航空储能锂电池 SOH 估算效果分析

为了检验具有双时间尺度的 ADEKF 算法和融合双因子估算方法的估算效果,通过复杂工况实验进行相关验证,分别从内阻和容量两个角度进行估算,最终将两个估算结果进行加权联合,对所估算的结果进行分析。

6.7.1　基于内阻的估算结果分析

对锂离子电池样本的欧姆内阻进行相关测试,在相同环境下进行测试,测得当电池完全老化时,其欧姆内阻为 3.545 mΩ,新电池内阻为 2.336 mΩ。当前电池的欧姆内阻由 RLS 算法估算得到,同时新电池的欧姆内阻也采用了该方法进行计算。

在复杂变功率动态应力测试工况下,将经过一段时间老化的锂离子电池通过 RLS 算法估计得到其欧姆内阻,再根据 SOH 的定义,通过欧姆内阻估算得到电池的 SOH,其结果如图 6-7 所示。

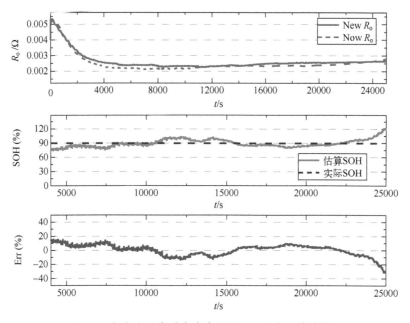

图 6-7　复杂变功率动态应力测试工况下内阻估算结果

图 6-7 中，New R_0 和 Now R_0 分别为通过 RLS 迭代计算得到的新电池欧姆内阻和经过 200 次老化后的电池欧姆内阻。通过对比和分析估算结果和误差曲线，可以看出通过欧姆内阻来估算 SOH 存在较大误差和波动，这是由于欧姆内阻受外界环境影响较大。当测试条件存在差异时，也会带来相应的误差。如果需要将前后测试条件统一，在实际运用中会变得困难且加大 BMS 的复杂程度，因此仅靠欧姆内阻估算 SOH 是不准确的。

6.7.2　基于容量的估算结果分析

通过具有双时间尺度的 ADEKF 算法对锂离子电池的容量进行估算，同时也对其 SOC 进行估算。为了模拟航空锂离子电池的实际运用，分别在复杂变功率动态应力测试工况和航空锂离子电池分阶段模拟工况下进行了估计和验证。在 SOC 估算实验中，同步加入自适应算法与传统算法进行对比，在不同工况下锂离子电池 SOC 的估算结果如图 6-8 所示。

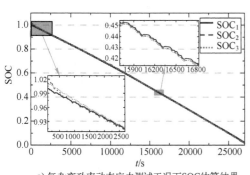
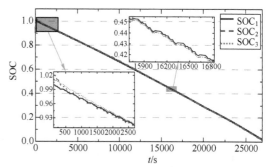

a) 复杂变功率动态应力测试工况下SOC估算结果　　　　　b) 复杂变功率动态应力测试工况下SOC估算误差

图 6-8　不同工况下锂离子电池 SOC 的估算结果

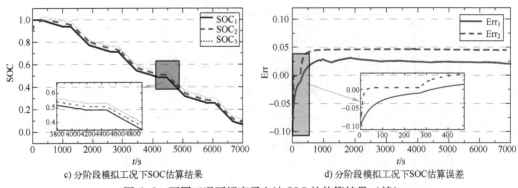

c) 分阶段模拟工况下SOC估算结果　　　　d) 分阶段模拟工况下SOC估算误差

图 6-8　不同工况下锂离子电池 SOC 的估算结果（续）

图 6-8 中，SOC_1 表示实际 SOC，SOC_2 表示具有双时间尺度的 ADEKF 算法估算的 SOC，SOC_3 表示具有双时间尺度的 DEKF 算法估算的 SOC。Err_1 是双时间尺度 ADEKF 算法的估算误差，Err_2 是双时间尺度 DEKF 算法的估算误差。通过分析估算结果图可知，在上述两种工况下，两种算法都能较好地跟踪锂离子电池的 SOC，但是具有双时间尺度的 ADEKF 算法在放电前期收敛后的估算效果优于具有双时间尺度的 DEKF 算法，并且在后期同样具有更好的跟踪效果。根据图 6-8c、d，当收敛后，在两种工况下，具有双时间尺度的 ADEKF 算法估算误差的最大误差在 3.09% 以内，MAE 在 2.38% 以内，可知该算法可以较好地估算航空锂离子电池的 SOC，为 SOH 的精确估算奠定良好的基础。

采用具有双时间尺度的 ADEKF 算法实现容量的估算，并根据该结果估算电池 SOH。对具有双时间尺度的 ADEKF 算法的不同时间尺度展开了验证分析，分别将估计容量的时间尺度设置为 0.5s、2s、10s、20s 和 30s，得出不同时间尺度下的估算结果，并结合 SOH 定义，通过估算的容量获得 SOH 估计值。复杂变功率动态应力测试工况下的容量估算如图 6-9 所示。

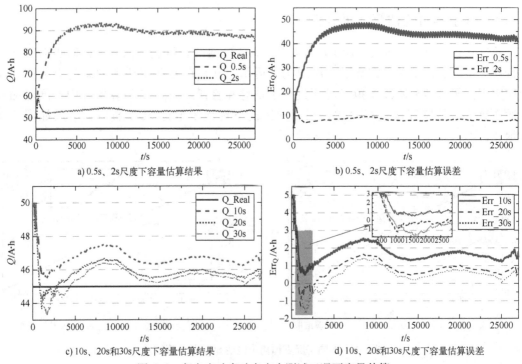

a) 0.5s、2s尺度下容量估算结果　　　　b) 0.5s、2s尺度下容量估算误差

c) 10s、20s和30s尺度下容量估算结果　　　d) 10s、20s和30s尺度下容量估算误差

图 6-9　复杂变功率动态应力测试工况下容量估算

图 6-9a 和图 6-9b 为 0.5 s 和 2 s 时间尺度下的容量估算结果和误差，本节估算 SOC 的时间尺度为 0.1 s，通过对 0.5 s 和 2 s 两个接近 0.1 s 的时间尺度下的估算结果分析。将估算时间设置为 0.5 s 是为了近似模拟在单时间尺度下的估算结果，可以看出与在单时间尺度下进行锂离子电池的 SOC 估算相比，容量会带来较大误差，不能准确估算电池容量。图 6-9c 和图 6-9d 为在 10 s、20 s 和 30 s 下容量估计结果和误差，在 20 s 的时间尺度下估算的容量效果明显优于 10 s，30 s 时间尺度相对于 20 s 估算的容量误差会更小，但是两者相差不大。并且相对于 30 s 的时间尺度，在 20 s 估算的情况下，算法会更快收敛。对比两者，在 20 s 和 30 s 时间尺度下的 MAE 分别为 1.89% 和 1.24%，RMSE 分别为 2.42% 和 2.17%。

在航空锂离子电池分阶段模拟工况下进行估算，如图 6-10 所示。图 6-10a 和图 6-10b 为 0.5 s 和 2 s 时间尺度下的容量估算结果和误差，图 6-10c 和图 6-10d 为在 10 s、20 s 和 30 s 下容量估算结果和误差。可以看出在航空锂离子电池分阶段模拟工况下的估算效果和在复杂变功率动态应力测试工况下类似。当估算容量的时间尺度很小并且接近于估算 SOC 的时间尺度时，估算误差较大，所以若采用具有单时间尺度的 ADEKF 算法直接估算容量，会带来较大误差，不适用于锂离子电池的容量估算。实验表明，具有双时间尺度的 ADEKF 算法与常用的 DEKF 算法相比，能更准确估计航空锂离子电池的容量。在 20 s 和 30 s 时间尺度下的 MAE 分别为 1.96% 和 1.64%，RMSE 分别为 2.82% 和 2.69%。

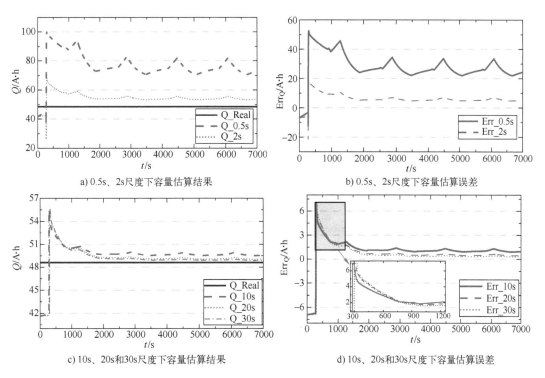

图 6-10 分阶段模拟工况下容量估算

根据具有双时间尺度的 ADEKF 算法估算得到的容量进一步预估锂离子电池的 SOH，考虑到较小时间尺度估算容量时的误差，在时间尺度为 20 s 和 30 s 的情况下获得 SOH 估算值，如图 6-11 所示。

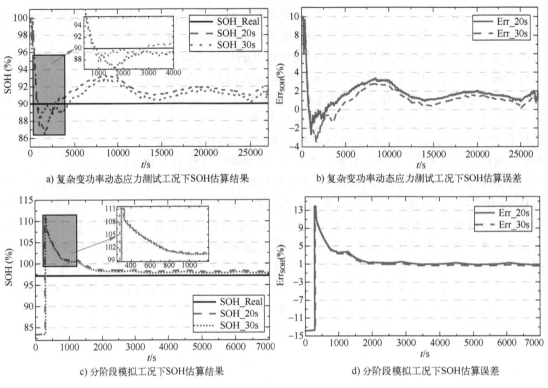

a) 复杂变功率动态应力测试工况下SOH估算结果
b) 复杂变功率动态应力测试工况下SOH估算误差
c) 分阶段模拟工况下SOH估算结果
d) 分阶段模拟工况下SOH估算误差

图 6-11 20 s 和 30 s 尺度下 SOH 估算

根据图 6-11 可以看出，在复杂变功率动态应力测试和分阶段模拟这两种工况下，通过具有双时间尺度 ADEKF 算法得到的估算容量，进一步对锂离子电池 SOH 进行预估均可以得到较好的估算效果，30 s 时间尺度下误差会较低于 20 s，但是在 20 s 的时间尺度下估算 SOH 的收敛性更好。在电池工况发现迅速变化时，较长的时间尺度容易产生延迟误差，因此在实际运用中需要选择合适的时间尺度。本实验中，20 s 的时间尺度估算时复杂变功率动态应力测试工况下收敛后最大误差在 3.37% 以内，航空锂离子电池分阶段模拟工况下收敛后最大误差在 3.73% 以内，可以实现对 SOH 的有效估算。通过计算获得其估算误差对比见表 6-1。

表 6-1 SOH 估算误差对比

工　　况	时间尺度/s	MAE（%）	RMSE（%）
复杂变功率工况	20	1.70	2.18
	30	1.12	1.95
分阶段模拟工况	20	1.90	2.74
	30	1.59	2.61

根据以上估算结果，说明具有双时间尺度的 ADEKF 算法能够较准确地估算锂离子电池的容量，并有效得到精确的 SOH 值。在两个复杂工况下，容量估算曲线均能快速收敛。其中，将估算容量的时间尺度设置为 20 s 和 30 s 时均得到较好的估算效果，虽然 30 s 时的估算误差会略低于 20 s，但是通过对比 10 s 与 20 s 的估算结果可知，当时间尺度大于 20 s 后，估算效果增加程度比小于 20 s 且大于或等于 10 s 要低，且收敛速度更慢。此外，当估算容量的

时间尺度过大时，由于锂离子电池自身的充放电变化也会带来一定估算误差，因此，估算容量的时间尺度选择不易过大。

6.7.3　内阻和容量联合估算结果验证

将具有双时间尺度的 ADEKF 算法用于锂离子电池的 SOH 估算，所得的 SOH 估算值与根据欧姆内阻估算的 SOH 进行加权融合。其中，令式（6-51）中的 θ 为0.9，在复杂变功率动态应力测试工况下分析不同算法的估算结果，如图6-12所示。

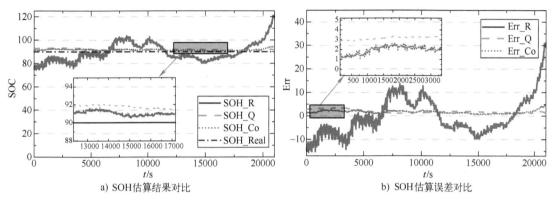

a) SOH估算结果对比　　　　　　　　b) SOH估算误差对比

图 6-12　SOH 联合估算结果

图 6-12a 中，SOH_R 是根据欧姆电阻估算得到的 SOH 值，SOH_Q 是根据电容估算得到的 SOH 值，SOH_Co 是通过将上述两者值进行加权融合所得到的 SOH 值。通过内阻估算的 SOH 可以用于对通过容量估算的 SOH 的修正，将两者的估算结果联合，所估算的 SOH 比未进行联合前的结果更接近真实值，具有更好的精确度。如图 6-12b 所示，计算得到估算结果的 MAE 和 RMSE 分别为1.65和1.78%，相比单独使用欧姆电阻和容量进行估算，加权融合估算的效果均有提高，使 SOH 的估算更加准确。所以在实际运用中，可以在适当时候将通过内阻估算的 SOH 用于对通过容量估算的修正。

第7章　电池组的均衡及能量安全管理

7.1　均衡调节的意义

随着世界快速步入新能源时代，我国储能技术水平已是世界领先，在储能产业进步的关键环节中产生了深远影响。储能电池技术作为一项关键技术，不仅促进了电动汽车的快速发展，更推动了大型分布式电网的智能化。目前储能电站在参与风光与主网连接、分布式能源、微网备用电源及智能电网中扮演着非常重要的角色，因此电池储能技术应用的提高也会相应地改善电力系统的运行效率和供电质量。

为了满足储能系统高电压、大容量的需求，电池单体常以串并联的形式成组使用。但由于电池在生产过程中需要经过很多道工序，即使经过严格的检测程序，各个电池单体会不可避免地存在细微的差异，经过一段时间使用，相互之间的电压、内阻、荷电差异会扩大。当组内单体出现差异大的情况时，就会出现不一致性问题。不一致性主要表现在锂离子电池单体容量、内阻、自放电率、充放电效率等方面。锂离子电池单体的不一致，传导至锂离子电池组，必然带来储能锂电池组容量的损失，进而造成寿命缩短。当多节电池串联成组时，由于单体性能差异所引起的电池组不一致性问题就变得尤为明显。在组成的锂离子电池组使用过程中，也会由于自放电程度以及部位温度等原因导致单体不一致性的现象出现，从而影响锂离子电池组的充放电特性。有研究表明，锂离子电池单体 20% 的容量差异，会带来锂离子电池组 40% 的容量损失。由于不一致性的存在，锂离子电池组的可用容量和循环寿命远低于单体电池，电池性能得不到充分发挥，直接影响储能电站的储能容量。单体电池间的不一致性首先会降低电池组的最大可用容量，具体可用图 7-1 加以说明。

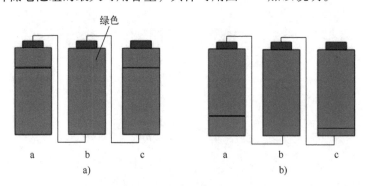

图 7-1　电池不一致性问题的短板效应示意图

如图 7-1 所示，假设 a、b、c 3 节电池标称容量相同，但最大可用容量存在差异，电池 b 最小。若初始状态相同则在充电过程中电池 b 将率先达到充电截止电压，如图 7-1a 所示。此时，电池 a 和 c 仍有一定可充容量，但是为了避免电池 b 过充电，充电过程必须截止。同理，放电过程中电池 b 将率先达到放电截止电压，此时 a 和 c 中仍有一定可放容量，但为避免电池 b 过放电，放电过程必须截止，如图 7-1b 所示。如此，电池组最大可用容量完全由可用容量最小的电池决定，即出现了短板效应，在电池一致性较差的情况下，整组电池的容量利用率会降低。

单体之间 SOC 不同步，会造成电池组可使用能量急剧降低。例如，100 A·h 的单体组成串联电池组，当其他单体都接近满电，100% 荷电量即 100 A·h 时，只有一只落后单体荷电量为 50%，即 50 A·h。开始放电使用，落后单体放空电量时，其他单体还保留荷电 50 A·h，接着充电，充入 50 A·h 以后，其他单体充满电，落后单体荷电又是开始的 50 A·h，则电池组实际的充放电容量只有 50 A·h，落后电池也可能是好的（充满电 100 A·h），只是因为 SOC 与其他电池不同步。为解决这种情况需要运用电池组的均衡管理技术。

锂离子电池均衡的意义就是利用电力电子技术，使锂离子电池单体电压或锂离子电池组电压偏差保持在预期范围内，从而保证每个单体锂离子电池在正常使用时保持相同状态，以避免过充电、过放电的发生。若不进行均衡控制，随着充放电循环的增加，各单体锂离子电池电压逐渐分化，使用寿命将大大缩减。均衡管理技术通过实时检测电池组运行状态参数，以此为基础对电池组进行不一致性状态识别，满足设定的均衡条件后，利用均衡电路对个别单体进行充放电，最终使整组电池的不一致性得到改善，以弥补初始性能差异造成的不一致性问题，避免使用过程中电池组不一致性不断扩大，提高电池组的容量利用率，延长电池组使用寿命。因此该技术作为 BMS 的关键一环，在预防电池过充电和过放电、保证电池组可用容量及其安全运行、延长使用寿命、优化使用方案、节约成本等方面具有重要的意义，进而对改进储能电站的储能效率产生积极影响。

7.2　电池组的均衡管理分类

电池组均衡管理系统是一种能量管理系统，其目的是减小电池组内各电池单体间的能量差异，从而提高电池组的一致性。电池组均衡管理系统的工作原理如图 7-2 所示。

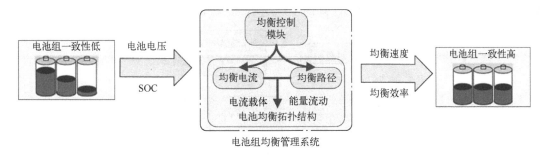

图 7-2　电池组均衡管理系统的工作原理

图 7-2 主要包含均衡控制策略和均衡拓扑结构。均衡控制策略主要研究均衡一致性评价指标、均衡条件、均衡路径优化等问题，通过采集电池组及各电池单体的电压、电流、温度等状态量来决定均衡路径；均衡拓扑结构则为电池单体间的能量耗散或转移提供通道。

电池组均衡管理按照均衡类型来分可分为被动均衡和主动均衡两种。主动均衡效果好且快，先进的技术多以主动均衡为主。主动均衡和被动均衡是业界争论热点之一，均衡之于锂离子电池组的重要性就不再赘述，没有均衡的锂离子电池组就像得不到保养的发动机。主动均衡和被动均衡都是为了消除电池组的不一致性，使用电阻耗散能量的均衡称为被动均衡，通过能量转移实现的均衡称为主动均衡。目前研究和使用最多的均衡方法是以电压或 SOC 作为均衡标准。电池的均衡技术可以细分为：电池的均衡电路和电池的均衡策略。其中，均衡电路是均衡方法得以实现的基础，是均衡策略得以实施的依托。均衡电路确定后需要反复修正改进均衡策略使均衡电路更快速、更节能、更高效，最终达到最优均衡目标。因此，要实现电池组的最优均衡效果需要综合考虑软硬件的选取和利用。

在电池均衡的落地应用上，对于电动汽车等小规模储能应用，被动均衡因其拓扑结构简单、易于控制和实现，更加符合工业产品的批量生产和控制成本的需要。而对于储能电站等大规模储能应用领域而言，由于储能系统配置容量较高，电池数量巨大，其充放电电流可高达几百安，因此被动均衡的优势并不显著。为改善储能电站大容量电池组的不一致性，基于变压器或变换器的均衡方法因其适用性和可行性而具有更广阔的应用空间。目前，储能电站产业正逐渐由示范项目向商业化应用过渡转型，对储能电池的性能和电池均衡的效果也提出了更高的要求，电池均衡拓扑将逐步向更高效可靠、更低损耗、更经济的方向发展。

7.2.1 均衡电路拓扑结构

电池均衡技术主要包括均衡策略和均衡拓扑，前者通过算法对电路进行控制，后者通过元件连接形成电流通路。在电池均衡技术的发展过程中，由于智能均衡策略的算法控制复杂、实现难度较大，目前大都停留在实验室仿真和验证阶段，其落地应用和推广仍是一个巨大的难点和挑战。而均衡拓扑的研究相对比较成熟，对现有的拓扑结构进行改进和优化是主要研究内容之一。均衡拓扑作为电池均衡技术的关键组成部分之一，不仅关系到电池均衡的能量耗散或转移方式，而且对电池均衡效果有一定影响。改进均衡拓扑能够有效提高电池均衡的速度和效率，减少电路损耗，降低均衡成本，从而推进 BMS 的优化与发展。

基本均衡拓扑结构主要可分为被动均衡和主动均衡两大类。被动均衡指将电池单体多余的能量全部以热量的方式消耗。而主动均衡是指能量通过储能元件进行转移，从而减小电池组不一致性。根据能量转移元件的不同，主动均衡又可分为基于电容、基于电感、基于变压器和基于变换器 4 类均衡拓扑结构，如图 7-3 所示。

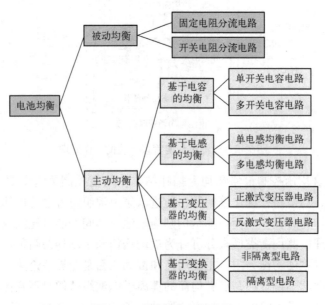

图 7-3 基本均衡拓扑分类

均衡技术发展到现在，经过研究和探索，研究者已提出众多均衡电路的拓扑结构。这些电路有各自的优点，同时也存在着局限性。被动均衡是通过给电池并联耗能器件来实现的，在均衡过程将电池组中电量较高的单体通过并联的元件对其能量进行消耗，因此也称为耗散型均衡。主动均衡也可以称为非耗散型均衡，是指在均衡过程中运用电力电子技术将电路中电量较高的单体经电容、电感等元件转移能量至电量较低的单体中，在实现各个单体电量均衡的同时，减少了电池组能量的浪费，确保了电池组电量的充分利用。为了充分利用电池组中有限的电量，主动均衡的方法越来越受青睐，下面对这两种均衡方法的典型电路做详细的分析。

7.2.2　被动均衡电路

被动均衡电路是使用最早的均衡电路，其先于主动均衡出现，因为电路简单、成本低廉，至今仍被广泛使用。由于电池的电量和电压呈正相关，可以根据单体电池电压数据，将高压电的电池能量通过电阻进行放电，使其与低电压电池的电量保持平衡状态。从被动均衡原理可以看出，如果将电池组比作木桶，串接的电池就是组成木桶的板，电量低的电池是短板，电量高的电池是长板。被动均衡做的工作就是"截长不补短"，使电量高的电池中的能量变成热能耗散掉，使得各单体电池间的电量处于平衡状态。电池组性能的水桶效应如图 7-4 所示。

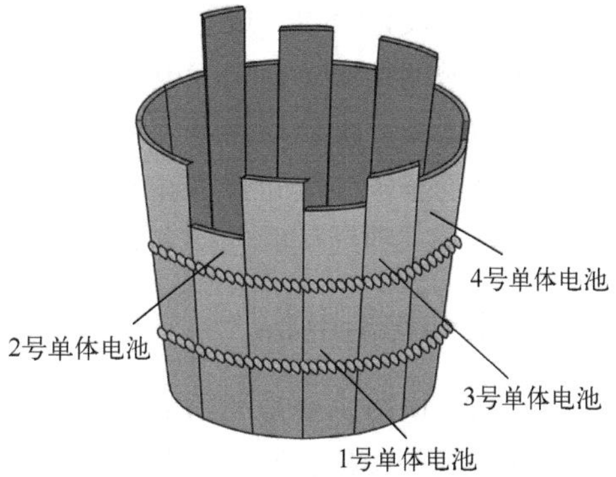

图 7-4　电池组性能的水桶效应

分流电阻均衡电路是比较典型的被动均衡电路，因其经济性和实用性而被广泛应用。其工作原理是通过功率电阻将电池组中电量较高的电池单体的能量转化为热能消耗掉，使电池单体的电量都和最低电量的单体持平，最终实现电池组电量的总体一致。

分流电阻均衡电路可以分为两种：固定电阻分流电路和开关电阻分流电路。固定电阻分流电路如图 7-5 所示，它用导线将电阻和电池并联来达到分流的目的，其阻值相同，一般为电池内阻的几十倍以减少电池的自放电损耗。其优点是电路结构简单，可靠性高，成本低，但此电路无论在充电还是放电过程中都会有电能通过电阻消耗掉，期间会产生大量的热量，这对能量的充分利用和电路的热管理都会有不利的影响。

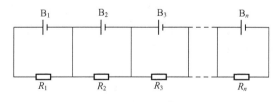

图 7-5　固定电阻分流电路

开关电阻分流电路如图 7-6 所示，和固定电阻均衡电路不同的是该均衡电路是应用电力电子开关将均衡电阻与每个电池单体并联，有选择地对高电量电池进行放电。这种方法有两种工作模式：第一种为连续工作模式，这种模式下开关 $K_1 \sim K_n$ 由同一个开关信号控制；

第二种为检测模式，这种模式下电池单体的电压处于被检测的状态下，当检测到电池达到截止电压时开始均衡，控制器就会有选择地对高能量的单体做出是否分流的判断。这种方法比固定电阻分流均衡法更高效可靠。

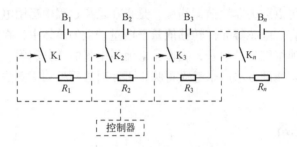

图 7-6　开关电阻分流电路

被动均衡设计简单、成本低廉、电路体积小且控制容易，是现代工业中比较受欢迎的均衡形式。但被动均衡电路均衡电流普遍较小，一般在几十到几百毫安，因此只能应用于小容量电池的均衡中。被动均衡电路以热量的形式消耗掉电池单体较高的电量，期间产生的热量会影响电路的整体性能和安全性，能量的耗散也不利于电池组中电量的有效应用，因此被动均衡电路不是一种最佳的选择方案。

7.2.3　主动均衡电路

主动均衡电路主要是利用电容、电感或者变压器作为储能或能量传输元器件来实现能量在电池单体间的转移，起到"消多补少"的目的来实现均衡。与被动均衡电路相比，这种均衡电路避免了能量的大量损耗，在保证电量的有效利用方面有着明显的优势。主动均衡是把高能量电池中的能量转移到低能量电池中，相当于对木板截长补短，在如何补的问题上也充分发挥了各自的优势和想象力。主动均衡带来的好处显而易见：效率高，能量被转移，损耗只是变压器绕组损耗，占比小；均衡电流可以设计适当增大，达到几安，甚至 10 A 级别，均衡见效快。

主动均衡法有很多种，均需要一个用于转移能量的存储元件。下面就目前的几种典型的主动均衡电路的工作原理进行分析介绍。基于电容的电池均衡也称为电荷转移均衡，主要利用电容的储能特性，以电容为能量转移载体，根据电压差调整开关选通从而实现电池之间的能量流动。该均衡方法具有一致性好、可靠性高、易于实现的优点，但其根据电压差实现均衡的特性也造成一定的局限性，仅适用于对均衡速度和精度要求不高的场合。

开关电容均衡是以电容作为外部储能装置，利用穿梭于电池单体之间的能量来平衡。电容均衡电路主要有：基本开关电容均衡电路、单开关电容均衡电路和双级开关电容均衡电路。基本开关电容均衡电路如图 7-7 所示。

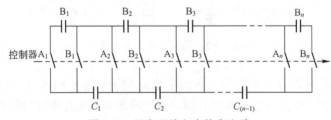

图 7-7　基本开关电容均衡电路

当要对电池组均衡时需要通过闭合开关 A_n、B_n，将高电压单体的电量转移到与之并联的电容中。电容充满电后，再通过控制开关将其中的电量转移到电压低的单体中，以实现对电池组的均衡。

单开关和双级开关电容拓扑结构都可以看作是对基本电容平衡结构的一种变形，它们的结构如图 7-8 所示。

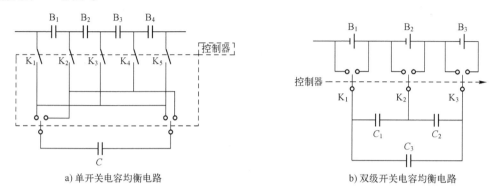

a) 单开关电容均衡电路　　　　　　　　　　b) 双级开关电容均衡电路

图 7-8　单开关和双级开关电容均衡电路

BMS 控制器通过控制开关闭合的方向，在电量过高的动力电池和电容之间形成回路，电容存储能量后，改变开关闭合的方向，将充满能量的电容与相邻的另一个动力电池之间形成回路，电容将能量传递到该动力电池中。通过这样的方法可以实现相邻动力电池之间电荷的传递，提高动力电池一致性。由于基于电容均衡的方法的工作原理是依靠单体电池间的电压差来实现电量的转移，如果电压差只有几百毫伏甚至更低就不能很好地将能量进行有效的转移。除此之外，电容均衡方案中需要并联电容对电池进行充放电，这要求控制开关必须是双向可控的，双向可控开关增加了控制的难度和电路的复杂度，因此电容均衡方案仍有很多缺点。

基于电感的电池均衡主要利用电感电流不能突变的特性，以电感为能量转移载体，实现电池之间的能量转移。由于电感均衡的能量以电流形式转移，即使相邻单体电池间的电压差值比较小，也能够实现均衡，因此更适用于电压平台宽且在充放电始末端变化快的电池体系。根据电感数量不同，基于电感的均衡可分为单电感均衡电路和多电感均衡电路。单电感均衡电路如图 7-9 所示。由于该结构的均衡速度和效率随着电池数量增加而下降，因此同样不适合长电池串均衡。与电容均衡方法类似，电感均衡电路是以电感作为能量的转移元件。

多电感均衡电路如图 7-10 所示，对于有 n 个电池单体的电路需要 $n-1$ 个电感对其进行均衡。每个均衡模块轮流、分时工作，能量转移路径较长，从而限制了均衡速度，只适合在串联电池数量较少且对均衡速度要求不高的场合。

基于变压器的电池均衡方法实现了将放电电池单体和被充电电池单体的隔离。其工作原理是通过"共享变压器"完成整个电池组与所要均衡的电池单体之间的能量转移，分为正激式变压器和反激式变压器两种，其结构基本相同，只是工作方式略有不同。反激式变压器的一次绕组和二次绕组有储能功能，开关导通时能量先储存在变压器的一边。当另一边开关闭合时，能量就传递到另一边的电池中。变压器均衡电路如图 7-11 所示，对于 n 个电池单体引出 n 个变压器二次侧与 1 个变压器一次侧。开关闭合通过整个电池组为各个二次侧相连的电池充电，电压大的充电电流就小。

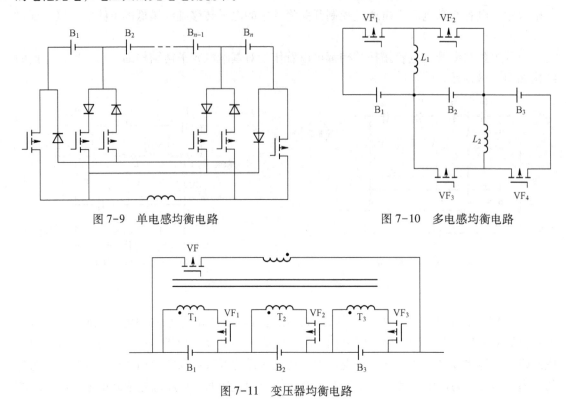

图 7-9 单电感均衡电路

图 7-10 多电感均衡电路

图 7-11 变压器均衡电路

变压器均衡电路均衡电流比较大，能达到 1~3 A，因此均衡速度快，单体之间能量的隔离传递减少了电路中能量的损耗，提高了均衡效率。存在的缺点是变压器体积相对较大，因此设计印制电路板的时候要充分考虑布局要求。

利用 DC/DC 变流电路实现均衡的方法称为基于变换器的电池均衡，它同样是以电容、电感或变压器作为储能元器件。该类均衡拓扑性能好且集成度高，是主动均衡重点发展方向之一。但目前该结构还存在设计较为复杂且应用成本较高等问题。根据 DC/DC 变流电路的特点，基于变换器的均衡可分为非隔离型电路结构和隔离型电路结构。在电池均衡拓扑结构中常用的非隔离型 DC/DC 变换电路主要分为 Cuk 电路、Boost 电路、Buck-Boost 电路。基于 Buck-Boost 电路和 Cuk 电路的变形较多应用也较为广泛。隔离型电路结构具备输入端与输出端相互隔离的功能，因此基于该类型电路的均衡拓扑主要是以变压器作为储能器件。常用的隔离型 DC/DC 变换电路主要分为正激变换、反激变换和桥式变换。

基于 Cuk 的均衡电路通过电容和电感的组合形成基本的 Cuk 电路，如图 7-12a 所示。Cuk 电路有升压作用，因此电容能量的转移可以不受电池之间电压差的限制。电感和电容的结合使 Cuk 电路可以实现相邻两个电池单体间电量的连续不间断转移，当其应用在大规模电池组中时，长距离的均衡过程导致电池组均衡速度及均衡效率不理想。此外，Cuk 电路使用元器件较多，因此成本偏高。

Boost 电路通过控制开关导通，高能量电池中的电能可储存至并联的电感中，而后在开关关断期间经续流二极管向上游低能量电池串转移，其中第一个电池单体的能量可转移至其余电池，如图 7-12b 所示。

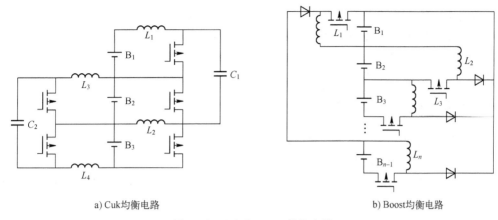

a) Cuk均衡电路　　　　　　b) Boost均衡电路

图 7-12　Cuk 与 Boost 均衡电路

Buck-Boost 均衡电路是基于单体电池与整体电池组之间传递能量的非耗散型均衡电路。该结构通过控制开关的通断能够实现相邻电池单体间的均衡。但当其应用于长电池串均衡时，均衡速度将会受到影响。Buck-Boost 均衡电路如图 7-13 所示。

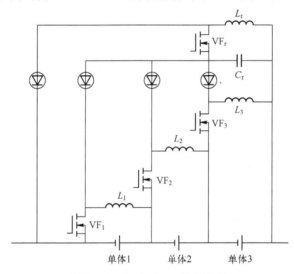

图 7-13　Buck-Boost 均衡电路

Buck-Boost 电路的优点是均衡速率比较快，均衡效率比较高，缺点是电路结构复杂，而且不方便维护。

主动均衡也带来了新的问题，首先是结构复杂，尤其是变压器方案。几十串甚至上百串电池需要的开关矩阵如何设计，驱动要怎么控制，这是令人头痛的问题，也是至今主动均衡功能无法完全集成为专用 IC 的原因。其次是成本问题，复杂的结构必然带来复杂的电路成本，故障率上升是必然的，现在有主动均衡功能的 BMS 售价会高出被动均衡的很多，限制了主动均衡 BMS 的推广。

7.3　均衡能量转移策略及均衡电路设计实例

在储能锂电池中，电解液中的锂离子通过电极和隔膜，进行了一个复杂的传输和反应过程。如果其中任何一个步骤出现不平衡，例如锂离子不能有效地从电解液传输到电极，或者电极中锂离子的嵌入和脱出速率不同，都会导致电池性能的下降和寿命的缩短。均衡能量转移策略是指通过控制电池内部的电流、电压、温度等因素，实现电池内部能量平衡转移的方法和策略。这些策略旨在确保电池内部的各种化学反应和物质传输速率达到平衡状态，从而提高电池的性能和延长寿命。

7.3.1 均衡策略拓扑结构

储能锂电池系统中有多种均衡能量转移策略，旨在确保电池内部的各种化学反应和物质传输速率达到平衡状态，以下是一些常见的策略。

1）充放电均衡：通过在电池充电和放电过程中控制电流和电压，确保电池中锂离子的嵌入和脱出速率相同，从而实现充放电均衡。

2）动态电压平衡：在电池的充电和放电过程中，使用电路控制器将电池内的电压进行均衡，可以有效防止电池内的某些单体电池电压过高或过低，从而延长电池寿命。

3）动态电流平衡：在电池的充电和放电过程中，使用电路控制器将电池内的电流进行均衡，可以确保电池内每个单体电池都充分利用，并延长电池寿命。

4）温度均衡：通过在电池内部安装温度传感器，监测电池内部的温度分布，并根据需要调节电池内部的温度分布，以实现温度均衡。

通过这些策略的实施，可以最大限度地减少模组内部单体之间的不平衡，这些均衡能量转移策略可以单独或结合使用，以实现储能锂电池系统内部的均衡状态，从而提高电池的性能和延长寿命，均衡电路结构图如图 7-14 所示。

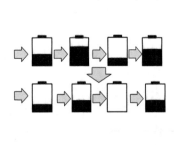

a) 能量失衡示意图

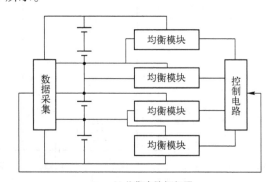

b) 均衡电路框架图

图 7-14　均衡电路结构图

电池均衡使用较多的办法是通过使电量不一致的单体电池在充电过程中达到同样的 SOC（满电态），充电原理即短板效应。单体之间 SOC 不同步，在放电时能量少的单体电量急剧下降，提前截止，造成电池组可使用能量急剧降低。例如，以储能电池 12 单体串联模组为例，所有电池的额定容量均为 $100\,A \cdot h$，当其他单体都接近满电，100% 荷电量即 $100\,A \cdot h$，只有一只落后单体荷电量为 50%，即 $50\,A \cdot h$。模组工作时，所有单体放出 $50\,A \cdot h$ 能量，落后单体即截止，其他单体还保留荷电 $50\,A \cdot h$，接着充电，充入 $50\,A \cdot h$ 以后，其他单体充满电，落后单体荷电又为开始的 $50\,A \cdot h$。这样电池组实际的充放电容量只有 $50\,A \cdot h$，同时，落后单体长时间处于深度放电情况，其寿命会急剧下降，从而导致模组整体的寿命快速枯竭。也有可能落后电池也是好的（充满电时为 $100\,A \cdot h$），只是因为 SOC 与其他电池不同步。因此，这两种情况都需要均衡管理。

另外，受当前电池制造工艺水平不足的影响，电池出厂即具有轻微的不一致性。据统计，严重时 100 个电池中不足 8 个容量相等的电池，且这个问题当前无法避免。动力锂离子电池在使用中作为动力，必须要串联才能达到设备额定电压的需要，而几个、几十个甚至几百个电池的串联，在老化的过程中，模组之间不一致性也会扩大，即所有电池电流相同，但容量小的个体，内阻增加更严重，其寿命衰减程度更剧烈。因此，当经历一定循环后，容量较小的单体往往会在电压、电阻、SOC 水平等方面和整体产生差异，此时也需要对模组进行均衡管理。

均衡管理是在过充电、过放电监控电压的前提下进行的。过充电、过放电保护是控制电池充放电的电压，电压超过一定值或低于一定值，保护板均关断电路。均衡管理就是在关断保护前，使各单体电池的电压一致，至少相差很小，这也是目前采用最多、有效、实用的均衡法，即在充电过程中，尽快地保证电池电压的一致性，从源头上实行均衡管理。

储能锂电池均衡策略拓扑结构是指电池组内部单体电池均衡的控制方式和连接方式，如何实现均衡的目标。

（1）控制方式

1）基于阈值的均衡控制：均衡器在电池电压超过某个预设值后自动起动，将电池中的电荷转移到其他单元中，以达到均衡化的效果。

2）基于时间的均衡控制：在电池组内均衡器定时起动，一段时间后停止，周期性地执行。

3）基于 SOC 的均衡控制：均衡器在 SOC 过高或过低时起动，转移电荷以实现 SOC 均衡化。

（2）连接方式

1）并联连接：所有单体电池同时连接到均衡器上，均衡器将电荷从高 SOC 的单元转移到低 SOC 的单元中，以达到均衡化的效果。

2）串联连接：均衡器连接在单体电池串联的末端，将高 SOC 单体电池的电荷转移到低 SOC 单体电池中，以实现均衡化。

3）混合连接：将多个均衡器按一定的拓扑结构连接在电池组中，以实现更高效的均衡化。

这些控制方式和连接方式的选择取决于电池组的具体应用场景和设计要求。

常用的均衡器如下：

（1）无功耗均衡器　无功耗均衡器是一种被动均衡器，它不需要外部电源和控制器来实现单体电池之间的均衡。无功耗均衡器通常采用基于电容和电感的均衡电路，通过电容和电感等元件实现电能的转移和分配。这种均衡器的主要优点是结构简单、可靠性高、耗能小，但是均衡速度较慢，且不能进行精确的电压控制。

（2）主动均衡器　主动均衡器是一种需要外部电源和控制器来实现单体电池均衡的主动式均衡器。主动均衡器通过电路控制电流的方向和大小来实现单体电池之间的能量转移和均衡。主动均衡器的均衡速度较快，可以进行精确的电压控制，但是需要额外的电源和控制器，成本较高。

（3）阻抗均衡器　阻抗均衡器是一种基于阻抗匹配的被动式均衡器，它使用电阻和电容等元件实现电流的分配。阻抗均衡器通过匹配不同单体电池之间的阻抗来实现电能的转移和均衡。这种均衡器的主要优点是结构简单、可靠性高、耗能小，但是均衡速度较慢。

（4）混合均衡器　混合均衡器将主动均衡器和被动均衡器结合起来，充分发挥了两种均衡器的优点，达到更好的均衡效果。混合均衡器通常将主动均衡器和无功耗均衡器或阻抗均衡器等被动均衡器相结合，以实现更加高效、精确和可靠的均衡。混合均衡器的均衡速度和精度较高，但是需要额外的电源和控制器，并且比单一的均衡器复杂。

这些均衡器的拓扑结构有很多种，具体的拓扑结构设计取决于电池的特性、应用场景和使用要求。在实际应用中，还可以根据需要设计出更加灵活和高效的均衡策略拓扑结构。

7.3.2　基于 MSP430 的 BMS 设计

MSP430 是一种超低功耗、高性能的 16 位微控制器，由德州仪器（Texas Instruments）公司生产。MSP430 微控制器针对低功耗、便携式设备以及对电池续航能力有高要求的应用场景，提供了出色的能效表现。MSP430 微控制器的主要特点包括：

1）低功耗：MSP430 微控制器的功耗非常低，可实现毫安级别的工作电流，从而延长电池寿命。

2）高性能：MSP430 微控制器具有高性能的 CPU 核心、快速的存储器和丰富的外设资源，可满足多种应用场景的需求。

3）丰富的外设资源：MSP430 微控制器内置多种外设资源，如模拟数字转换器（ADC）、数字模拟转换器（DAC）、通用串行总线（USART）、通用计时器/计数器（Timer/Counter）等，为应用提供了多种接口和功能。

4）易于开发：MSP430 微控制器提供了丰富的开发工具和软件支持，可帮助开发者快速实现应用。

MSP430 微控制器广泛应用于便携式设备、智能家居、传感器节点、医疗设备、工业控制等领域，这个系列中常用的有 MSP430F、MSP430G、MSP430FR 等产品。这 3 个系列有各自适用的场景，其中，MSP430F 系列搭载了闪存和更多的外设资源，适用于更复杂的应用场景；MSP430G 系列则注重低功耗和小型化设计，在低功耗模式下能够长时间运行；MSP430FR 系列则更加注重非易失性存储器（FRAM）的应用，FRAM 可以提供更高的存储容量和更快的读写速度。

下面通过采用低功耗单片机 MSP430G 作为主控单元设计 BMS 电路，分别设计电压测量模块、温度采集模块、电流采集模块、电池均衡模块、通信模块以及状态显示模块。

1. 系统结构设计

通过新能源汽车电池组的市场现状和可作为 BMS 的芯片进行分析，对安全高效的 BMS 进行探索，设计具有电压、电流、温度采集与监测、电池热管理、电池均衡、智能充放电、绝缘检测电池组信息处理与显示和电池断线检测功能。以松下 NCR18650B 3400 mA·h 锂离子电池为电池组，外加电压、电流、温度采集电路、电源热管理系统、电池管理单元（Battery Management Unit，BMU）、电量计量芯片（带电池均衡）、微控制单元（Microcontroller Unit，MCU）主控电路、IIC 通信电路、CAN 通信电路、显示单元组成 BMS。

采用主从结构——主控模块（单体监控单元（Cell Monitor Unit，CMU））和监控模块（BMU）。BMU 实现对电池模块内电池单体的电压、电流、温度进行检测，经处理后将数据发送给 CMU。CMU 接受 BMU 传来的数据信息后，根据采集的电池数据对电池组进行保护并与 MCU 进行通信。电池管理系统框图如图 7-15 所示。

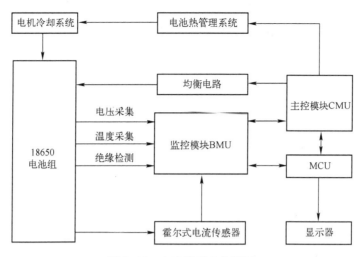

图 7-15 电池管理系统框图

芯片内部通信主要采用 CAN 总线，电池管理模块对外提供 CAN 总线接口，将 BMU 的数据显示在 LED 上，根据预先设置的阈值条件实现故障提醒；CMU 实时获取 BMU 数据对电池进行保护，保存历史数据并与外部进行通信。OZ8996 芯片最多可以管理 20 节电池串联，设计的电池系统整车装有 352 个 OZ8966 芯片，管理 7040 块 18650B 电池来满足新能源汽车动力的需求。

其中 7040 块 18650B 电池分为 16 块电池组，每块电池组有 440 节电池。其中每 20 节电池串联成一组电池包，整块电池组有 22 组电池包串联来保证电压值。OZ8966 自带充电/放电 MOSFET 驱动，保护电路自动根据保护需要关闭对应的充放电 MOSFET。所有保护阈值和其相关的延迟时间可以写入可编程 EEPROM，使电池组生产商可自由选择电芯的供应商和型号。

2. 电压测量模块

基本电压采集过程中，单体电池正极连接 B+通过串联电路，将端口电压的 1/4 送入运放电路的同相端，运放的引脚 1 与引脚 2 直接相连或通过一个 $10^2 \sim 10^4$ 的负反馈电阻实现电压跟随，输出电压与 3、4 端输入电压的幅值相等、相位相同；电压跟随器的负反馈电阻 R 具有减小漂移和运放端口保护的功能，可以根据实际的电路指标要求进行调整。R 的阻值过大可能影响输出电压的跟随效果；R 的阻值过小，则失去了对运放端口的保护作用。如不考虑运放端口的保护，可以短接输出端和反相端，得到简化的分压及其电压跟随电路如图 7-16 所示。

3. 均衡负载及状态显示电路

采用被动均衡控制策略设计计均衡电路，配合单片机对控制端口进行设置，具体工作模式为：程序中通过判断被保护电池单体的工作状态，相应做出不同的反应。当串联连接的多单体电池组在充电过程时，处理器计算采集到的单体电压并能求出当前状态下的电压平均值，根据均衡控制策略，充电过程中需要对电压相对较高的单体采取控制，以保证该单体不被过度充电的同时使其余单体都能回升到较高的能量水平。

在通俗的表达中，常用"取长补短"来描述均衡电路在充电过程中的应对方式。在放电过程中，成组工作的电池常常表现出木桶效应，即其工作性能会受限于电压最低的单体。这时，均衡电路应采取措施，在保证最低电压单体不被过度放电的同时使电池组释放出更多的能量，设计的均衡电路如图 7-17 所示。

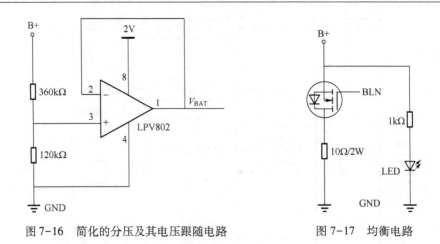

图 7-16　简化的分压及其电压跟随电路　　　　图 7-17　均衡电路

图 7-17 中，当主控芯片 MSP430 检测到电池组中某节电池电压高出平均电压水平某个阈值 ΔU 时（ΔU 的值可以根据电池组具体应用场合在程序中进行调整），BLN 引脚将会接收到能使 N-MOSFET Q_1 导通的信号，导通之后单体电池电压将会加载到 2 W 的功率电阻上，旁路为 LED 灯指示电路，从而实现电池均衡处理，避免其电压长期超高。

4. 控制信号转换及隔离电路

主控芯片在集成 BMS 中的作用不可替代，像是计算机系统的 CPU，若该部分在工作过程中遭到破坏或者烧毁，将会使各个部分处于脱机状态，甚至导致整个系统瘫痪。在 BMS 设计阶段必须将各种保护措施考虑到，对于主控芯片，要保证每个交互引脚与外设连接线形成电气隔离。在电子技术应用场合常使用光电耦合器件，如图 7-18 所示。

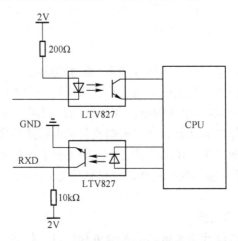

图 7-18　控制信号转换及隔离电路

图 7-18 中，外设电路与 CPU 通过 LTV827 光电耦合器件相连，在保证正常通信的基础上也能保护 CPU 在故障状态下稳定工作。

5. 电流采集模块电路

电流检测在 BMS 中扮演着不可或缺的角色，系统需要根据采集电流的正负、大小来判断电池的工作状态。另外，在电池 SOC 评估中也会应用电流信息结合时间来计算能量变化。由于电流变化范围以及放电倍率的巨大差异，运用于动力电池领域的电流检测手段差异较大。通常运用于较小容量的动力电池管理系统领域，可以用基本的结合采样电阻模拟电路来实现电流采集，如图 7-19 所示。

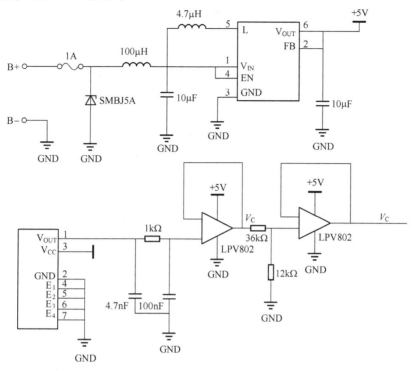

图 7-19 电流采集模块电路

然而，在电动汽车等领域的大容量动力 BMS 中，常规的模拟电路检测方法无法达到理想的效果，因为过大的电流在很小的采样电阻上也会产生巨大热量，这是 BMS 中必须避免的问题。因而对于大范围、高倍率的场合可以使用霍尔效应的传感器，再结合相应的运放、功放电路然后输出，也能达到相同的效果。霍尔效应电流检测的优点在于检测电路与放电回路没有直接电气连接，也保证了电路运行的安全性。

6. 优缺点分析

优点：可以节省单体电池采集电路的成本，期间的功耗也低，并且本系统电路测量电池电压准确同时，抗干扰能力强，更换电池方便，实用性强。

缺点：首先，使用单一的控制单元对几十、数百的单体电池进行参数采集、计算、通信、显示，系统的设计复杂，稳定性较差，当其中某组中的电池出现故障时会影响整个系统工作；其次，电传动车辆空间紧凑，动力电池呈分布式布置，控制单元往往与电池有较长距离，这样信号从电池到微控制器间的传输非常容易受到新能源汽车内部功率器件、高压和大电流动力线工作时产生的电磁干扰的影响，导致测量精度下降，从而在计算电池参数时不一定能真实反映电池的实际工作状态，引起电池剩余电量计算的不准确甚至错误；最后，集中式管理的可扩展性和可移植性差，对于不同的电池组结构、不同数量的电池，都需要重新进行系统设计，严重影响了 BMS 的通用性。

7.3.3 基于 STM32 的 BMS 设计

STM32 是一款由意法半导体（STMicroelectronics）有限公司推出的基于 ARM Cortex-M 内核的 32 位微控制器。它具有低功耗、高性能、易用性等优点，广泛应用于工业控制、物联网、医疗设备、智能家居等领域。STM32 系列包括多个不同的型号，可根据具体应用需求选择不同型号的芯片。同时，STM32 也提供了丰富的开发工具和支持文档，方便用户进行软硬件开发和调试。

当前主流使用的 STM32 芯片主要包括以下几个系列：

1）STM32F0 系列：低成本、低功耗、低速率的 MCU，适用于低功耗应用和小型应用。

2）STM32F1 系列：适用于通用应用和低功耗应用，包括较多型号，可根据应用需求进行选择。

3）STM32F2 系列：高性能、高集成度的 MCU，包括内置浮点运算单元（Floating Point Unit，FPU），适用于高性能应用。

4）STM32F3 系列：低成本、低功耗、低速率的 MCU，适用于低功耗应用和小型应用，还提供了高精度模拟和数字信号处理功能。

5）STM32F4 系列：高性能、高集成度的 MCU，包括内置 FPU，适用于高性能应用，还提供了高精度模拟和数字信号处理功能。

6）STM32F7 系列：高性能、高集成度的 MCU，包括内置 FPU 和数字信号处理（DSP）指令集，适用于高性能应用和数字信号处理应用。

7）STM32H7 系列：高性能、高集成度的 MCU，包括内置 FPU 和 DSP 指令集，适用于高性能应用和数字信号处理应用，还提供了安全功能。

考虑到基于储能锂电池模组的 BMS，需要接收单体的电压、模组的电流、温度采集、报警系统等，其接口资源应当丰富。此外，储能锂电池工作的电磁环境复杂，通过外设连接芯片是否可行，应当充分考虑功耗和自身集成外设。故这里可以选择 STM32F429IGT6 进行设计。

（1）BMS 整体设计 采用 STM32 芯片作为主控芯片并架构嵌入式操作系统 FreeRTOS，由嵌入式操作系统实时监控充电、放电的过程，并且在 LCD 显示屏上实时显示锂离子电池组的工作状态。FreeRTOS 是一个迷你的实时操作系统内核，并作为一个轻量级的操作系统，功能包括任务管理、时间管理、信号量、消息队列、内存管理、记录功能、软件定时器、协程等，可基本满足较小系统的需要。设计信号采集电路采集主控板上的总电压、电流和子模块上的单体电压、温度等参数，为锂离子 BMS 提供最原始的数据。该智能模块兼有报警和散热装置，提高了系统的安全性，其中主控板结构如图 7-20 所示。

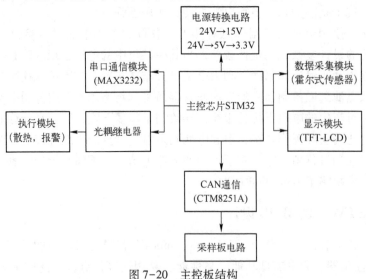

图 7-20 主控板结构

（2）采集电路设计　主控板和采集板之间采用 CAN 总线通信，主控板与采集板连接示意图如图 7-21 所示。

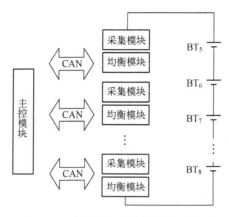

图 7-21　主控板与采集板连接示意图

电池组总电压采集电路通过 HNV-025A 接线可以实现该部分电路设计，如图 7-22 所示。

（3）报警电路　报警电路可以采用蜂鸣器进行报警，通过普通 I/O 口驱动即可。

（4）LCD 电路设计　显示工具采用的是 TFT-LCD，直接采用的是一款集成的 LCD 模块，该模块上集成了 ILI9341 控制器、驱动器和触摸芯片 XPT2046。

（5）温度采集电路　系统采用了 DS18B20 进行温度的测量。

（6）单体电池电压采集电路设计　这里通过光耦继电器隔离强电和弱电，然后通过差分电路将信号放大，然后传递给 A/D 编码器，最后通过 CAN 总线传递给单片机。其连接框架如图 7-23 所示。

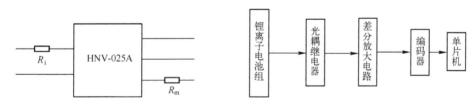

图 7-22　电池组总电压采集电路　　　　图 7-23　单体电池电压采集电路

优缺点分析

优点：实现了 BMS 的主要功能，并且对所设计的硬件和软件部分进行了调试，完成了电池电压、电流、温度等的实时测量并通过嵌入式完成界面的设计，能够对 BMS 进行实时监测。

缺点：SOC 的测量和电池均衡管理方面还存在着不足之处。

7.3.4　基于 ISL78600 的 BMS 设计

ISL78600 系列是英特赛尔（Intersil）公司推出的一款用于储能锂电池管理系统的集成电路。该系列芯片主要用于电池均衡、电池电压和电流监测、温度监测等应用。

目前主流使用的 ISL78600 系列型号包括：

1）ISL78600：该型号为基础型号，适用于 2~6 串电池组，支持电池均衡、电池电压和电流监测、温度监测等功能。

2）ISL78601：该型号是 ISL78600 的升级版本，新增了电流保护功能，支持最大 10 A 的充放电电流，适用于大功率储能锂电池组。

3）ISL78602：该型号支持 2~4 串电池组，主要用于电动工具、电动自行车等电动车辆的储能锂电池管理系统。

4）ISL78610：该型号支持 2~8 串电池组，新增了电池容量监测功能，可实现电池组的容量精准计算，适用于需要长时间运行的储能锂电池系统。

除此之外，ISL78600 系列还有一些其他型号，如 ISL78630、ISL78631 等，不同型号的芯片支持的电池串数、功能和性能有所不同，用户在选择时需要根据具体的应用需求进行选型。

本节基于 ISL78600 数据采集芯片的高精度数据采集系统，主要包括电压、温度等采集电路设计。电压采集电路设计上，单体电压采集误差可以维持在 ±2.5 mV 以内，总电压采集误差不超过 100 mV；温度采集电路设计采用低功耗模式，可以大大减少电池组的内部功耗。

（1）BMS 总体结构设计 利用一个以单片机为核心部件的电池控制系统，有效地解决了电池长期充电不用，因浮充电导致电池使用寿命下降的问题，提高了应急电源（Emergency Power Supply，EPS）、不间断电源（UPS）等电源的可靠性，保证了电源系统的稳定。通过对电池充放电的检测，对其电流、电压、温度、电量的物理量加以量化显示，增强了系统的监控能力。通过单片机控制中间继电器，实现了电池定时充电和放电的控制，保证电池定时充放电，以延长其寿命。BMS 结构主要组成如图 7-24 所示。

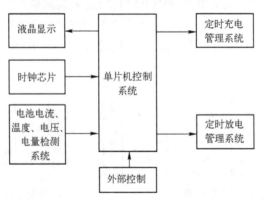

图 7-24 BMS 主要组成

其中，单片机是整个系统的核心，外围电路以定时的充放电电路为主，液晶显示、时钟芯片、电池的实时监测以及外部控制电路都作为辅助设计部件，来完善整个系统。本系统主要实现的功能包括电池的定时充放电，电池长期的浮充电状态对电池寿命有很大影响，也无法保证在断电时能及时给设备供电，这里采用时钟芯片来设定时间，用户可以根据电池的出厂要求，自己设定电池的充放电时间，来延长电池的使用寿命。此外，充放电电路以继电器控制为主，可以有效地保证电路运行的可靠性。

系统可以通过单总线通信的芯片协议，实时读取每个电池的温度、充放电状态、电池目前的电量等数据。温度是一个影响电池寿命的重要数据，25℃以上每升高 10℃电池使用寿命减半。电池另一个重要的数据就是电量，如何确定电池电量的多少，是一个比较难的问题。采用电池充电电流的大小，来统计电池的电量，这样可以避免存在假充电的情况，保证电池的正常工作，也可以及时提醒更换新的电池。最后通过使用液晶显示器，把电池的温度、电流、电压、电量的数据实时显示出来，可以随时掌握电池的状态。

（2）BMS 的结构　整个系统由一个主控制器和若干个从电池管理芯片构成，如图 7-25 所示。

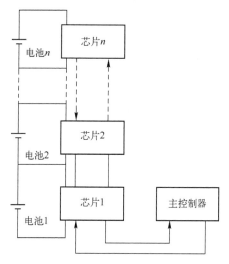

图 7-25　BMS 的结构框图

（3）菊花链通信接口　菊花链通信接线如图 7-26 所示。

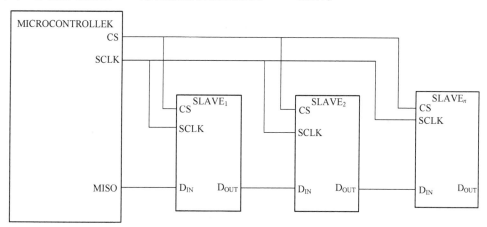

图 7-26　菊花链通信接线

（4）电压采集电路　电压采集电路主要是应用内部集成的高速 A/D 高精度地采集电压。

（5）温度采集电路　ISL78600 包含 4 个温度采集通道，温度采集首先是将外接温度信号转化成电压信号，通过外接负温度系数（Negative Temperature Coefficient，NTC）热敏电阻将外接温度信号转化成电阻信号，然后通过分压电路转化成电压信号。温度采集电路如图 7-27 所示。

（6）菊花链通信电路　系统第一个 ISL78600 数据采集芯片与主控制芯片采用传统的串行外设接口（Serial Peripheral Interface，SPI）通信，两片 ISL78600 数据采集芯片之间采用菊花链链接，菊花链通信电路设计主要是通过 ISL78600 采集芯片的 DHI10、DHO10 两个引脚进行数据传输。菊花链通信电路如图 7-28 所示。

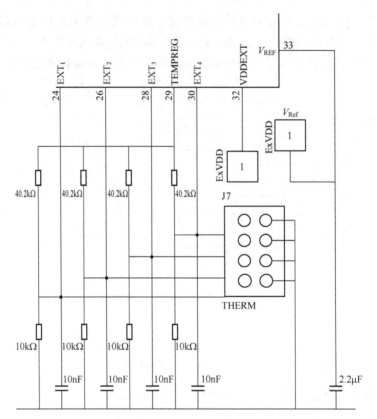

图 7-27 温度采集电路

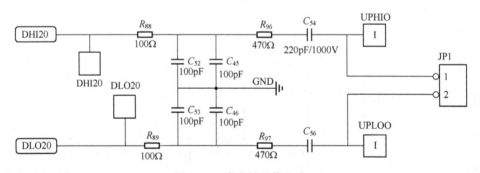

图 7-28 菊花链通信电路

系统单体电压采集误差可以维持在±2.5mV 以内，温度采集误差不超过±1℃，温度采集系统采用低功耗模式，可以大大减少电池组的内部消耗。系统各采集模块之间采用菊花链通信，简化了通信电路的硬件电路设计，同时可以大大提高通信速率。

7.3.5 基于 AD7280A 的 BMS 设计

AD7280A 是 ADI 公司推出的一款多通道电池监测和保护集成电路。它能够监测多达 6~12 节锂离子电池堆的电压，并能够实现电池电压、电流、温度和状态等参数的实时监测。AD7280A 集成了温度传感器、过电压保护、欠电压保护、过电流保护、温度保护、电源失效保护等多种保护功能，可以有效地保护电池组的安全性。

在 AD7280A 系列产品中，目前主流使用的型号包括 AD7280A、AD7280A – EP、

AD7280AQ、AD7280AQ-EP 等，其中 AD7280A 和 AD7280AQ 是标准温度范围内的产品，AD7280A-EP 和 AD7280AQ-EP 是扩展温度范围内的产品。此外，还有一些 AD7280A 的衍生型号，如 AD7280A-2 和 AD7280A-4 等，这些型号具有更多的通道数，可用于更大容量的电池组监测。

新能源汽车的 BMS 需要完成主、分控制器的模块化设计和硬件系统设计。针对分控制器模块，在外围电路中使用了多片 AD7280A 菊花链链接，减少了隔离器的数量，可以简化其电路结构。

（1）BMS 结构　设计的 BMS 结构如图 7-29 所示。

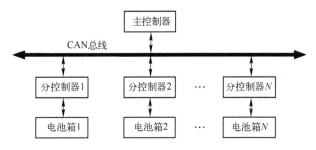

图 7-29　BMS 结构框图

（2）控制器结构　主控制器结构如图 7-30 所示。

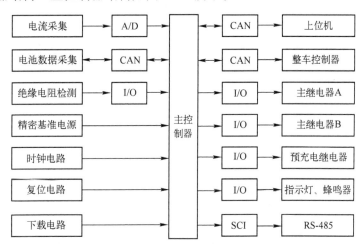

图 7-30　主控制器结构图

分控制器结构如图 7-31 所示。

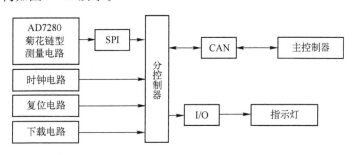

图 7-31　分控制器结构图

（3）CAN 设计　CAN 设计图如图 7-32 所示。

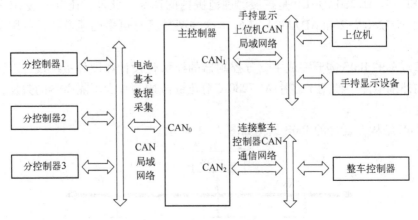

图 7-32　CAN 设计图

（4）电流采集电路　主控制器采集电流使用的是基于分流器的电流监测方法，其中电流采集电路如图 7-33 所示。

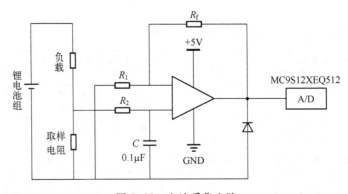

图 7-33　电流采集电路

（5）绝缘电阻检测电路　绝缘电阻检测电路主芯片采用 PIC12F675，主要检测电池组的正极、负极对底盘的绝缘电阻值，如图 7-34 所示。

（6）串行通信接口电路　在车载通信系统中，使用 CAN。为确保行车安全，防止通信设备出现意外，需增加一个串行通信接口电路，以备不时之需。在串行通信接口电路设计中，收发器选用的是工作电流为 120 μA、功耗低、通信稳定的 MAX487。

（7）开关量控制电路　采用 MOSFET 对继电器的开关进行控制，对锂离子电池组的安全性进行保护。加入二极管对线圈续流，MOSFET 型号选择 IRLR120，其源极、漏极之间电压差最大达 100 V。

（8）显示器电路　设备显示模块选择的是 NH12864S，其电路设计如图 7-35 所示。

（9）故障报警电路　报警设备一般安装在驾驶室。当 BMS 的数据（如电压、电流、温度等）出现异常时，报警系统需立刻报警，提示驾驶员采取措施。报警方式主要为声、光提示。

（10）AD7280A 温度监测电路　基于 AD7280A 的温度监测电路如图 7-36 所示。

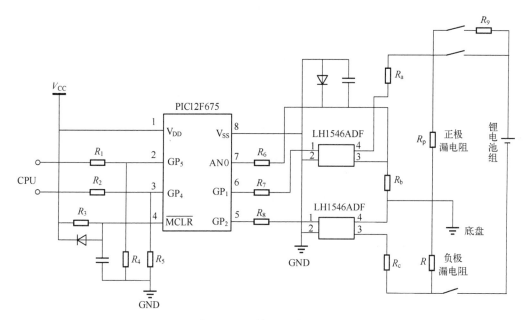

图 7-34　绝缘电阻检测电路

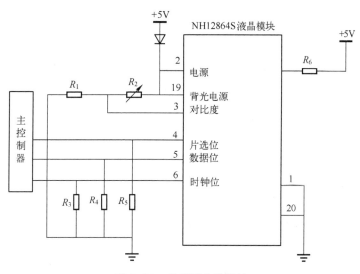

图 7-35　显示器电路设计

（11）菊花链电路与 CPU 隔离电路　锂离子电池管理系统采用 12 V 或 24 V 的直流电，而新能源汽车动力电池组的电压高达上百伏，如此大的电压差极可能损坏分控制器。因此，需在菊花链测量电路中加入隔离器。隔离器使用的是 ADI 公司生产的四通道高速隔离器 ADuM5401 和 ADuM1402，两者互相配合使用。

在分控制器电路设计中，对外围电路使用多片 AD7280A 菊花链链接，减少了隔离器的数量，简化了电路。该设计实现了对锂离子电池组状态的实时监测，主控制器和分控制器之间数据信息的通信传送，对执行动作的有效控制等功能，提高了电池组的安全性，延长了其使用寿命。

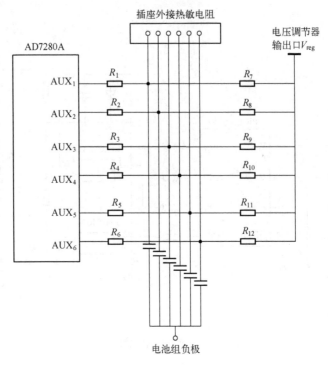

图 7-36　基于 AD7280A 的温度监测电路

7.3.6　基于 LTC6804 的 BMS 设计

LTC6804 是由 Linear Technology 公司（现已被 ADI 收购）生产的一种多路电池监控芯片系列，用于电动汽车、储能系统、UPS 等需要对多个电池单体进行监测和平衡的应用中。它可以监测高达 12 节电池单体，并且可以使用多个芯片级联扩展到更多电池单体。

LTC6804 系列有多个型号，主要区别在于引脚数和封装类型。其中常用的型号包括：

1）LTC6804-1：具有 48 个引脚，封装类型为 7 mm×7 mm QFN（方形扁平无引装封装），适用于要求更高的系统。

2）LTC6804-2：具有 38 个引脚，封装类型为 6 mm×6 mm QFN，适用于更紧凑的系统。

3）LTC6804-3：具有 38 个引脚，封装类型为 SSOP（窄间距小外形塑封），适用于有限空间的应用。

LTC6804 具有高精度的电压监测、温度监测和电池均衡等功能，可通过串行接口与MCU 通信，方便系统控制和数据读取。同时，它还具有多种保护功能，例如电池过充电、过放电、温度过高等保护，以保证系统的稳定性和可靠性。针对模组 BMS 的实际需求，选择 LTC6804-1 进行设计。

LTC6804 是第三代多节电池的电池组监视器，可测量多达 12 个串接电池的电压并具有低于 1.2 mV 的总测量误差。采用 CAN 通信技术实现主控芯片与上位机的信息交换，实验表明该系统测量精度高，可靠性好。

（1）总体设计框架　每个监控单元可以监控 12 节锂离子电池的电压，监控单元采用LTC6804 芯片，主控制器采用 MK60DN512VLQ10，通过 SPI 通信依次读取各监控单元信息，通过电流传感器、温度传感器和电压传感器读取总线上总的电流、电压和温度。并与预设的最大放电电流、最大充电电流进行比较，若超限则切断充电开关或者放电开关，实现电池过充电、过放电保护。BMS 总体结构设计如图 7-37 所示。

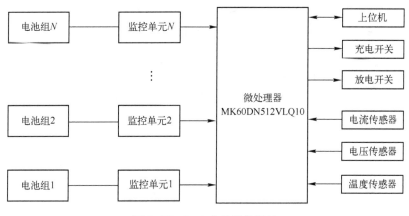

图 7-37　BMS 总体结构设计

（2）监控单元设计　LTC6804-1 与主控芯片 MK60DN512VLQ10 采用 SPI 通信，是为了保证系统的抗干扰性和安全，如图 7-38 所示。

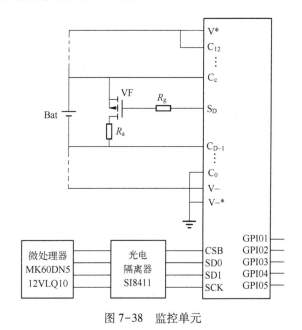

图 7-38　监控单元

（3）CAN 模块　采用微控制器片内 CAN 控制器和 TJA1040CAN 收发器，如图 7-39 所示。

（4）上位机设计　上位机可以采用 LabVIEW 等软件实现，LabVIEW 是一种程序开发环境，由美国国家仪器（NI）公司研制开发，类似于 C 和 BASIC 开发环境，但是 LabVIEW 与其他计算机语言的显著区别是：其他计算机语言都是采用基于文本的语言产生代码，而 LabVIEW 使用的是图形化编辑语言 G 编写程序，产生的程序是框图的形式。其中，上位机与主控芯片 MK60DN512VLQ10 采用 CAN 总线通信，如图 7-40 所示。

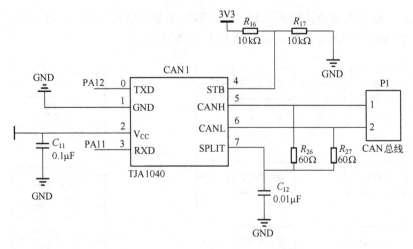

图 7-39　CAN 总线接口电路原理图

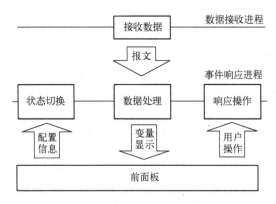

图 7-40　人机交互工作机制

7.4　BMS 的性能测试与故障排除

BMS 是电池与用户之间的纽带，其主要目的是提高电池的利用率，防止电池的过度充电和放电。一般对 BMS 而言，需要实现以下几个功能：

1）对电池组工作状态的监测与管理，包括单体和电池组的电压监测、电流监测、温度监测、SOC 估算、均衡控制等。

2）对电池组异常状态的管理，包括单体和电池组的过充电、过放电、过电流、温度超限、失衡等。

3）对电池组故障的管理，包括传感器丢失、单体故障等。

7.4.1　BMS 性能测试

BMS 是个功能特别复杂的电子设备，其结构如图 7-41 所示。在其设计阶段，需要对原型的功能进行验证；在生产阶段，需要对产品的功能进行测试；如果设备出现故障，需要进行检修。在这些阶段都需要有对应的测试设备来支持。

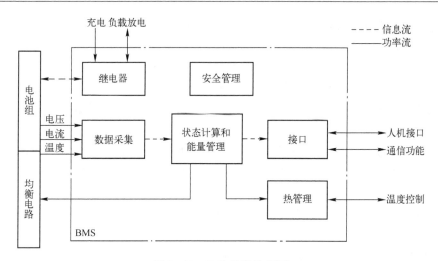

图 7-41　BMS 的结构框图

BMS 的各项功能涉及数据采集、数据通信、过程控制等多种技术，需要用 ADC、数字输入输出电路（Digital In and Out，DIO）、脉冲宽度调制（Pulse Width Modulation，PWM）、CAN、继电器等多种端口和设备，功能和算法都比较复杂。对这些复杂的功能进行全面的测试（很多情况还要进行性能测试和评估），目前的测试方法主要有两种。

（1）通过实物进行测试　将被管理的电池组实物与 BMS 对接进行测试。这种测试方法最直接，所有的测试参数都与实际情况一致，看似比较理想，但是从实际应用上来看还是存在较多问题：

1）测试时间长：电池组的充放电都需要较长时间，在测试循环中需要等待的时间较长，难以进行批量测试。

2）需要的辅助设备多：为了模拟各种环境状态，需要大型恒温箱等辅助设备。

3）调整参数困难：如果用于 BMS 单项功能的验证和调试，在开始实验之前要通过充电和放电来调整电池组的状态。

4）可控性差：单体的容量、内阻等重要参数都会受到实物的限定，没有调整空间。受制于电池组装配工艺等多方面因素的影响，无法调整任意一个单体的 SOC 等运行状态，另外随着循环次数的增加，电池组自身的装填也会发生变化。

5）存在安全隐患：电池组本身就是一个储存了很大能量的装置，这种测试方法会对测试人员的人身安全存在威胁。

6）能源消耗大：电池组的充电和放电需要很大的能源消耗。

7）系统成本高：电池组自身价格比较高，尤其是大功率的电池组，相关的维护费用也比较高。

8）实际状态未知：电池组在工作中每个电池单体的电压、温度、均衡电流等参数的设定值是未知的，用户只能获取到相应的测量值，无法进行实际的对比。

综上所述，这种实物测试的方法只适用于 BMS 在正常工作范围内的表现，而不适合应用于 BMS 的开发调试和生产测试。

（2）通过仿真电池组进行仿真和验证

1）通过高精度的程控电池模拟器来仿真电池单体的电压，并具有一定的电流输出和吸收能力，仿真电池组的充电和放电过程。

2）通过高精度的程控电阻来仿真各种温度传感器。

3）通过高精度的 DAC 来仿真电流传感器。

4）通过故障注入模块模拟电压采样过程中断线等故障。

5）通过开关板卡控制各路信号的输入、输出。

6）通过数字 IO、DAC、CAN 总线通信模块、程控电源能复制设备实现其他功能端口的仿真以及 BMS 的通信。

这种方法基于成熟的计算机技术以及测试仪器硬件平台，能够通过软件快速调整电池组的工作状态，提高测试效率和安全性。如果对多种 BMS 进行测试，成本优势更加明显，非常适合 BMS 开发以及大批量的生产测试。

由于新能源汽车的工作环境总是处于变化中，这导致 BMS 的工作环境比较恶劣。因此，对 BMS 进行可靠性测试是必要的，主要包括以下测试内容。

（1）绝缘电阻测试 在 BMS 带电部分与壳体之间施加 500 V 电压，通过测量带电部分和壳体之间的电流，利用欧姆定律推算出电阻。一般情况下，绝缘电阻应不小于 2 MΩ。

（2）绝缘耐压性能测试 在电压采样回路中施加 50~60 Hz 的正弦波交流电，测试电压为 $2U+1000$ V，U 是标称电压，持续 1 min，在试验过程中不出现断裂等现象。

（3）参数监测功能测试 根据工作环境正确安装或连接 BMS，或为 BMS 提供一个适宜的电气和温度环境并通过仿真系统进行检测。在打开 BMS 前，安装电压、电流以及温度传感器。比较 BMS 从设备中测量的数据并确定误差。电池单体或模组电压数据采集通道应不少于 5 个点，电流采集点应不低于 2 个点，温度采集通道应不少于 2 个点，并且合理分配采集点的安装位置。

通常，BMS 监控的参数有如下要求：

1）总电压值≤±1%FSR（满刻度、满量程电压）。

2）电流值：当电流 I≤30 A 时，-0.3 A≤监控误差≤0.3 A，当电流 I>30 A 时，-1%≤监控误差≤1%。

3）温度值≤±2℃。

4）模组电压值≤±0.5%FSR。

（4）状态估算效果测试 BMS 的测试包括 SOC≥80% 的情况。对于其他类型的新能源汽车，是否需要在 SOC≥80% 时进行测试，应根据实际情况进行。

SOC 估算精度应满足如下要求：

1）当 SOC≥80% 时，误差应≤6%。

2）当 30%<SOC<80% 时，误差应≤10%。

3）当 SOC≤30% 时，误差应≤6%。

（5）电池故障诊断 通过仿真系统改变电压、电流或温度等输入信号以满足产生故障所需的条件。监测 BMS 通信接口的反馈信息，并记录故障项目和产生故障所需的条件。

（6）高温工况测试 将 BMS 放入高温柜（设置初始温度为正常工作温度），开机运行。当温度达到（65±2）℃时，保持工作 2 h。记录测试过程中 BMS 所测量的数据，并进行误差分析。在测试过程中以及测试结束后，电池应能够正常工作，并符合要求。

（7）低温工况测试 将 BMS 放入低温柜（设置初始温度为正常工作温度），开机运行。其温度达到（-25±2）℃时，保持工作 2 h。记录测试过程中 BMS 所测量的数据，并进行误差分析。在测试过程中以及测试结束后，电池应能够正常工作，并符合要求。

（8）耐盐雾性 将 BMS 安装在与实际安装状态相符或者相似的测试箱内，连接器处于正常状态。测试时间为 16h，使 BMS 在 1~2h 内从正常温度直接达到这个温度，并进行误差分析。BMS 测试后应能正常工作，并符合要求。

（9）耐振动测试 BMS 应能经受 X、Y、Z 3 个方向的扫频振动试验。每个试验持续 8h。BMS 通常在不工作及正常安装状态下经受试验。振动试验机的振动应为正弦波，加速度波的失真应小于 25%。

扫频测试条件如下：

1）扫频范围为 10~500 Hz。

2）当频率为 10~25 Hz 时，振幅为 0.35 mm；当频率为 25~500 Hz 时，加速度为 30 m/s²。

3）扫频率为 1 oct/min（每分钟多少倍频程），经过测试，分析 BMS 所测量的电池系统参数的误差。测试后 BMS 应能够正常工作，并符合要求。

（10）耐电源极性反接性能 将 BMS 与电源连接，反向输入电压并保持 1 min。测试结束后，保持 BMS 的电源供应处于正常状态，检查 BMS 能否正常工作。试验后 BMS 应能正常工作，并符合要求。

（11）抗电磁辐射 测试频率为 400~1000 MHz，分析 BMS 测量的各项参数的误差。测试后，电池应能够正常工作，并符合要求。

7.4.2 故障原因及其分析

制定 BMS 故障检测方案之前需要分析哪些故障需要被检测。因此，首先需要对电池系统进行预先危险性分析，目的在于识别安全性关键部件、评价危险程度、提出控制危险措施，常见的故障分析方法如下：

（1）观察法 当系统发生通信中断或控制异常时，观察系统各个模块是否有报警，显示屏上是否有报警图标，再针对得出的现象一一排查。

（2）故障复现法 车辆在不同的条件下出现的故障是不同的，在条件允许的情况，尽可能在相同条件下让故障复现，对问题点进行确认。

（3）排除法 当系统发生类似干扰现象时，应逐个去除系统中的各个部件，来判断是哪个部分对系统造成影响。

（4）替换法 当某个模块出现温度、电压、控制等异常时，调换相同串数的模块位置，来诊断是否是模块问题或线束问题。

（5）环境检查法 当系统出现故障时，如系统无法显示，先不要急于进行深入的考虑，从而忽略一些细节问题。首先应该检查基础问题，如有没有接通电源，开关是否已打开，是否所有的接线都已连接，或许问题的根源就在其中。

（6）程序升级法 当新的程序烧录后出现不明故障，导致系统控制异常，可烧录前一版程序进行比对，来进行故障的分析处理。

（7）数据分析法 当 BMS 发生控制或相关故障时，可对 BMS 存储数据进行分析，对 CAN 总线中的报文内容进行分析。针对电池出现的常见故障情况，其故障原因分析见表 7-1。

表 7-1 故障原因分析

危险源	原因	主要后果	可行措施
电池失控	电池过充电	起火爆炸	电池电压检测
	电池过放电		电池电压检测
	电池内短路		系统温度检测
	系统短路		系统电流检测
	电池热失控		系统温度检测
	电池碰撞挤压		碰撞检测
漏电	高压绝缘故障	高压触电	绝缘检测
	线束连接故障		高压互锁检测
	接触器故障		粘连检测
BMS 故障	硬件故障	车辆失控	硬件功能诊断
	软件故障		MCU 运行监控

根据故障检测方法，故障检测通常可以分为物理和化学检测法、信号处理检测法、基于模型的检测法。

1) 物理和化学检测法：通过观察检测目标运行过程中的物理、化学状态来进行故障诊断，如分析其电压、电流、温度、挥发气体等特性的变化，并与默认阈值范围进行比较，从而进行故障判断。

2) 信号处理检测法：通过检测目标运行过程中的信号状态进行故障诊断，如信号时域、频域的变化，信号内容和时序与预设之间的差异。

3) 基于模型的检测法：适用于不易观测的状态（如 SOC、SOH 等）、较为复杂的状态，根据模型计算求解从而评估故障状态。

根据故障检测实现手段，故障诊断可以分为软件诊断和硬件诊断两种，并且可以同时采用这两种方法实现设计上的冗余。软件诊断有计算能力强、易于迭代的优点，适合于大多数的故障诊断，尤其是采用第二类和第三类检测法的故障。硬件诊断有着可靠性强、响应快的优点，对于安全等级高的故障可以进行冗余设计（如碰撞检测、单体电压检测等）。

7.4.3 故障解决方法

根据 BMS 发生的故障类型，故障主要有以下解决方法：

（1）系统供电后整个系统不工作

可能原因：供电异常，线束短路或是断路，DC/DC 无电压输出。

故障排除：检查外部电源给 BMS 供电是否正常，是否能达到 BMS 要求的最低工作电压，看外部电源是否有限流设置，导致 BMS 的供电功率不足，可以调整外部电源，使其满足管理系统的用电要求；检查 BMS 的线束是否有短路或是断路，对线束进行修改，使其工作正常；外部供电和线束都正常，则查看 BMS 中给整个系统供电的 DC/DC 是否有电压输出，如有异常可更换坏的 DC/DC 模块。

（2）BMS 不能与 ECU（电控单元）通信

可能原因：BMU（主控模块）未工作，CAN 信号线断线。

故障排除：检查 BMU 的电源 12 V/24 V 是否正常；检查 CAN 信号传输线是否退针或插头未插；监听 CAN 端口数据，是否能够收到 BMS 或者 ECU 数据包。

（3）采集模块数据为零

可能原因：采集模块的采集线断开，采集模块损坏。

故障排除：重新拔插模块接线，在采集线接头处测量电池电压是否正常，在温度传感器线插头处测量阻值是否正常。

（4）电池电流数据错误

可能原因：信号线插头松动，霍尔式传感器损坏，采集模块损坏。

故障排除：重新拔插电流霍尔式传感器信号线；检查霍尔式传感器电源是否正常，信号输出是否正常；更换采集模块。

（5）电池温差过大

可能原因：散热风扇插头松动，散热风扇故障。

故障排除：重新拔插风扇插头线；给风扇单独供电，检查风扇是否正常。

（6）电池温度过高或过低

可能原因：散热风扇插头松动，散热风扇故障，温度探头损坏。

故障排除：重新拔插风扇插头线；给风扇单独供电，检查风扇是否正常；检查电池实际温度是否过高或过低；测量温度探头内阻。

（7）BMS 与 ECU 通信不稳定

可能原因：外部 CAN 总线匹配不良，总线分支过长。

故障排除：检测总线匹配电阻是否正确；匹配位置是否正确，分支是否过长。

（8）BMS 内部通信不稳定

可能原因：通信线插头松动，CAN 走线不规范，BSU 地址重复。

故障排除：检测接线是否松动；检测总线匹配电阻是否正确，匹配位置是否正确，分支是否过长；检查 BSU 地址是否重复。

（9）绝缘检测报警

可能原因：电池或驱动器漏电，绝缘模块检测线接错。

故障排除：使用电池切断单元（Battery Disconnect Unit，BDU）显示模块查看绝缘检测数据，查看电池母线电压、负母线对地电压是否正常；使用绝缘电阻表分别测量母线和驱动器对地绝缘电阻。

（10）上电后主继电器不吸合

可能原因：负载检测线未连接，预充继电器开路，预充电阻开路。

故障排除：使用 BDU 显示模块查看母线电压数据，查看电池母线电压，负载母线电压是否正常；检查预充过程中负载母线电压是否上升。

（11）继电器动作后系统报错

可能原因：继电器辅助触点断线，继电器触点粘连。

故障排除：重新拔插线束；用万用表测量辅助触点通断状态是否正确。

（12）不能使用充电机充电

可能原因：充电机与 BMS 通信不正常。

故障排除：更换一台充电机或 BMS，以确认是 BMS 故障还是充电机故障；检查 BMS 充电端口的匹配电阻是否正常。

（13）车载仪表无 BMS 数据显示

可能原因：主控模块线束连接异常。

故障排除：检查主控模块线束是否有连接完备，是否有汽车正常的低压工作电压，该模块是否工作正常。

（14）部分电池箱的检测数据丢失

可能原因：整车部分接插件接触不良，或者 BMS 从控模块不能正常工作。

故障排除：检查接插件接触情况；更换 BMS 模块。

（15）BSU 电压采集不准

可能原因：电池组 Pack 后没有校准。

故障排除：重新校准，误差较大时检测线束是否有接触不良的情况。

（16）SOC 异常

现象：SOC 在系统工作过程中变化幅度很大，或者在几个数值之间反复跳变；在系统充放电过程中，SOC 有较大偏差；SOC 一直显示固定数值不变。

可能原因：电流不校准；电流传感器型号与主机程序不匹配；电池长期未深度充放电；数据采集模块采集跳变，导致 SOC 进行自动校准（SOC 校准的两个条件：①达到过充电保护；②平均电压达到××V 以上。客户电池一致性较差、过充电时，第二个条件无法达到）；电池的剩余容量和总容量显示错误；电流传感器未正确连接。

故障排除：在触摸屏配置页面校准电流；改主机程序或者更换电流传感器；对电池进行一次深度充放电；更换数据采集模块，对系统 SOC 进行手动校准，建议客户每周做一次深度充放电；修改主机程序，根据客户实际情况调整"平均电压达到××V 以上"这个条件中的××V；设置正确的电池总容量和剩余容量；正确连接电流传感器，使其工作正常。

参 考 文 献

[1] 梁继业，迟浩宇，张洪彦．锂电池在储能领域的应用与发展趋势［J］．电动工具，2020，(5)：20-26.

[2] 韩晨阳．基于电网需求的新能源场站储能配置方法研究［D］．北京：华北电力大学，2022.

[3] 刘景超．考虑电动汽车负荷的微电网光-储系统优化配置［D］．大连：大连理工大学，2020.

[4] 白锦文，谭奇特．锂电池储能技术发展方向［J］．光源与照明，2021(12)：51-53.

[5] 胡自豪．新能源汽车功率型辅助储能装置对整车经济性影响分析［D］．淄博：山东理工大学，2022.

[6] 徐国栋，王坚嵘，石一峰，等．电池储能电站安全问题分析与对策［J］．电力安全技术，2020，22(9)：60-63.

[7] 曹梓泉，李雅欣，马凌怡，等．基于锂电池的电氢混合储能系统研究［J］．电器与能效管理技术，2022(5)：29-34.

[8] 李大伟，孙晋敏，杨夏杰．采用磷酸铁锂电池储能的一体化集中供电电源系统研究［J］．中国设备工程，2022(15)：73-75.

[9] 陈婉莹，林泓涛，常海青．钛酸锂电池城区电网储能系统经济性分析模型［J］．厦门理工学院学报，2022，30(1)：28-33.

[10] 仵华南，李华东，李昌卫，等．用混合储能辅助核电一次调频控制策略研究［J］．山东电力技术，2022，49(3)：14-19.

[11] 陈玉珊．磷酸铁锂动力电池单体的荷电状态估计［D］．合肥：中国科学技术大学，2021.

[12] 高凯．基于DUKF算法的车用动力电池内部状态联合估计研究［D］．淮南：安徽理工大学，2020.

[13] 何耀．动力锂电池组状态估计策略及管理系统技术研究［D］．合肥：中国科学技术大学，2012.

[14] 胡启国，罗棚．基于VMD和ELM_AdaBoost滚动轴承剩余寿命预测［J］．机械设计与制造，2022(6)：203-207.

[15] 吉伟康，王顺利，邹传云，等．等效建模与SR-UKF算法的SOC估算研究［J］．自动化仪表，2020，41(9)：42-46；50.

[16] 段林超，张旭刚，张华，等．基于二阶近似扩展卡尔曼滤波的锂离子电池SOC估计［J］．中国机械工程，2023(15)：1797-1804.

[17] 谭必蓉，杜建华，叶祥虎，等．基于模型的锂离子电池SOC估计方法综述［J］．储能科学与技术，2023(6)：1995-2010.

[18] 刘志聪，张彦会，王君琦．锂离子电池SOC估算技术进展综述［J］．汽车零部件，2022(12)：91-95.

[19] 华菁，阮观强，胡星，等．基于TVFFRLS-ACKF的锂离子电池SOC估算［J］．电子测量技术，2022，45(24)：22-28.

[20] 胡劲，赵靖英，姚帅亮，等．基于阻容参数滤波优化UKF的锂电池SOC估计［J/OL］．(2022-12-05)［2024-02-22］. http://kns.cnki.net/kcms/detail/12.1420.TM.20221202.1915.005.html.

[21] 董策勇，李红月．基于改进UKF算法的锂电池SOC估计［J］．绿色科技，2022，24(14)：247-250.

[22] 于智龙，李龙军，韦康．考虑老化的修正EKF算法估计锂电池SOC［J］．哈尔滨理工大学学报，2022，27(4)：125-132.

[23] 王星凯，邢丽坤，吴贤圆，等．基于FFRLS算法的锂电池SOC估计［J］．兰州文理学院学报（自然科学版），2022，36(5)：72-75.

[24] 董祥祥，武鹏，葛传九，等．基于参数在线辨识和SVD-UKF的锂电池SOC联合估计［J］．控制工程，

2022, 29(9): 1713-1721.

[25] 吴忠强, 胡晓宇, 马博岩, 等. 基于 RFF 及 GWO-PF 的锂电池 SOC 估计 [J]. 计量学报, 2022, 43(9): 1200-1207.

[26] 卢云帆, 邢丽坤, 张梦龙, 等. 基于 UKF-AUKF 锂电池在线参数辨识和 SOC 联合估计 [J]. 电源技术, 2022, 46(10): 1151-1155.

[27] 杨帆, 和嘉睿, 陆鸣, 等. 基于 BP-UKF 算法的锂离子电池 SOC 估计 [J]. 储能科学与技术, 2023, 12(2): 552-559.

[28] 高峰, 贾建芳, 元淑芳, 等. 基于 GRU-UKF 的锂离子电池 SOC 估计方法研究 [J]. 电子测量与仪器学报, 2022, 36(11): 160-169.

[29] 达杨阳. 基于中心差分卡尔曼滤波改进算法的动力锂电池 SOC 估计研究 [D]. 南京: 南京邮电大学, 2022.

[30] 边东生, 杨超. 基于 AUKF 算法的锂电池 SOC 估算 [J]. 现代机械, 2022(1): 52-56.

[31] 鲁永帅, 唐英杰, 马鑫然, 等. 应用卷积神经网络的锂电池极片涂布缺陷分类 [J]. 包装工程, 2022(9), 43: 231-238.

[32] 黄宇, 刘震, 汪宏星, 等. 废旧动力磷酸铁锂电池中正极材料再生利用综述 [J]. 当代化工研究, 2023(5): 11-13.

[33] BAE K C, CHOI S C, KIM J H, et al. LiFePO$_4$ dynamic battery modeling for battery simulator [C]//Busan: Proceedings of the IEEE International Conference on Industrial Technology (ICIT), 2014.

[34] WANG Y G, WANG Y R, HOSONO E J, et al. The design of a LiFePO$_4$/carbon nanocomposite with a core-shell structure and its synthesis by an in situ polymerization restriction method [J]. Angewandte chemie-international edition, 2008, 47(39): 7461-7465.

[35] TANG Z-Y, GAO F, XUE J-J. Effects of ball-milling on the preparation of LiFePO$_4$ cathode material for lithium-ion batteries [J]. Chinese journal of inorganic chemistry, 2007, 23(8): 1415-1420.

[36] WANG Y, GUO X, LIN Z, et al. Dense sphene-type solid electrolyte through rapid sintering for solid-state lithium metal battery [J]. Chemical research in chinese universities, 2020, 36(3): 439-446.

[37] ZHAN T-T, LI C, JIN Y-X, et al. Enhanced electrochemical performances of LiFePO$_4$/C via V and F co-doping for lithium-ion batteries [J]. Chinese journal of chemical physics, 2016, 29(3): 303-307.

[38] 刘巧云, 祁秀秀, 郝卫强. 锂电池用正极材料钴酸锂改性研究进展 [J]. 电源技术, 2022, 46(12): 1357-1359.

[39] 陈喜, 杨春利, 黄江龙, 等. 高电压钴酸锂正极材料研究进展 [J]. 材料导报, 2023(13): 1-24.

[40] 程梅笑, 万广聪, 申海鹏, 等. 高电压钴酸锂电池的研究进展 [J]. 电源技术, 2022, 46(3): 226-229.

[41] MORITA K, TSUCHIYA B, YE R, et al. Dynamic behavior of Li depth profiles in solid state Li ion battery under charging and discharging by means of ERD and RBS techniques [J]. Solid state ionics, 2021, 370(11): 1-26.

[42] YOUNG M J, LETOURNEAU S, WARBURTON R E, et al. High-rate spinel LiMn$_2$O$_4$ (LMO) following carbonate removal and formation of Li-rich interface by ALD treatment [J]. Journal of physical chemistry C, 2019, 123(39): 23783-23790.

[43] 李林林. 废旧镍钴锰酸锂电池的回收与再利用研究 [D]. 广州: 广州大学, 2021.

[44] 董海斌, 羡学磊, 马建琴, 等. 锰酸锂电池热失控特性研究 [J]. 消防科学与技术, 2022, 41(1): 21-25.

[45] HARUNA A B, BARRETT D H, RODELLA C B, et al. Microwave irradiation suppresses the Jahn-Teller distortion in Spinel LiMn$_2$O$_4$ cathode material for lithium-ion batteries [J]. Electrochemica acta, 2022, 426: 1-24.

[46] 杨焰, 刘桥, 李国英. 聚合物锂离子电池正极材料替代品的研究 [J]. 中南林业科技大学学报, 2008,

28（6）：168-171.

[47] 郑威，梁孜，曾文文，等. 正极材料对钛酸锂电池性能的影响［J］. 电源技术，2023，47（2）：148-151.

[48] 周德让. 锂电池负极材料钛酸锂的研究进展［J］. 信息记录材料，2022，23（7）：8-11.

[49] CHENG K W E, DIVAKAR B P, WU H, et al. Battery-management system（BMS）and SOC development for electrical vehicles［J］. IEEE transactions on vehicular technology, 2011, 60（1）：76-88.

[50] DU J Y, ZHANG X B, WANG T Z, et al. Battery degradation minimization oriented energy management strategy for plug-in hybrid electric bus with multi-energy storage system［J］. Energy, 2018, 165：153-163.

[51] ZHENG L, CHEN G, LIU L, et al. Tracing of lithium supply and demand bottleneck in China's new energy vehicle industry——Based on the chart of lithium flow［J］. Frontiers in energy research, 2022, 10：1-15.

[52] YUN L, PANDA B, GAO L, et al. Experimental combined numerical approach for evaluation of battery capacity based on the initial applied stress, the real-time stress, charging open circuit voltage, and discharging open circuit voltage［J］. Mathematical problems in engineering, 2018, 2018：1-16.

[53] ZIAT K, LOUAHLIA H, PETRONE R, et al. Experimental investigation on the impact of the battery charging/discharging current ratio on the operating temperature and heat generation［J］. International journal of energy research, 2021, 45（11）：16754-16768.

[54] ZHANG C, LI K, DENG J. Real-time estimation of battery internal temperature based on a simplified thermo-electric model［J］. Journal of power sources, 2016, 302（20）：146-154.

[55] 井冰，芦朋，李博. 锂电池容量衰减和循环寿命影响因素浅析［J］. 中国安全防范技术与应用，2018（3）：62-67.

[56] 谢非，王顺利，阮永利，等. 动力锂电池组充放电电流检测与滤波方法研究［J］. 电源世界，2018（6）：23-26.

[57] 王杰. 基于扩展卡尔曼滤波的动力锂电池SOC估算研究［D］. 杭州：浙江工业大学，2015.

[58] 向俊. 航空锂离子电池组关键参数检测方法分析［J］. 电源世界，2017（9）：43-46.

[59] 于敏丽，王胜利. 便携式蓄电池内阻检测装置的设计［J］. 邢台职业技术学院学报，2010，27（5）：83-85.

[60] 寇志华，华敏，季豪，等. 锂动力电池内阻影响因素的实验研究［J］. 汽车工程，2017，39（5）：503-508；516.

[61] 王海英，赵宇，王建民，等. 电池内阻误差补偿技术研究［J］. 哈尔滨理工大学学报，2017，22（4）：23-27.

[62] ANDRE D, APPEL C, SOCZKA-GUTH T, et al. Advanced mathematical methods of SOC and SOH estimation for lithium-ion batteries［J］. Journal of power sources, 2013, 224（2）：20-27.

[63] SHEN P, OUYANG M G, HAN X B, et al. Error analysis of the model-based state-of-charge observer for lithium-ion batteries［J］. IEEE transactions on vehicular technology, 2018, 67（9）：8055-8064.

[64] 李德华. 单片锂离子电池保护电路研究与设计［D］. 厦门：厦门大学，2017.

[65] 陈锦棠. 关于锂电池充放电特性分析和测试探讨［J］. 化工设计通信，2017，43（2）：136；147.

[66] ZHENG Y, WU H, YI W, et al. A novel classification method of commercial lithium-ion battery cells based on fast and economic detection of self-discharge rate［J］. Journal of power sources, 2020, 478（12）：1-34.

[67] 杨俊，张希，高一钊. 锂电池电化学传递函数模型建模及参数辨识［J］. 电源技术，2019，43（7）：1132-1135.

[68] 陈英杰，杨耕，刘旭. 恒流环境下锂离子电池热参数估计［J］. 电机与控制学报，2019，23（6）：1-9.

[69] 裴世杰. 基于单体到组的锂电池组均衡策略研究及实现［D］. 绵阳：西南科技大学，2018.

[70] 董亮. 电动汽车动力电池管理系统关键技术研究与数据采集单元开发［D］. 杭州：浙江农林大学，2018.

[71] 梁嘉宁，谭雪成，孙天夫，等. 基于容积卡尔曼滤波算法估计动力锂电池荷电状态［J］. 集成技术，

2018, 7(6)：31-38.

[72] 尹珑翔, 韦雪明, 罗和平, 等. 一种基于 LC 振荡器的高效隔离式 DC-DC 开关电源 [J]. 微电子学, 2018, 48(6)：733-737.

[73] 梁永发. 电动汽车锂电池管理系统的故障诊断的研究 [J]. 时代汽车, 2020(8)：60-61.

[74] 白晓军, 柳坤, 王海涛, 等. 电动汽车锂电池管理系统的故障诊断的研究 [J]. 内燃机与配件, 2020(20)：115-116.

[75] 李欣阳. 动力锂电池管理系统 (BMS) 设计 [J]. 通信电源技术, 2018, 35(3)：113-114.

[76] 齐晓辉, 吴建飞, 李润泽. 基于 MSP430 锂电池管理系统的设计与实现 [J]. 电源技术, 2020, 44(3)：381-385.

[77] 孙桓, 郝民欢, 程硕, 等. 中小型锂电池管理系统浅析 [J]. 中国安全防范技术与应用, 2019(1)：40-45.

[78] LI X, WANG L F, HE J, et al. Research of the electromagnetic compatibility design technology of battery management system on electric vehicle [J]. International journal of electric and hybrid vehicles, 2013, 5(1)：1-10.

[79] LIPU M. S. H, HANNAN M. A, KARIM T F, et al. Intelligent algorithms and control strategies for battery management system in electric vehicles：Progress, challenges and future outlook [J]. Journal of cleaner production, 2021, 292(1)：1-26.

[80] SUNG W, SHIN C B. Electrochemical model of a lithium-ion battery implemented into an automotive battery management system [J]. Computers and chemical engineering, 2015, 76(5)：87-97.

[81] SURYA S, RAO V, WILLIAMSON S S, et al. Comprehensive review on smart techniques for estimation of state of health for battery management system application [J]. Energies, 2021, 14(15)：1-26.

[82] XIONG R, ZHANG Y Z, WANG J, et al. Lithium-ion battery health prognosis based on a real battery management system used in electric vehicles [J]. IEEE transactions on vehicular technology, 2019, 68(5)：4110-4121.

[83] WAAG W, FLEISCHER C, SAUER D U. Critical review of the methods for monitoring of lithium-ion batteries in electric and hybrid vehicles [J]. Journal of power sources, 2014, 258(7)：321-339.

[84] KIM T, OCHOA J, FAIKA T, et al. An overview of cyber-physical security of battery management systems and adoption of blockchain technology [J]. IEEE journal of emerging and selected topics in power electronics, 2022, 10(1)：1270-1281.

[85] TRAN M K, PANCHAL S, KHANG T D, et al. Concept review of a cloud-based smart battery management system for lithium-ion batteries：feasibility, logistics, and functionality [J]. Batteries-basel, 2022, 8(2)：1-27.

[86] WANG J Y, YANG N L, TANG H J, et al. Accurate control of multishelled Co_3O_4 hollow microspheres as high-performance anode materials in lithium-ion batteries [J]. Angewandte chemie-international edition, 2013, 52(25)：6417-6420.

[87] ALBERTUS P, BABINEC S, LITZELMAN S, et al. Status and challenges in enabling the lithium metal electrode for high-energy and low-cost rechargeable batteries [J]. Nat energy, 2018, 3(1)：16-21.

[88] YUAN M Q, LIU K. Rational design on separators and liquid electrolytes for safer lithium-ion batteries [J]. Journal of energy chemistry, 2020, 43(4)：58-70.

[89] CAI W L, YAN C, YAO Y X, et al. The boundary of lithium plating in graphite electrode for safe lithium-Ion batteries [J]. Angewandte chemie-international edition, 2021, 60(23)：13007-13012.

[90] YANG C, XIN S, MAI L Q, et al. Materials design for high-safety sodium-ion battery [J]. Advanced energy materials, 2021, 11(2)：1-26.

[91] LI N W, SHI Y, YIN Y X, et al. A flexible solid electrolyte interphase layer for long-life lithium metal an-

odes [J]. Angewandte chemie-international edition, 2018, 57(6): 1505-1509.

[92] ZHANG X Q, CHENG X B, CHEN X, et al. Fluoroethylene carbonate additives to render uniform Li deposits in lithium metal batteries [J]. Advanced functional materials, 2017, 27(10): 1-26.

[93] CHEN P, WU Z, GUO T, et al. Strong chemical interaction between lithium polysulfides and flame-retardant polyphosphazene for lithium-sulfur batteries with enhanced safety and electrochemical performance [J]. Advanced materials, 2021, 33(9): 1-32.

[94] 白帆飞, 宋文吉, 陈明彪, 等. 锂离子电池组热管理系统研究现状 [J]. 电池, 2016, 46(3): 168-171.

[95] 孙金磊. 应用于高寒地区的电动汽车电池管理关键技术研究 [D]. 哈尔滨: 哈尔滨工业大学, 2016.

[96] 帝玛. 电池热管理系统的实验研究: 翅片与间隔对电池组散热的影响 [D]. 天津: 天津大学, 2018.

[97] 齐晓霞, 王文, 邵力清. 混合动力电动车用电源热管理的技术现状 [J]. 电源技术, 2005(3): 178-181.

[98] 张剑波, 卢兰光, 李哲. 车用动力电池系统的关键技术与学科前沿 [J]. 汽车安全与节能学报, 2012, 3(2): 87-104.

[99] 雷治国, 张承宁. 电动汽车电池组管理系统的研究进展 [J]. 电源技术, 2011, 35(12): 1609-1612.

[100] 程伟良, 狄安, 季辉, 等. 重力热管换热性能的优化分析 [J]. 华电技术, 2013, 35(1): 23-26; 78-79.

[101] 关蕾. 电动汽车快速充电方法研究及系统设计 [J]. 电子制作, 2022, 30(16): 86-88.

[102] 葛欣. 电动汽车动力锂电池的使用风险及保障措施 [J]. 时代汽车, 2023(2): 110-112.

[103] 程琳, 黄凯成, 吴可汗, 等. 电动汽车恒压充电控制系统设计研究 [J]. 四川职业技术学院学报, 2022, 32(2): 147-152.

[104] 李运建. 锂离子电池组多段恒流恒压充电策略优化研究及应用 [D]. 重庆: 重庆大学, 2021.

[105] 马银山. 智能锂电池充电器研究与设计 [J]. 电子测试, 2022, 36(24): 27-31.

[106] 吴宁宁, 殷志刚, 曹敏花. 快速充电锂离子电池研究进展 [J]. 新能源进展, 2022, 10(4): 325-339.

[107] 梁峰伟, 夏煜华, 张玉龙, 等. 快充下锂离子电池析锂机制、模型及快充策略研究 [J]. 稀有金属, 2022, 46(9): 1235-1243.

[108] 何秋生, 徐磊, 吴雪雪. 锂电池充电技术综述 [J]. 电源技术, 2013, 37(8): 1464-1466.

[109] 战泊含, 劳维强, 王东苗, 等. 变压-恒压分阶段脉冲充电方法 [J]. 现代商贸工业, 2023, 44(3): 252-254.

[110] 顾启蒙, 华旸, 潘宇巍, 等. 锂离子电池功率状态估计方法综述 [J]. 电源技术, 2019, 43(9): 1563-1567.

[111] MA J, ANASTASOPOULOS L J, WHITFORD A B, et al. Automated coding using machine learning and remapping the U. S. nonprofit sector: a guide and benchmark [J]. Nonprofit and voluntary sector quarterly, 2021, 50(3): 1-35.

[112] 杨新波, 郑岳久, 高文凯, 等. 基于改进等效电路模型的高比能量储能锂电池系统功率状态估计 [J]. 电网技术, 2021, 45(1): 57-66.

[113] 谢聪. 电池在线功率状态估算方法的研究 [D]. 北京: 北方工业大学, 2019.

[114] 金鑫娜, 顾启蒙, 潘宇巍, 等. 锂离子动力电池 SOP 在线估计方法研究 [J]. 电源技术, 2019, 43(9): 1448-1452.

[115] 蔡雪, 张彩萍, 张琳静, 等. 基于等效电路模型的锂离子电池峰值功率估计的对比研究 [J]. 机械工程学报, 2021, 57(14): 64-76.

[116] 柴建勇, 侯恩广, 李岳炀. 基于双卡尔曼滤波的梯次利用电池 SOP 估算研究 [J]. 电源技术, 2021, 45(6): 732-735.

[117] 王语然. 基于递推核主元分析的锂电池功率估算方法研究 [D]. 哈尔滨: 哈尔滨理工大学, 2019.

[118] 张文博. 电动汽车动力锂离子电池峰值功率研究 [D]. 长沙: 湖南大学, 2019.

[119] FLEISCHER C, WAAG W, BAI Z, et al. Adaptive on-line state-of-available-power prediction of lithium-ion batteries [J]. Journal of power electronics, 2013, 13(4): 516-527.

[120] 郑方丹. 基于数据驱动的多时间尺度锂离子电池状态评估技术研究 [D]. 北京: 北京交通大学, 2017.

[121] 刘芳, 邵晨, 苏卫星, 等. 基于全新等效电路模型的电池关键状态在线联合估计器 [J]. 控制与决策, 2023, 38(6): 1-9.

[122] 罗承东, 吕桃林, 解晶莹, 等. 电池管理系统算法综述 [J]. 电源技术, 2021, 45(10): 1371-1375.

[123] 任舒蕊. 电动汽车动力电池 SOC 与 SOH 估计研究 [D]. 西安: 西安工业大学, 2022.

[124] KURZWEIL P, FRENZEL B, SCHEUERPFLUG W. A novel evaluation criterion for the rapid estimation of the overcharge and deep discharge of lithium-ion batteries using differential capacity [J]. Batteries-basel, 2022, 8(8): 1-22.

[125] LU X, LI H, CHEN N. Analysis of the properties of fractional heat conduction in porous electrodes of lithium-ion batteries [J]. Entropy, 2021, 23(2): 22.

[126] WU Y, ZHAO H, WANG Y, et al. Research on life cycle SOC estimation method of lithium-ion battery oriented to decoupling temperature [J]. Energy reports, 2022, 8: 4182-4195.

[127] ZHANG R F, XIA B Z, LI B H, et al. A study on the open circuit voltage and state of charge characterization of high capacity lithium-ion battery under different temperature [J]. Energies, 2018, 11(9): 17.

[128] ZHANG S Z, ZHANG X W. A novel low-complexity state-of-energy estimation method for series-connected lithium-ion battery pack based on "representative cell" selection and operating mode division [J]. Journal of power sources, 2022, 518: 1-13.

[129] 姚蒙蒙. 纯电动汽车用锂离子电池组 SOC 与 SOH 的联合估计研究 [D]. 西安: 长安大学, 2020.

[130] YU D, REN D S, DAI K R, et al. Failure mechanism and predictive model of lithium-ion batteries under extremely high transient impact [J]. Journal of energy storage, 2021, 43: 1-10.

[131] XU X M, SUN X D, ZHAO L J, et al. Research on thermal runaway characteristics of NCM lithium-ion battery under thermal-electrical coupling abuse [J]. Ionics, 2022, 28(12): 5449-5467.

[132] GALOS J, PATTARAKUNNAN K, BEST A S, et al. Energy storage structural composites with integrated lithium-ion batteries: a review [J]. Advanced materials technologies, 2021, 6(8): 1-35.

[133] QI C S, WANG S L, CAO W, et al. An improved adaptive spherical unscented Kalman filtering method for the accurate state-of-charge estimation of lithium-ion batteries [J]. International journal of circuit theory and applications, 2022, 50(10): 3487-3502.

[134] SHI H T, WANG S L, FERNANDEZ C, et al. Improved splice-electrochemical circuit polarization modeling and optimized dynamic functional multi-innovation least square parameter identification for lithium-ion batteries [J]. International journal of energy research, 2021, 45(10): 15323-15337.

[135] XU T T, PENG Z, WU L F. A novel data-driven method for predicting the circulating capacity of lithium-ion battery under random variable current [J]. Energy, 2021, 218: 1-32.

[136] WU Y P, SUN L, ZHANG X C, et al. Deformation measurement within lithium-ion battery using sparse-view computed tomography and digital image correlation [J]. Measurement science and technology, 2023, 34(2): 1-26.

[137] XIA Z, ABU QAHOUQ J A. Ageing characterization data of lithium-ion battery with highly deteriorated state and wide range of state-of-health [J]. Data in brief, 2022, 40: 107727-107729.

[138] LI N, HE F X, MA W T, et al. An indirect state-of-health estimation method based on improved genetic and back propagation for online lithium-ion battery used in electric vehicles [J]. IEEE transactions on vehicular technology, 2022, 71(12): 12682-12690.

[139] ZHANG S Z, ZHANG X W. Joint estimation method for maximum available energy and state-of-energy of

lithium-ion battery under various temperatures [J]. Journal of power sources, 2021, 506: 1-27.

［140］ ZHANG Y Z, HE H W, XIONG R. A data-driven based state of energy estimator of lithium-ion batteries used to supply electric vehicles [J]. Energy Procedia, 2015, 75: 1944-1949.

［141］ 胡跃. 废旧锂电池梯次利用容量和内阻变化特性研究 [J]. 科技创新与应用, 2021, 11(25): 65-67.

［142］ 任璞, 王顺利, 何明芳, 等. 基于内阻增加和容量衰减双重标定的锂电池健康状态评估 [J]. 储能科学与技术, 2021, 10(2): 738-743.

［143］ MOO C S, NG K S, CHEN Y P, et al. State-of-charge estimation with open-circuit-voltage for lead-acid batteries [C]//Nagoya: Proceedings of the 4th Power Conversion Conference (PCC-Nagoya 2007), 2007.

［144］ CAMPESTRINI C, KOSCH S, JOSSEN A. Influence of change in open circuit voltage on the state of charge estimation with an extended Kalman filter [J]. Journal of energy storage, 2017, 12: 149-156.

［145］ 牛鑫强, 田晶京, 赵峰, 等. 不同环境温度下的锂离子电池 SOC 估计 [J]. 电池, 2021, 51(4): 342-345.

［146］ ALI M U, ZAFAR A, NENGROO S H, et al. Towards a smarter battery management system for electric vehicle applications: a critical review of lithium-ion battery state of charge estimation [J]. Energies, 2019, 12(3): 1-26.

［147］ LIU K L, NIRI M F, APACHITEI G, et al. Interpretable machine learning for battery capacities prediction and coating parameters analysis [J]. Control engineering practice, 2022, 124: 1-124.

［148］ WU Y L, LIU Z B, LIU J Y, et al. Optimal battery capacity of grid-connected PV-battery systems considering battery degradation [J]. Renewable energy, 2022, 181: 10-23.

［149］ HUANG K D, CAO Z T, JHANG J M, et al. Parameter improvement of composite sinusoidal waveform charging strategy for reviving lithium-ion batteries capacity [J]. Journal of the chinese society of mechanical engineers, 2022, 43(3): 209-216.

［150］ 李陈. 18650 动力电池放电特性研究与性能评价 [D]. 合肥: 安徽农业大学, 2021.

［151］ CHEN F, CHEN X T, HAO Q F, et al. Elucidating the regulation mechanism of the photoelectrochemical effect of photocathodes on battery discharge voltages: a case study of aqueous zinc-iodine batteries [J]. Nanoscale, 2022, 14(41): 15269-15274.

［152］ GU M Y, RAO A M, ZHOU J, et al. In situ formed uniform and elastic SEI for high-performance batteries [J]. Energy & environmental science, 2023, 16(3): 1166-1175.

［153］ QIAN K F, LIU X T. Hybrid optimization strategy for lithium-ion battery's state of charge/health using joint of dual Kalman filter and modified sine-cosine algorithm [J]. Journal of energy storage, 2021, 44: 2564-2896.

［154］ MA Z, GAO F, GU X, et al. Multilayer SOH equalization scheme for MMC battery energy storage system [J]. IEEE transactions on power electronics, 2020, 35(12): 13514-13527.

［155］ TONG S J, KLEIN M P, PARK J W. On-line optimization of battery open circuit voltage for improved state-of-charge and state-of-health estimation [J]. Journal of power sources, 2015, 293: 416-428.

［156］ XIA Z Y, ABU QAHOUQ J A. Lithium-ion battery ageing behavior pattern characterization and state-of-health estimation using data-driven method [J]. IEEE access, 2021, 9: 98287-98304.

［157］ CAMCI F, OZKURT C, TOKER O, et al. Sampling based State of Health estimation methodology for Li-ion batteries [J]. Journal of power sources, 2015, 278: 668-674.

［158］ SUN Y N, ZHANG J L, ZHANG K F, et al. Battery state of health estimation method based on sparse autoencoder and backward propagation fading diversity among battery cells [J]. International journal of energy research, 2021, 45(5): 7651-7662.

［159］ FASAHAT M, MANTHOURI M. State of charge estimation of lithium-ion batteries using hybrid autoencoder and long short term memory neural networks [J]. Journal of power sources, 2020, 469: 1-8.

[160] WEI X, JUN C, YU G, et al. Unscented particle filter based state of energy estimation for LiFePO$_4$ batteries using an online updated model [J]. International journal of automotive technology, 2022, 23 (2): 503-510.

[161] HE H W, XIONG R, FAN J X. Evaluation of lithium-ion battery equivalent circuit models for state of charge estimation by an experimental approach [J]. Energies, 2011, 4(4): 582-598.

[162] 杨文天, 李征. 关于锂电池 Thevenin 模型的仿真研究 [J]. 仪表技术, 2017(10): 40-43.

[163] YU P F, XIAO J W, HU H, et al. A coupled electro-chemo-mechanical model for Li-ion batteries: effect of stress on the voltage hysteresis of lithium ion batteries [J]. International journal of electrochemical science, 2021, 16(10): 1-15.

[164] CHEN D D, XIAO L, YAN W D, et al. A novel hybrid equivalent circuit model for lithium-ion battery considering nonlinear capacity effects [J]. Energy reports, 2021, 7: 320-329.

[165] YAO S G, LIAO P, XIAO M, et al. Study on Thevenin equivalent circuit modeling of Zinc-Nickel single-flow battery [J]. International journal of electrochemical science, 2018, 13(5): 4455-4465.

[166] 梁新成, 张志冬, 黄国钧. 锂电池的电化学建模研究 [J]. 西南大学学报（自然科学版）, 2023, 45(3): 214-221.

[167] 谢奕展, 程夕明. 锂离子电池简化电化学模型理论误差分析研究 [J]. 机械工程学报, 2022, 58(22): 37-55.

[168] 余鹏. 电动汽车用动力锂离子电池老化机理与建模研究 [D]. 绵阳：西南科技大学, 2022.

[169] 王宇伟, 赵阳, 华迪, 等. 基于二阶等效电路模型的锂电池状态估计方法研究 [J]. 节能, 2022, 41(4): 38-42.

[170] 程燕兵, 韩如成. 锂电池 PNGV 模型与二阶 RC 模型分析与比较 [J]. 太原科技大学学报, 2019, 40(6): 430-436.

[171] 王维强, 何源, 孙永强, 等. 基于变阶 RC 网络的锂离子电池等效电路模型 [J]. 中国科技论文, 2021, 16(6): 668-674.

[172] 严干贵, 李洪波, 段双明, 等. 基于模型参数辨识的储能电池状态估算 [J]. 中国电机工程学报, 2020, 40(24): 8145-8154; 8251.

[173] 吴铁洲, 罗蒙, 张琪, 等. 基于迭代扩展卡尔曼滤波算法的电池 SOC 估算 [J]. 电力电子技术, 2016, 50(5): 95-98.

[174] RIJANTO E L R, NUGROHO A. KANARACHOS S. RLS with optimum multiple adaptive forgetting factors for SoC and SoH estimation of Li-Ion battery [C]//Yogyakarta: 5th International Conference on Instrumentation, Control, and Automation (ICA), 2017, 1(1): 73-77.

[175] SHI J J, GUO H S, CHEN D W. Parameter identification method for lithium-ion batteries based on recursive least square with sliding window difference forgetting factor [J]. Journal of energy storage, 2021, 44(15): 103485-103494.

[176] LING L Y, WEI Y. State-of-charge and state-of-health estimation for lithium-ion batteries based on dual fractional-order extended Kalman filter and online parameter identification [J]. IEEE access, 2021, 9(1): 1-12.

[177] JIALU Q, SHUNLI W, CHUNMEI Y, et al. A novel bias compensation recursive least square-multiple weighted dual extended Kalman filtering method for accurate state-of-charge and state-of-health co-estimation of lithium-ion batteries [J]. International journal of circuit theory and applications, 2021, 49(11): 3879-3893.

[178] 蔡俊. 锂离子电池参数辨识与状态估计 [J]. 机械工程师, 2023, 379(1): 18-20; 25.

[179] 徐乐, 邓忠伟, 谢翌, 等. 锂离子电池高精度机理建模、参数辨识与寿命预测研究进展 [J]. 机械工程学报, 2022, 58(22): 19-36.

[180] 李彦乔, 李昕. 基于最小二乘法的锂离子电池参数辨识方法研究 [J]. 重庆工商大学学报（自然科学版）, 2022, 41(1): 68-74.

[181] 孔令召. 锂离子电池单体参数不一致对电池组性能老化的影响 [D]. 北京: 清华大学, 2021.

[182] 陈岩. 动力锂离子电池荷电状态与健康状态联合在线预估方法研究 [D]. 南京: 南京邮电大学, 2021.

[183] 高昕, 韩嵩. 基于分数阶模型的锂离子电池 SOC 与 SOH 协同估计 [J]. 电源技术, 2021, 45(9): 1140-1143; 1208.

[184] ANDRIUNAS I, MILOJEVIC Z, WADE N, et al. Impact of solid-electrolyte interphase layer thickness on lithium-ion battery cell surface temperature [J]. Journal of power sources, 2022, 525: 1-12.

[185] BRAUN J A, BEHMANN R, SCHMIDER D, et al. State of charge and state of health diagnosis of batteries with voltage-controlled models [J]. Journal of power sources, 2022, 544: 1-11.

[186] 王志福, 罗崴, 闫愿, 等. 基于多方法融合的锂离子电池 SOC-SOH 联合估计 [J]. 北京理工大学学报, 2023(6): 575-584.

[187] MOOSAVI A, LJUNG A L, LUNDSTROM T S. Design considerations to prevent thermal hazards in cylindrical lithium-ion batteries: an analytical study [J]. Journal of energy storage, 2021, 38: 1-12.

[188] WANG D F, HUANG H Q, TANG Z H, et al. A lithium-ion battery electrochemical-thermal model for a wide temperature range applications [J]. Electrochimica acta, 2020, 362: 1-15.

[189] XU Z, WANG J, LUND P D, et al. Co-estimating the state of charge and health of lithium batteries through combining a minimalist electrochemical model and an equivalent circuit model [J]. Energy, 2022, 240: 1-15.

[190] YANG Q, MA K, XU L, et al. A joint estimation method based on Kalman filter of battery state of charge and state of health [J]. Coatings, 2022, 12(8): 1-28.

[191] ZHAO B, HU J, XU S, et al. Estimation of the SOC of energy-storage lithium batteries based on the voltage increment [J]. IEEE access, 2020, 8: 198706-198713.

[192] ZHU L, LIAN G, HU S. Research on a real-time control strategy of battery energy storage system based on filtering algorithm and battery state of charge [J]. Sustainable energy technologies and assessments, 2021, 47: 1-23.

[193] 汪宇宁. 分布式卡尔曼滤波的协同算法研究 [D]. 北京: 北京理工大学, 2016.

[194] 高亭亭. 基于卡尔曼滤波的高动态导航信号载波跟踪技术研究 [D]. 长沙: 湖南大学, 2015.

[195] 贾亮, 王真真, 孙延鹏, 等. 基于多种模型的扩展卡尔曼滤波算法的 SOC 估算 [J]. 电源技术, 2018, 42(4): 568-571.

[196] 晁盼盼. 随机与谐和联合激励下分数阶非线性系统的统计线性化方法 [D]. 武汉: 武汉理工大学, 2020.

[197] CUI X B, XU B W. State of charge estimation of lithium-ion battery using robust kernel fuzzy model and multi-innovation UKF algorithm under noise [J]. IEEE transactions on industrial electronics, 2022, 69(11): 11121-11131.

[198] MA L C, LIU Z Z, MENG X Y. Autonomous optical navigation based on adaptive SR-UKF for deep space probes [C]//Beijing: Proceedings of the 29th Chinese Control Conference, 2010.

[199] WANG L M, HAN J Y, LIU C, et al. State of charge estimation of lithium-ion based on VFFRLS-noise adaptive CKF algorithm [J]. Industrial & engineering chemistry research, 2022, 61(22): 7489-7503.

[200] CHEN H, ZHANG F J, ZHAO X, et al. ARWLS-AFEKE: SOC estimation and capacity correction of lithium batteries based on a fusion algorithm [J]. Processes, 2023, 11(3): 1-24.

[201] ZHOU Y F, WANG S L, XIE Y X, et al. An improved particle swarm optimization-least squares support vector machine-unscented Kalman filtering algorithm on SOC estimation of lithium-ion battery [J]. Int. J.

green energy, 2023: 1-26.

[202] 李欢. 基于"互联网+"与无线通信的锂电池状态参数在线测控研究 [D]. 绵阳: 西南科技大学, 2022.

[203] 甘景福, 晏坤, 马明晗, 等. 基于改进聚类算法的人工神经网络短期负荷预测研究 [J]. 电工电能新技术, 2022, 41(9): 40-46.

[204] 吕治强, 高仁璟, 黄现国. 基于多核相关向量机优化模型的锂离子电池容量在线估算 [J]. 电工技术学报, 2023, 38(7): 1713-1722.

[205] 朱奕坤, 郭从洲, 李可, 等. 误差反向传播卷积神经网络的权值更新 [J]. 信息工程大学学报, 2021, 22(5): 537-544.

[206] 潘锦业, 王苗苗, 阚威, 等. 基于 Adam 优化算法和长短期记忆神经网络的锂离子电池荷电状态估计方法 [J]. 电气技术, 2022, 23(4): 25-30.

[207] 魏孟, 王桥, 叶敏, 等. 基于 NARX 动态神经网络的锂离子电池剩余寿命间接预测 [J]. 工程科学学报, 2022, 44(3): 380-388.

[208] 安治国, 田茂飞, 赵琳, 等. 基于自适应无迹卡尔曼滤波的锂电池 SOC 估计 [J]. 储能科学与技术, 2019(5): 856-861.

[209] 贾先屹, 王顺利, 曹文, 等. 基于二阶 RC 等效和 SR-DUKF 的锂电池 SOC 估算研究 [J/OL]. (2022-06-20)[2024-02-22]. http://kns. cnki. net/kcms/detail/12. 1420. TM. 20220617. 0901. 002. html.

[210] MAO X, SONG S, DING F. Optimal BP neural network algorithm for state of charge estimation of lithium-ion battery using PSO with levy flight [J]. Journal of energy storage, 2022, 49: 1-26.

[211] GUO R H, SHEN W X. A review of equivalent circuit model based online state of power estimation for lithium-ion batteries in electric vehicles [J]. Vehicles, 2022, 4(1): 1-29.

[212] ESFANDYARI M J, YAZDI M R H, ESFAHANIAN V, et al. A hybrid model predictive and fuzzy logic based control method for state of power estimation of series-connected lithium-ion batteries in HEVs [J]. Journal of energy storage, 2019, 24: 1-18.

[213] JIANG W J, ZHANG N, LI P C, et al. A temperature-based peak power capability estimation method for lithium-ion batteries [C]//Vilnius: Proceedings of the 10th International Scientific Conference on Transportation Science and Technology (TRANSBALTICA), 2017.

[214] LIU C H, HU M H, JIN G Q, et al. State of power estimation of lithium-ion battery based on fractional-order equivalent circuit model [J]. Journal of energy storage, 2021, 41: 1-28.

[215] LU J H, CHEN Z Y, YANG Y, et al. Online estimation of state of power for lithium-ion batteries in electric vehicles using genetic algorithm [J]. IEEE access, 2018, 6: 20868-20880.

[216] XIE Y, LI W, HU X, et al. Coestimation of SOC and three-dimensional SOT for lithium-ion batteries based on distributed spatial-temporal online correction [J]. IEEE transactions on industrial electronics, 2023, 70(6): 5937-5948.

[217] XU C, ZHANG E, JIANG K, et al. Dual fuzzy-based adaptive extended Kalman filter for state of charge estimation of liquid metal battery [J]. Applied energy, 2022, 327: 1-36.

[218] SHRIVASTAVA P, SOON T K, IDRIS M Y I B, et al. Combined state of charge and state of energy estimation of lithium-ion battery using dual forgetting factor-based adaptive extended Kalman filter for electric vehicle applications [J]. IEEE transactions on vehicular technology, 2021, 70(2): 1200-1215.

[219] LAI X, HUANG Y, HAN X, et al. A novel method for state of energy estimation of lithium-ion batteries using particle filter and extended Kalman filter [J]. Journal of energy storage, 2021, 43: 1-28.

[220] 申彩英, 左凯. 基于开路电压法的磷酸铁锂电池 SOC 估算研究 [J]. 电源技术, 2019, 43(11): 1789-1791.

[221] 戚创事, 王顺利, 曹文, 等. 一种基于锂电池在线参数辨识和荷电状态协同估计的多约束峰值功率预

测方法 [C]//中国自动化学会系统仿真专业委员会、中国仿真学会仿真技术应用专业委员会. 第 23 届中国系统仿真技术及其应用学术年会（CCSSTA23rd 2022）会议论文集. 合肥：合肥工业大学出版社，2022：228-232.

[222] 程龙，张方华，谢敏，等. 基于等效时间的混合储能系统高功率密度优化配置 [J]. 航空学报，2018, 39(10)：202-212.

[223] KEBEDE A A, HOSEN M S, KALOGIANNIS T, et al. Model development for state-of-power estimation of large-capacity nickel-manganese-cobalt oxide-based lithium-ion cell validated using a real-life profile [J]. Energies, 2022, 15(18)：1-26.

[224] MUH K L, CALIWAG A C, JEON I-S, et al. Co-estimation of SoC and SoP using BiLSTM [J]. The journal of Korean institute of communications and information sciences, 2021, 46(2)：314-323.

[225] ZHANG T, GUO N, SUN X, et al. A systematic framework for state of charge, state of health and state of power Co-estimation of lithium-ion battery in electric vehicles [J]. Sustainability, 2021, 13(9)：1-19.

[226] 黎冲，王成辉，王高，等. 基于数据驱动的锂离子电池健康状态估计技术 [J]. 中国电力，2022, 55(8)：73-86；95.

[227] GE M F, LIU Y B, JIANG X X, et al. A review on state of health estimations and remaining useful life prognostics of lithium-ion batteries [J]. Measurement, 2021, 174：1-27.

[228] 熊庆，邱振国，汲胜昌. 锂离子电池健康状态估计及寿命预测研究进展综述 [J/OL]. (2023-02-07)[2024-02-22]. https://doi.org/10.13336/j.1003-6520.hve.20221843.

[229] JIA J F, LIANG J Y, SHI Y H, et al. SOH and RUL prediction of lithium-ion batteries based on Gaussian process regression with indirect health indicators [J]. Energies, 2020, 13(2)：1-20.

[230] 王帅，韩伟，陈黎飞，等. 锂离子电池健康管理问题研究综述 [J]. 电源技术，2020, 44(6)：920-923.

[231] ZHANG C Y, WANG S, YU C M, et al. Improved particle swarm optimization-extreme learning machine modeling strategies for the accurate lithium-ion battery state of health estimation and high-adaptability remaining useful life prediction [J]. Journal of the electrochemical society, 2022, 169(8)：1-10.

[232] CADINI F, SBARUFATTI C, CANCELLIERE F, et al. State-of-life prognosis and diagnosis of lithium-ion batteries by data-driven particle filters [J]. Applied energy, 2019, 235：661-672.

[233] CHEN L, AN J J, WANG H M, et al. Remaining useful life prediction for lithium-ion battery by combining an improved particle filter with sliding-window gray model [J]. Energy reports, 2020, 6：2086-2093.

[234] 武明虎，杜万银，张凡，等. 基于卡尔曼滤波和特征指数化的电动汽车电池故障诊断方法研究 [J]. 汽车技术，2023(8)：7-13.

[235] 罗乐乐. 基于迭代扩展卡尔曼滤波的锂离子电池 SOC 估算 [J]. 蓄电池，2023, 60(2)：72-76.

[236] WANG C, LI Q, TANG A H, et al. A comparative study of state of charge estimation methods of ultracapacitors for electric vehicles considering temperature characteristics [J]. Journal of energy storage, 2023, 63：1-32.

[237] 赵靖英，胡劲，张雪辉，等. 基于锂电池模型和分数阶理论的 SOC-SOH 联合估计 [J]. 电工技术学报：2023(17)：4551-4563.

[238] 陈正，王志得，牟文彪，等. 基于 PNGV 模型与自适应卡尔曼滤波的铅炭电池荷电状态评估 [J]. 储能科学与技术，2023, 12(3)：941-950.

[239] 邱新宇. 稳健的锂电池等效电路模型参数辨识及荷电状态估计研究 [D]. 西安：西安理工大学，2019.

[240] 赵珈卉，田立亭，程林. 锂离子电池状态估计与剩余寿命预测方法综述 [J]. 发电技术，2023, 44(1)：1-17.

[241] 赵可沁，江境宏，邓进，等. 基于遗忘因子递推最小二乘法的锂电池等效电路模型参数辨识方法 [J].

电子测量技术，2022，45（16）：87-92.

[242] 赵鹏程 . 分布式储能电池管理系统的设计与实现［D］. 杭州：杭州电子科技大学，2021.

[243] 郭向伟，吴齐，王晨，等 . 储能电池组多阈值自适应聚类群组均衡控制［J］. 储能科学与技术，2023，12（3）：889-898.

[244] 杜吉祥 . 电池管理系统被动全均衡技术研究［D］. 重庆：重庆理工大学，2022.

[245] 蔡敏怡，张娥，林靖，等 . 串联锂离子电池组均衡拓扑综述［J］. 中国电机工程学报，2021，41（15）：5294-5311.

[246] 李伟 . 电池主动均衡系统的设计与控制［D］. 济南：山东大学，2022.

[247] 刘亚运 . 锂离子电池 SOC 估计与电池组均衡技术研究［D］. 淮南：安徽理工大学，2019.

[248] 罗军，牛哲荟，田刚领，等 . 储能电池组的均衡性研究［J］. 电池，2019，49（5）：410-413.

[249] 汪琦，吴长水 . 电池管理系统均衡控制策略研究［J］. 软件工程，2020，23（9）：13-16.

[250] 王超 . 动力电池 SOC 估计及均衡策略研究［D］. 赣州：江西理工大学，2021.

[251] 徐顺刚 . 分布式供电系统中储能电池均衡管理及逆变控制技术研究［D］. 成都：西南交通大学，2011.

[252] 朱磊 . 电动汽车锂电池 SOC 估计及均衡控制策略研究［D］. 无锡：江南大学，2022.

[253] 单恩泽 . 电动车用锂离子电池混合均衡技术研究［D］. 武汉：湖北工业大学，2021.

[254] 谭泽富，彭涛，代妮娜，等 . 电动汽车 BMS 关键技术研究进展［J］. 电源技术，2022，46（9）：954-957.

[255] 邵玉龙 . 电动汽车 BMS 关键技术研究及硬件在环测试系统构建［D］. 长春：吉林大学，2018.

[256] 杨法松，曾国建，吉祥，等 . 锂电池 SOC 静态校准策略分析［J］. 北京汽车，2022（2）：36-38.